科学技術 メディア 社会

科学ジャーナリズム・コミュニケーション入門

北村行孝・柴田文隆

東京農大出版会

はじめに

現代文明を形容する呼称として、どのような言葉がふさわしいのか。そう問われたら、「科学技術文明」というのが、最も無難で最大公約数的な回答ではないだろうか。物質の根源や宇宙創成の謎、生命の誕生とその進化の行方といった自然界の解明に始まって、産業・経済振興、防災、医学・医療、さらには地球規模の環境問題や国際政治、安全保障……。いちいち例を挙げるまでもなく、社会のあらゆる分野に科学技術が関係し、人々の暮らしと切り離すことは到底できない。

そうした広範な分野の出来事や動向は、誰によってどのように伝えられているのか。専門分化が進む一方で、社会と科学技術の関係は複雑さを増し、年ごとに新たな課題も生まれている。戦後、新聞社や通信社を先駆けとして、報道機関のなかに科学・技術を担当する部門が生まれて半世紀余り。やがてこうした仕事は、「科学ジャーナリズム」あるいは「科学技術ジャーナリズム」と呼ばれるようになった。

しかし、時代は急速に変わりつつある。最大の要因のひとつはインターネットをはじめとした情報技術の急進展である。マスメディアが最有力の情報伝達手段だった時代は去りつつあり、科学や技術の最前線を担う組織や研究者、あるいは行政、企業なども容易に独自の情報発信をできるようになった。10数年前には、政府主導で「科学コミュニケーション」の重要性が叫ばれるようにもなった。科学技術と社会の関係を円滑なものにするために、マスメディアに限らず、コミュニケーション能力の高い人材が相当数必要というわけだ。その意図はともかくとして、こうした能力の必要性は理解できる。

筆者はともに、新聞社の科学部門で記者生活を送った後、縁あって大学の教員として科学史や科学ジャーナリズム、科学メディアなどに関する授業を担当してきた。学生に、科学技術に関するメディアの実情や課題などを理解してもらいたい。言い換えれば、科学技術に関するメディアリテラシーを身に着けてもらいたい。そんな思いで、若者たちと接してきた。

そうした中で痛感させられたのは、自分たちが携わってきた仕事について、世の中にほとんど発信してこなかったのではないかという忸怩たる思いである。ジャーナリズムの世界で過ごしてきた人間にとっては当たり前のことでも、活字離れも指摘される近年の若い世代にとっては縁遠く、実感のわきにくい世界なのだろう。そのため、一連の授業のかなりの部分を、基本的な事情説明に割かざるを得ず、課題や展望に至るころには、授業も最終盤といったことが度々だった。

本書は、基本的にはこうした分野に関心のある学生を想定して執筆した。科学技術を扱う以上、科学の基礎素養が必要である。科学者名や科学の歴史に関する記述が多いのはそうした理由からだ。現状を理解するには、今起こっていることを知るだけでは足りず、背景事情や歴史を踏まえなければ、深い理解に至らない。

もちろん想定読者はそれだけではない。メディア環境が激動期にあるといっても、科学技術に関するニュースや解説記事、番組などを作成するためにかなりの人材を投入して教育し、継続して活動しているのが、既存のマスメディアであることに変わりはない。メディアそのものや、メディアと社会の関係の将来を展望するにも、その活動の歴史や現状をベースにすることは欠かせないと、筆者らは考えている。

科学技術文明も新な段階にさしかかりつつある。AIは人間の知性を超えて、どこまで進むのか。生命科学は人類の進化にどこまで関与するのか。科学ジャーナリズムや科学コミュニケーションが射程にするにはあまりにも大きな問題ではあるが、我々がそうした時代に生きていることは間違いない。やや大げさではあるが、人類文明の行方、科学技術と社会の関係、あるいは科学技術に関するコミュニケーションに関心のある幅広い人たちの入門書として、本書がいささかでも役立てればと願っている。

2020年2月

筆者を代表して　　北村行孝

本書では、歴史上の人物だけでなくご存命の人物についても、基本的に敬称を略させていただいた。また、科学者らについては、どのような時代に活躍したのかを直感的に分かるように、氏名の後に（　）で生存年を明記した。

科学技術　メディア　社会

科学ジャーナリズム・コミュニケーション入門

目　次

第1章
なぜ科学ジャーナリズム・科学コミュニケーションなのか

ジャーナリズムには様々な分野があるが、そのひとつに「科学ジャーナリズム」がある。科学ジャーナリズムの現状に満足できず充実を期待する声は以前からあったが、それがさらに強まり、21世紀に入ってからは科学コミュニケーションに関する関心も高まってきた。現代社会は科学技術の成果の上に成り立っているが、その科学技術が様々な問題を生み出し、はたして社会を良くしているのか懐疑的な見方も強まっている。いずれにしても、科学技術に関する社会各層の理解の深まりや、双方向の多様な情報交流が、今の社会に求められていることの反映であろう。本書全体の冒頭である第1章では、ジャーナリズムやコミュニケーション活動の重要な媒体であるメディアの歴史を簡単にたどるとともに、そもそも科学ジャーナリズムや科学コミュニケーションとは何なのか、その歴史を含めて概観する。

1.1　科学メディア

科学ジャーナリズムと科学コミュニケーション

「科学コミュニケーション」、「科学ジャーナリズム」、「科学メディア」……。本書ではこうした言葉がたびたび使われるが、そもそもどのような意味合いで使っているのか。定義というのは大げさにしても、混同のないよう、まず冒頭で整理したい。

「メディア」といえば媒体のことで、情報に関してはそれを発信側から受け手側に伝える手段のことである。新聞や書籍においては紙の印刷物、ラジオやテレビでは電波を使った送受信システム、ネットの世界ではインターネットを代表例とする情報通信システムとパソコンなどの端末ということになる。携帯電話やスマートフォンも、通話やメールのやりとりなどを通して意思疎通をはかるメディアの一種である。

このようにメディアは極めて広い概念だが、よく使われる「マスメディア」とは、単なる媒体ではなく、新聞、雑誌、テレビ、ラジオなど多くの受け手に大量の情報を一斉に流す組織やその仕事のことを指す。こうしたメディアを通して流される情報は様々で、テレビでいえばニュースもあればドラマやバラエティー番組、広告など多様だ。マスメディアに対比される言葉が「パーソナルメディア」である。手紙や携帯・スマホなどのメールは個人対個人の情報の交換のため、「パーソナル」という言葉が冠せられる。

マスメディアに限らず、科学技術に関する様々な情報伝達を行う仕事やその組織のことを「科学メディア」と呼ぶ。ここでいう科学とは技術も含む科学技術のことだが、表記が煩雑になることもあって、単に科学メディアとされることが多い。

メディアを使って情報を流す仕事のうち、日々起きる世間の出来事などをニュースとして流したり、解説、論評したりする仕事（報道ともいう）が「ジャーナリズム」であり、その仕事に携わる人たちを「ジャーナリスト」と呼ぶ。ジャーナリズムのうち新聞社を中心とした報道機関を「プレス」と呼ぶ時代もあった。報道機関向けの発表資料がプレスリリースと呼ばれるのはその名残だ。プレスの語源が印刷機であったことから、印刷に縁の薄い報道組織が増えるにつれ、近年ではあまり使われなくなった。

ジャーナリズムに科学を付ければ「科学ジャーナリズム」、携わる人たちが「科学ジャーナリスト」になる。一般的には、ジャーナリズムの仕事のうち、特に科学技術に関係するものを「科学ジャーナリズム」と呼ぶわけだ。

科学ジャーナリズムについては、その発祥の経緯などを後の項で詳述するが、それでは「科学コミュニケーション」とは何なのか。コミュニケーションという言葉もメディアと同様、幅広い意味をもつが、科学技術に関する情報流通に関わる仕事が一応は「科学コミュニケーション」であり、担う人たちが「科学コミュニケーター」である。しかし、この言葉は歴史が浅く、まだ一般的な認知を得るにはいたっていないようだ。また、科学コミュニケーションについては、「サイエンス・コミュニケーション」という言葉が使われることも多いが、本書では「科学コミュニケーション」という用語で統一する。

科学ジャーナリズムも広い意味では科学コミュニケーションの一部になるが、この両者にはかなりの違いがある。入り組んだ話になりそうだが、具体的なイメージをまず浮かべてもらうために、こうした仕事に携わるのはどういう人たちかという角度から、アプローチしてみよう。

科学ジャーナリストやコミュニケーターはどこにいるのか

科学ジャーナリストはどのような人たちか。数が一番多いのが、新聞社や通信社の科学技術関係の記者たち、NHKをはじめとするテレビ局の科学技術系記者たちということになる。ただしテレビの場合、報道部門の記者のほか、記者という名前は使わないものの番組制作部門のディレクターやプロデューサーがいる。日々のニュースを逐一フォローすることはないが、科学技術に関係する特集番組を作る人たちは十分、科学ジャーナリストといえるだろう。科学系の雑誌に記事を書くライターなども同様だ。

そのほとんどは新聞社、通信社、放送局、出版社などの組織に属しているため、「組織ジャーナリスト」の一部である。

そのほかフリーランスのジャーナリストもおり、組織ジャーナリストに対して「フリージャーナリスト」と呼ばれるが、そのうち主に科学技術に関する仕事をする人たちも科学ジャーナリストといえる。特定の組織に属してはいないが、月刊誌や科学系の雑誌などに寄稿したり、特定のテーマを深く追求して書籍にまとめたり、あるいは近年では、ブログなどネットを通して記事やコラムなどを発信したりしている。「科学ライター」(サイエンスライター)という言葉もあり、組織に属する人たちをこの言葉で呼ぶことは少ないが、活字メディアを中心に活動するフリーの科学系ジャーナリストに対して使うことが多い。

科学コミュニケーションに携わる人たちはどうだろうか。科学コミュニケーションの来歴については後の項でやや詳しく解説するので、ここでは簡単に触れるにとどめる。

科学系博物館や自然史博物館などで、本格的に研究活動をする研究者や学芸員らとは別に、近年では来館者に分かりやすく展示内容を説明したり、様々な趣向をこらして興味をかきたててくれたりする人たちがいる。こうした人たちが科学コミュニケーターである。それだけではない。専門性が高くて難しい科学的な内容を、いかにわかりやすく一般の人たちに伝えるか。研究機関や研究色の強い大学の広報部門などで広報誌作りに携わる作業も、科学コミュニケーター的仕事といえる。こうした人たちは、顕著な業績を発表したり、あるいは不祥事的な出来事が起きてしまったりした時に、マスメディアへの対応も期待される。

研究色が強く、一般消費者との間に円滑な関係を築きたい企業にも科学コミュニケーション能力の高い人材が求められる。研究機関と同様、研究成果や先進商品の特徴などを分かりやすく発信したり、消費者の不信を招きかねない出来事ではマスメディアに対応したりする。さらに、NPO(非営利組織)のメンバーとして、科学コミュニケーション活動を行う人たちもいる。

研究者などの専門家が、必ずしもコミュニケーション能力が高いわけではない。かなりの専門知識を持ちながら、誤解を招くことなく、過不足なく専門性の高いことを一般の人たちに伝える能力が、科学コミュニケーション能力である。こうした能力が求められる様々な仕事に、科学コミュニケーターの活躍の場が想定されるが、まだ確固とした職種・職名として確立する途上にあるといえよう。

科学ジャーナリズムと科学コミュニケーションの概略を紹介してきたが、科学ジャーナリズムは結果として、科学コミュニケーションの役割も果たし

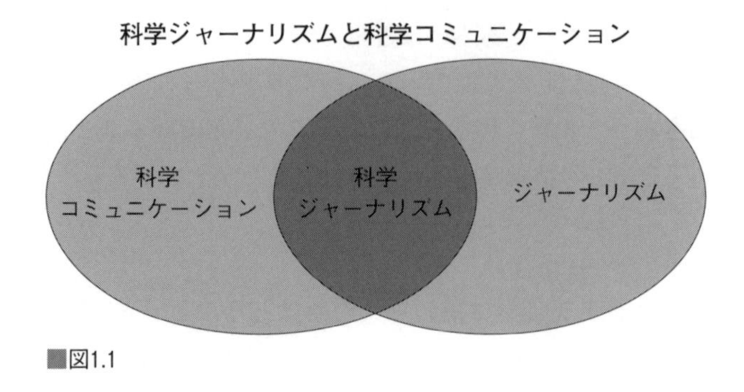

■図1.1

ているといえる。（図1.1）

しかし、同一の仕事ではない。一般的に、科学コミュニケーション活動が科学技術の発信側に寄り添い、分かりやすく発信し、理解と受容を求めるのに対し、科学ジャーナリズムはそうではない。発信側を取材して分かりやすく、できるだけ正確に伝えることが求められるのは同じだが、発信側に寄り添うわけにはいかない。取材先と距離をとって批判的に検証し、問題点を指摘したり改善を求めたりするのも、ジャーナリズムならではの役割である。また、発信側が望まないことも時には取材しなければならない。

科学者・研究者側には、ともすれば「科学ジャーナリストは、われわれの理解者である」との思いもあり、筆者らも経験してきたことだが、それは場合によりけりというしかない。

1.2　メディアの歴史

現代を生きる我々は、書籍、新聞などの印刷物からテレビ・ラジオなど電波を利用した映像・音声メディア、さらにそれらを含め様々なコンテンツを必要に応じて様々な形で送ることができる電子ネットメディアまで、多くのメディアが形作る情報環境の中で生きている。だが、これらが登場したのは、文明史のうえでは比較的最近のことである。本題に入る前に、ここで各種メディアの歴史を簡単に振り返っておこう。

印刷物の誕生

人類は進化の過程で様々なコミュニケーション手段を獲得してきた。音声言語の始まりについては、何をもって言語と定義するかにもよるし、考古学的な証拠が残りにくいこともあって様々な説があるが、少なくとも４～５万年前には他の動物にはない高度な言語能力を獲得したとされている。

次に登場するのが、音声言語を形あるものに記録する文字言語である。今から5000年ほど前に古代文明が生まれたインダス、エジプト、メソポタミアなどで相次いで使われるようになり、世界の各地で多様な文字言語が普及した。ただ、これらはパピルス、粘土板、羊皮紙などに一文字ずつ記載する方式で、同一の情報を多数の人々に伝えるには向いていなかった。

次の画期は印刷物の登場である。最初は版画のように、木や金属などに文字（図版なども含む）を刻み、紙などに同一の情報を写し取ることが可能になった。しかし、これでも多様な情報を多数の人々に伝えるには限界があった。印刷物の元となる原版を作るには膨大な労力を必要とし、多様な出版物を作るにはその都度、原版を作り直さなければならなかったからだ。

現代につながる印刷物の元を切り開いたのは、活版印刷術の発明である。ドイツの印刷業者であるヨハネス・グーテンベルク（1398ころ～1468）が、文字ごとに金属製の活字を前もって作っておき、それらを組み合わせて望みの文字列（文章）を大量に印刷することを可能にした。1440年代のこととされる。

金属の活字自体は、それ以前に中国や朝鮮半島でも使われていたが、急拡大することはなかった。グーテンベルクが活版印刷の祖とされるのは、活字製作に向いた合金や、大量印刷向けのインクの開発、鮮明な印字を可能にする印刷用プレス機など、システムとしての活版印刷を実用化したためだった。

この活版印刷の普及が、ヨーロッパにおける宗教改革やルネッサンスに大きな影響を与えたことはよく知られているが、自然科学の進展にも大きく貢献した。

17世紀の科学革命の立役者とされるアイザック・ニュートン（1642～1727、英国の物理学者）は「私が遠くを見わたせたとしたら、それは巨人の肩の上に乗っていたからだ」という有名な言葉を残しているが、活版印刷を抜きにしては「巨人の肩の上」には立てなかった。ニュートンにとって巨人とは、さしずめニコラウス・コペルニクス（1473～1543、ポーランド出身の天文学者）、ガリレオ・ガリレイ（1564～1642、イタリアの天文学者、物理学者）やヨハネス・ケプラー（1571～1630年、ドイツの天文学者）らの先人のことと推測されるが、このころには天体の観測記録や天体の運動に関する学説なども図版付きの印刷物として出版されるようになっていた。

先人の確かな知の業績の上に立って、さらに先を目指すというのが、近代科学の基本的な流儀だが、活版印刷による学術記録の普及が古典力学の完成者ニュートンを生み出したともいえる。

新聞の歴史

本書とも関係の深い、新聞の歴史を簡単にたどると17世紀のヨーロッパにまで行き着く。1630年代にフランスで週刊新聞が発行されたのを始まりに、ヨーロッパで新聞の発行が広がった。1660年には世界初の日刊新聞がドイツで発行されている。

日本はといえば、新聞の前身ともいえる瓦版が、江戸時代から江戸、大阪などの大都市部で発行されていた。木版刷りの絵入りチラシのような形態で、世間を騒がせるような出来事について、庶民の関心に応えた。大阪夏の陣（1615年）、浅間山大噴火（1783年）などの瓦版が記録として残されている。

本格的な新聞が発行されるようになったのは、幕末から明治時代にかけてである。明治維新を目前にひかえた1861、62年に、外国人の居留が認められていた長崎と横浜でイギリス人によって相次いで新聞が発行された。日本人に向けたものではなく、居留民のためのもので、こうした新聞は居留地新聞と呼ばれる。

日系アメリカ人ジョセフ・ヒコが1864年に、日本語による「海外新聞」（当初は「新聞誌」という紙名）を発行。1868年（明治元年）には、「太政官日誌」（新政府発行）や「中外新聞」、「江湖新聞」が発行されている。1870年代に入ると、「横浜毎日新聞」（最初の日刊紙）、「東京日日新聞」、「郵便報知新聞」、「読売新聞」などが相次いで生まれる。

当時の新聞は、政治のあり方や天下国家を論じる「大新聞（おおしんぶん）」と、事件、風俗など世間の出来事を報じることに重点を置いた「小新聞（こしんぶん）」という、趣のことなった二つの種類に分かれていた。しかし、次第に統合され、特定の政治色を強烈に出すことのない中立的な報道の新聞が主流になっていく。

日清戦争、日露戦争を通して発行部数を伸ばしたり、政府の圧力を受けたり、様々な経緯と興亡を繰り返しながら、新聞は主要な報道機関として受け入れられていった。太平洋戦争の戦時体制下で統制下におかれ、報道機関としての役割を果たせなかった経験などもあり、大きなテーマは他にもあるが、ここでは当初の歴史の概略にとどめる。

放送メディアの源流

テレビやラジオなどの放送メディアの誕生は、電気通信、無線通信の延長線上にあった。それまで、遠隔地に情報を送るには文書などを人間自身が徒歩で運ぶか、馬や馬車に乗って移動するか、あるいは船などに搭載して運ぶしかなかったが、電磁現象への理解が深まりつつあった19世紀前半、まず有線通信が産声をあげる。1930年代の欧米で、様々なタイプの電信機が開発されたのが始まりだった。

文字などを符号に変え、電気信号の形で電信線を経て目的地に情報を伝達する。1837年に開発されたモールス式電信機が、その後の標準になっていく。まずそれぞれの国内に電信線網が敷設され、さらに国境を越えて、1850年代には海峡や大洋を越えて敷設する海底ケーブルが世界に普及していく。

有線電信の次に生まれるのが無線電信である。電磁気学の創始者である英国の物理学者ジェームズ・クラーク・マクスウェル（1831～1879）が1864年に電磁波の存在を予言していたが、まだだれもその正体を確認していなかった。1887年になって、ハインリッヒ・ヘルツ（1857～1894、ドイツの物理学者）が電磁波の発信、受信に成功して、電波が存在することを実証。続いてグリエルモ・マルコーニ（1874～1937、イタリア生まれの発明家）が、1894年から様々な実験を行い、無線電信機を完成させていった。1899年には、英仏海峡を越えた無線電信実験に成功し、有線電信に加えて無線電信が世界に普及していく。

有線であろうと無線であろうと、電信は符号化された情報を送る手段だったが、無線通信の実用化実験と並行する形で進んだのが、音声を電信線で送る「電話」の開発だった。電話の発明者が誰かをめぐっては議論があるが、スコットランド生まれの発明家アレクサンダー・グラハム・ベル（1847～1922）が、1876年にアメリカで特許を取得している。このころからアメリカで次々と電話会社が設立され、世界に広がっていく。電話は日本にも伝わり、1890年には東京・横浜間で電話サービスが始まっている。

ラジオとテレビの登場

有線による音声通信が電話の始まりとすれば、音声通信を無線化する努力のなかで、「ラジオ」が生まれた。レジナルド・フェッセンデン（1866～1932、カナダ生まれの発明家）が1900年に、アメリカで音声信号の送信実験に成功し、1906年には小規模ながらマサチューセッツ州で世界発のラジオ放送に成功している。1918年には定時放送も始まり、ラジオは世界に広がっていく。

日本におけるラジオ放送に話を移すと、関東大震災（1923年）で電信、電話網が寸断される状況のなか、ラジオへの期待が急速に高まった。1925年にはNHKの前身が、東京、大阪、名古屋と、大都市で次々とラジオ放送を始めた。

文字情報から音声情報の伝送へと拡大してきたメディア技術にとって、次のターゲットは映像情報だった。撮像素子、伝送方式、受像機など詳しい技術的な話はわきに置くとして、1897年にドイツでブラウン管が発明されるなど19世紀終盤には後のテレビにつながる様々な技術開発が始められていた。

実用化が見えてくるのは1920年代に入ってからで、1926年には浜松高等工業学校（静岡大工学部の前身）の高柳健次郎（1899～1990）がブラウン管による電送・受像を世界で初めて成功させている。1929年にイギリスのBBCがテレビの実験放送を開始し、ドイツ、アメリカなどで実用化に向けて、試験放送などの試行錯誤が続いた。日本でも1939年に試験放送が行われた。

アメリカでは1941年に世界に先駆けてテレビ放送が始まったが、太平洋戦争へと踏み込んでいく日本では開発や取組みが遅れ、具体化が見えてくるのは戦後になってからである。GHQ（連合国軍総司令部）による占領下に制度的、技術的な検討が進められ、1953年にようやくNHKと日本テレビが相次いでテレビ放送を始めた。その後、他のキー局も次々と参入し、日本のテレビ時代が本格化してゆく。当時の放送はもちろん白黒画像だった。

テレビ時代が始まって５年あまり。1959年の明仁皇太子・美智子妃成婚は国民的な慶事となり、テレビの普及が一気に進んだ。翌60年に、NHKや民放各局がカラー放送を始めている。しかし、全番組がカラー化されるのはしばらく後のことだった。

1964年の東京オリンピックも、テレビの普及を大きく後押ししたといわれている。

電子情報の時代

現在のネット時代を支えるのは世界を網羅する電子情報ネットワークとコンピューターだが、ネットワークの方はすでに19世紀中盤より海底ケーブルなどの形で世界を結んでいた。高速で正確な計算・情報処理を行うコンピューター（当初は電子計算機と呼ばれた）は、第二次大戦中のアメリカやイギリスで開発が進められた。イギリスでは暗号解析のためにコロッサスと名付けられた専用計算機が1943年に開発されたが、汎用コンピューターの第１号とされるのはアメリカのENIACで、1946年に完成している。

ENIACは、米陸軍が弾道計算を高速で行うために資金提供し、ペンシルベニア大で極秘裏に開発された。使われた真空管の本数は約１万7500本、総重量は27トンにもおよぶ巨大な装置だった。真空管は時々断線などで故障するなど、やっかいな電子素子だった。1947年にアメリカで発明されたトランジスタは信頼性が高いうえに真空管に比べて極めて小型のため、相次いで開発されるコンピューターはトランジスタを使うようになった。さらに1958年には集積回路（IC）も発明され、コンピューターは急速に小型化、高性能化してゆく。

コンピューターは単体でも威力を発揮したが、ネットワーク化することでさらに用途が広がる。アメリカ国防高等研究計画局（DARPA）が主導したARPANETが1969年に運用を開始し、アメリカやヨーロッパでいくつものネットワークが生まれていった。こうしたネットワークを統合したのがインターネットであり、1980年代後半には世界規模にまで拡大。1989年には、日本のネットワークもインターネットにつながった。

当初は政府機関や学術機関などが利用していたインターネットが一般に開放されるのは1991年、その２年後には映像情報も流せるようになり、今日にいたるインターネットの基盤が出来上がる。ネット利用の便利さは、電子メールなどの情報を容易にどこへでも送れるほか、その強力な検索機能で様々なデータベースにアクセスできることにある。サーチエンジンを代表するGoogleがサービスを開始したのは、1998年のことだった。この年にはパソコンの基本ソフトであるマイクロソフト社のWindows98が発売され、パソコンの個人利用が急拡大してゆく。

当初はコンピューター同士を結ぶためのインターネットが、コンピューターの小型化で誕生した携帯端末や携帯電話、スマートフォンへと接続端末が多様化し、現代のICT（情報通信技術）社会が生まれる。

1.3　マスメディアの組織と仕事

科学ジャーナリズムのことを理解するためには、科学ジャーナリストらがどのような組織で活動しているのかを知る必要がある。組織とは具体的にはマスメディアの組織になるが、より具体的には新聞社、通信社、テレビ局、出版社などである。

新聞社

新聞社と一言にいわれるが、いくつかの種類がある。様々なニュースを網羅的に扱う新聞は一般紙と呼ばれるが、その他に分野ごとの新聞がある。専門誌とか業界紙とかいわれる。他にスポーツ紙、夕刊紙があり、主に駅の売店やコンビニエンスストアなどで販売される。

一般紙にも種類があり、全国の読者を対象に全国各地で購読できるのが全国紙である。一般的には朝日新聞、毎日新聞、読売新聞、日本経済新聞、産経新聞の５紙が全国紙とされる。このほか、各県に県紙と呼ばれる地方紙がある。一般の県紙よりは広範囲に購読者を持ち、規模も大きい新聞社をブロック紙と呼び、中日新聞（関東地域では東京新聞を発行）、西日本新聞、北海道新聞がある。北海道新聞は他県をカバーしているわけではないが、北海道そのものが広く、新聞社の規模も大きいため、ブロック紙に分類されることが多い。

社の規模の大小によってその組織にも差があるが、全国紙を基準に概要を紹介する。社によって細部に差はあるが、新聞社組織の中心となるのが編集局である。一般的に記者と呼ばれるジャーナリストは、編集局に所属する。新聞のコンテンツを作成する部門である。

編集局には様々な取材部が属する。政治部、経済部、社会部などはよく耳にするが、他に地方部がある。全国紙では大阪、名古屋、福岡、札幌など地域の大都市に支社や地域本社を持つところも多い。この本支社は管轄内の各都道府県に、取材の拠点となる支局があり、県では県庁所在地に置かれる。その他、道府県内の主要都市には通信部とよばれる取材拠点もあるが、ほとんどは記者１人の配置である。このような地方取材拠点を統括するのが、本社（あるいは支社）の地方部である。

同じように本社には国際部（外報部、外信部という呼称の社もある）があり、世界の主要国、主要都市に展開している海外支局の特派員らの原稿を集約して、紙面化する。全国紙といえども、世界のニュースを網羅できないため、必要に応じて外国通信社のニュース原稿も採用する。

編集局内の他の部としては運動部、文化部（学芸部）、生活部、写真部などがあるが、本書の主題である科学関係の記者が所属するのが、科学部（科学環境部、科学医療部という呼称の社もある）である。科学部の記者だけが科学ジャーナリストというわけではなく、社会部など他のセクションや支社などにも科学技術を主体的にフォローする記者もいる。読売新聞社の場合、医療部という部もあり、主に臨床医学の分野を扱うが、他の社では医療は科学部の仕事としているところが多い。

編集局で忘れてならないのは、編成部（整理部）である。この部に属する記者は、自ら取材して記事を書くわけではないが、取材各部から提稿される記事をみて価値判断や、紙面化に際してのレイアウト作成、見出しの作成などを行う。

編集局以外の組織としては、論説委員会がある。この組織に属する記者が論説委員であり、社としての意見を社説という形で表明する。編集局は客観報道活動の拠点、論説委員会は言論活動の拠点ということで、役割を明確に区別するため、編集局と論説委員会を別組織とする社が多い。

職種を問わず、どの企業にもあるのが、総務、人事、広報、法務部門などだが、新聞社にも当然こうしたセクションがあり、総務局などと呼ばれる。新聞社らしい組織として、広告局と販売局がある。収入源の多くを依存している広告を獲得するのが広告局の役割で、広告代理店と連携したり、独自の広告戦略を練ったりする。販売局は、全国に展開する新聞販売店を統括するセクションで、各家庭や事務所などに新聞を配達する宅配制度を維持するための役割を担う。ちなみに、各販売店は新聞社自身が経営しているわけではなく、それぞれの販売店主が独自経営している形がほとんどである。

他に事業局や出版局、メディア局などもある。美術館や博物館などと連携して企画展を主催したり、スポーツ事業などを行ったりするのが事業局。出版局はその名の通り、書籍などの出版。メディア局はネットなど、紙以外の媒体でニュース流すことに関する部門である。

コラム

ニュース原稿３つの関門

新聞のニュース記事は、どのように紙面化されるのか。記者が書いた原稿がそのまま新聞に掲載されるわけでは、もちろんない。少なくとも３つの関門があり、それぞれの段階でチェックされる。

第一の関門が、記者が所属する取材部のデスクである。デスクとは組織上の正式な役職ではなく、記者の面倒をみたり記事を完成させたりする先輩格の記者の通称である。取材部のなかでは部次長や副部長などの地位の記者がなることが多く、取材チームのキャップのような仕事もこなす。

記者が書いた原稿はまずデスクが目を通し、取材が十分行われたか、視点は適正であるか、文章は整っており分かりやすいか、などの点がチェックされる。場合によっては再取材や補足取材を求められ、大幅に書き直されることもある。

こうして出来上がった原稿がそのまま紙面掲載されるわけではない。毎日、様々な分野のニュース原稿が作成されるが、限られた紙面にすべてを載せるわけにはいかないので、厳しく取捨選択される。各取材部が提稿する予定の主要原稿のうちどれをどのような大きさで扱うかの大枠を決めるのが「編集会議」である、毎日、朝夕の２回開かれる。編集各部のデスクが集まり、その日の当番の編集局デスク（次長）が会議を主宰する。

この会議で使われる原稿の目途がたつと、取材部のデスクが原稿を完成させて、編成部（社によっては整理部）の担当記者（編成記者）に原稿が渡される。この編成記者が第二の関門である。印刷される前の最初の“読者”として目を通し、見出しや記事の大きさなど細部を決めていく。原稿が一般読者にとって分かりにくかったり、説明不足があったりすると堤稿した部の当番デスクに注文をつける。分かりやすくするために、図表を付けることを求めたりもする。

編成記者は自ら取材・執筆をするわけではないが、記事の扱いなどを決める最終決定権を持つため、その地位は高い。新聞紙面の制作はコンピュータ化されて久しいが、専用のディスプレーを見ながら、紙面レイアウトを作って見出しを付け、輪転機（高速印刷機）にかけられるようにするのも編成記者の仕事である。

そうして最後の関門が、校閲記者である。編成作業と並行して、紙面化される原稿に目を通し、人名や地名などに誤りはないか、歴史上の出来事の年月は間違っていないか、誤字脱字がないかなどが点検され、取材部にも連絡される。

さらに、多くの社が紙面審査部門を持っており、掲載された記事の事後評価を日常的に行っている。紙面上の記事の扱いの大きさに判断ミスはなかったか、記事の視点に偏りがなかったかなどが検討され、これらは編成部門や各取材部にフィードバックされる。

新聞は、各部から堤稿されるニュース原稿を掲載する総合面（1、2、3面、社会面など）の他に、各部が作る特集的な面（政治面、経済面、スポーツ面、科学面など）がある。総合面のように、記事の掲載を巡る激しい競争はないが、それぞれの部のデスクやその面の担当編成記者によって品質管理が行われていることに変わりはない。

新聞記事の制作過程とチェック機能

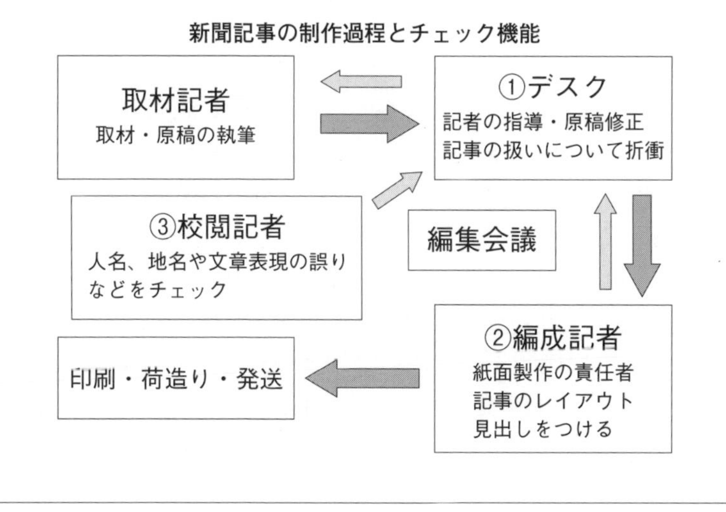

通信社

通信社は、国内の報道機関や関係機関に世界のニュースを配信したり、逆に日本のニュースを世界に発信したりするのが仕事で、日本には共同通信と時事通信がある。その組織は、新聞社と似ている部分が多い。特に編集局には、新聞社と同じような部があり、国内主要都市、世界の主要都市に記者を配置して、取材、原稿化する仕事を行っている。

しかし、新聞社のように紙媒体に印刷するわけではなく、加盟社に原稿や情報を流すのがその役割である。特に、取材網を全国あるいは海外に展開できない地方紙やテレビ局、ラジオ局にとっては、通信社の配信ニュースに頼る比率が高い。報道機関向けだけではなく、金融機関や企業に経済情報を流したり、地方自治体に行政関係の情報を流したりするなど、ニュース配信組織として多様な機能を持っている。

特徴的なのは、海外へ日本のニュースを流す部門（共同通信の場合、国際局）をもっていることであり、日本語だけでなく英語など多言語のニュース配信を行う。AP通信（アメリカ）、ロイター通信（イギリス。2008年に買収され、親会社はアメリカのトムソン・ロイター社）、フランス通信社（AFP）など外国通信社と提携することにより、より効果的な配信が可能になっている。これら通信社には新聞社と同じように、科学技術を扱う組織や取材班があり、科学ジャーナリズムの活動を行っている。

テレビ局

テレビ局の場合、NHKと他の民放テレビ局には大きな違いがある。視聴料収入を主な資金源とするNHKは、全国紙と同じように全国組織であるのに対し、民放は放送法の制約もあって、全国をカバーする局はない。

その代わり、「在京キー局」と呼ばれるテレビ系列があり、東京を本拠地とするキー局が各地の地域テレビ局、地方テレビ局にニュースや番組を流している。日本テレビ放送網、テレビ朝日、TBSテレビ、テレビ東京、フジテレビジョンの5局が在京キー局である。

NHKの場合、その報道局は他のテレビ局と違って、組織、陣容ともに充実しており、全国紙に匹敵する規模をもっている。科学文化部という、科学技術に特化した組織ももっている。これに対し、他の民放テレビの報道局には科学報道に特化した組織はなく、社会部などのメンバーが場合に応じて対応しているのが実情だ。

テレビの報道記者の仕事は、基本的には新聞社の記者と同じで、ニュース番組用の記事を書く。テレビには映像が欠かせず、映像撮影のクルーを手配したり、映像素材を入手したりという点が、新聞記者とはやや違う。とはいっても新聞の場合でも、画像が必須の場合にはカメラマン（写真記者）を呼ぶわけだが、映像へのこだわりはやはり差がある。

テレビの場合、新聞と大きく違うのが、報道部門の他に番組制作部門（多くは番組制作局とよぶ）を持っていることである。即時報道のニュースより、ややゆとりをもって制作できるのが特徴で、この特性を生かして様々な特集番組を作ることができる。この番組制作部門のスタッフは報道記者ではないので、記者とは呼ばないが、広い意味のジャーナリストであることには変わりはない。ディレクターやプロデューサーと呼ばれる人たちである。

特にNHKには、番組制作局にも科学技術部門があり、多様な科学系番組を制作している。民放テレビは、科学技術番組と無縁かといえばそうではない。局によっては、優れた視点の番組などを生み出している。

出版社

出版社には、規模や得意分野の違う様々な社があり、一括しては論じられない。筆者が学生らと接していて彼らがよく誤解しているのは、出版社に入れば原稿を書けるという思い違いである。出版社系の週刊誌や、科学雑誌などで、社員が原稿を書くことがないわけではないが、出版社の社員の主な仕事は優れた筆者を見つけ出し、彼らに活躍の場を提供したり、出版企画を立てて実現したりすることである。

科学ジャーナリズムや科学コミュニケーションとの関係でいえば、一般書籍もさることながら新書を出す出版社において、研究者や科学ジャーナリストたちが、様々なテーマで新書本を出している。以前は、「本業の研究で大した業績もないのに、本を出すなんて……」と、先輩らから白眼視される風潮がないわけではなかった。しかし時代が変わって近年では、働き盛りの若い研究者も読者の注目を引く書籍などを出している。特に科学技術に特化した講談社のブルーバックスは、広範な研究者らの活躍の舞台になっている。

科学雑誌も、科学ジャーナリズムや科学コミュニケーションに深く関係するが、これも社員が直接書くというよりは、外部のライターに依頼して作る場合が多い。こうした舞台が、フリーランスのジャーナリストらの活躍の舞台になりうる。

コラム

メディアの経営基盤

日本のマスメディアはどのような経営基盤を持っているのか、言い換えれば何によって利益を得て組織を運営しているのだろうか。科学技術報道と直接関係があるわけではないが、そうした組織の一部として科学ジャーナリズム的な活動が行われているので、概要だけは理解しておきたい。

新聞の場合、大きな収入源が二つあり、ひとつが読者からの購読料収入（販売収入）、もうひとつが広告収入である。全国紙の場合、前世紀末までは広告収入が購読料収入に匹敵する（あるいは上回る）状態が長く続き、経営はかなり安定していた。しかし、ネット社会の進展とともに企業などの広告がインターネットなどに流れ、収入に占める広告の比率は長期低落傾向にある。

これに加えて若者を中心とした活字離れが他の年代層にも広がり、新聞の全国購読部数が1997年の約5380万部をピークに低落傾向にあるため、ますます経営を悪化させる要因になっている。新聞広告の単価は販売部数に左右されるため、購読部数減は購読収入減だけでなく広告収入減に輪をかけてしまう。図に新聞社の総売上高の推移グラフを示す。

人員の合理化や他の収入源を模索するなど各社とも工夫しているが、報道機関の根幹をなす報道部門の人員も漸減傾向にある。

テレビの広告収入は、新聞ほどではないにしても2000年前後をピークに微減と横ばいを繰り返している。受信料収入に支えられているNHK以外の民放テレビやラジオ局は広告収入に大きく依存しているため、情況は厳しい。テレビ・ラジオの広告収入は番組の視聴率が高いほど高額になるため、視聴率が放送関係者の最大関心事のひとつになっている。

既存メディアに比べて、インターネット広告の伸びは著しく、2018年は年間広告費で地上波テレビとインターネットがほぼ並ぶまでになっている。こうした時代の変化に、新聞各社もネットでのニュース配信に力を入れるなど対応を進めているが、経営を支えるほどの収入源にはなっていないのが実情だ。

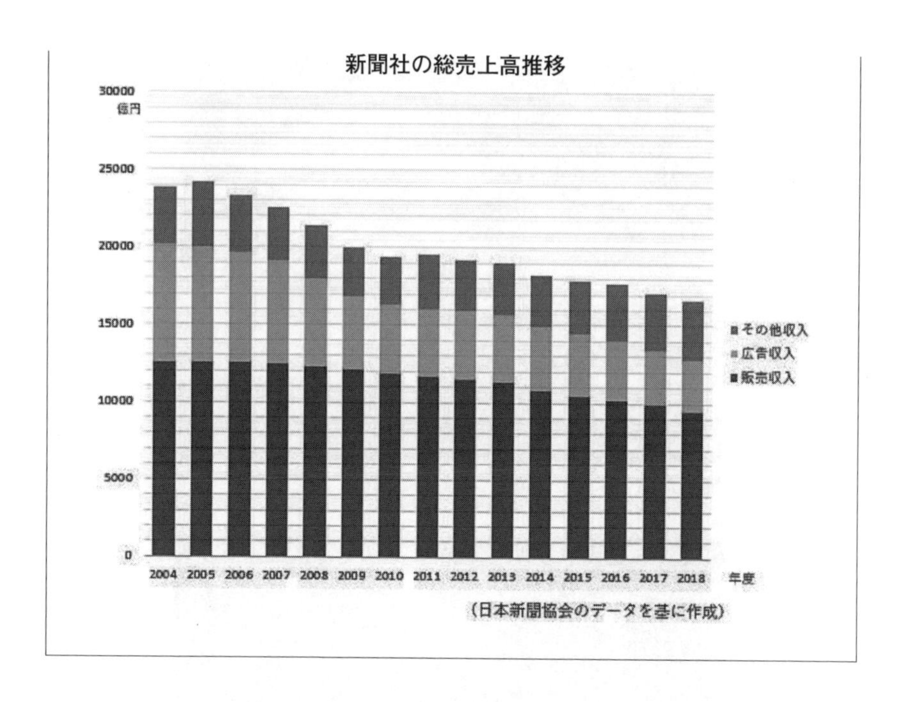

1.4 科学ジャーナリズムの歴史

原子力が生み出し宇宙開発が育てた

科学ジャーナリズムは、幅広いジャーナリズムの世界のなかで比較的新しい領域だが、いつごろ生まれてきたのか。相対的にみてその陣容が大きく、歴史も長い新聞・通信社の世界を中心にして、その歴史をたどってみよう。

筆者（北村）が現役の科学記者だった1990年代末、20世紀を振り返る全社的な取材チームに加わり、科学技術分野の100年間を総括するための取材を行ったことがある。その当時、ある美術グラフ誌が、20世紀を象徴する写真として２枚を選び、冒頭に大きく掲載していたことが鮮明に記憶に残った。１枚が、米国の宇宙船アポロ８号が月周回軌道から撮影した、月の地平越しに浮かぶ地球の姿。有名なあの１枚である（写真1.3）。そうしてもう１枚が、広島上空で炸裂した実戦使用初の原子爆弾のきのこ雲だった（写真1.2）。

一方が、人類が自らを育んでくれた地球から初めて宇宙に飛び出し、母な

■写真1.2　米軍機が撮影した原爆被爆後の広島上空

■写真1.3　アポロ８号が撮影した月面越しの地球（NASA）

る地球を客観視できたことを象徴する写真。もう一つが、長年にわたり燃焼をはじめとした化学反応を活用して文明を発展させてきた人類が、原子核内に潜む桁違いのエネルギーを最悪の形ではあるが、初めて解放したことを象徴する写真である。

原子力と宇宙。このふたつが、日本における科学ジャーナリズムの発祥に

科学報道の黎明期と主要な出来事

年	出来事
1945	広島・長崎に原爆投下（8月）
1946	世界初のコンピューター「ENIAC」誕生
1949	湯川秀樹ノーベル物理学賞受賞
1951	接合型トランジスタの発明
1953	ＤＮＡの二重らせん構造が発見される
1954	第五福竜丸がビキニ環礁の水爆実験で被災（3月）
	ソ連で世界初の原子力発電所稼働
1955	東大のペンシルロケット発射成功（8月）
1956	原子力委員会発足（1月）
	共同通信に科学班（1月）、読売新聞に科学報道本部（2月）発足
	科学技術庁発足（5月）、日本原子力研究所発足（6月）
1957	日本の南極観測隊が南極到着（1月）
	朝日新聞が科学部設置（5月）
	原研のJRR-1が臨界。初の原子の火ともる（8月）
	ソ連が初の人工衛星「スプートニク1号」打ち上げ（10月）
	毎日新聞が科学部設置（12月）
1958	米航空宇宙局（ＮＡＳＡ）発足（10月）
1959	ＩＢＭがトランジスタを使ったコンピューターを開発

■表1.4

深く関係している。戦前、戦中においても、科学技術に関する報道がなかったわけではないが、そもそも新聞のページ数が極めて少ない時代で、過去の紙面を月ごとに綴じた縮刷版を見ても、軍事技術に関するニュースなど一部を除いては、目立つような報道は少なかった。

広島・長崎への原爆投下を大きな契機として日本が太平洋戦争に敗れた1945年以降、年を追って、科学技術の話題が増えてきた。表1.4に、1940年代後半から1950年代にかけての科学技術関連の主な出来事を記す。

核開発を巡って先行したアメリカを猛追したソ連は、4年遅れで原爆を完成させただけでなく、より威力を増した水爆（水素爆弾）開発でアメリカとしのぎを削る。こうしたなか、ビキニ環礁（マーシャル諸島）付近で操業していた日本のマグロ漁船「第五福竜丸」が、アメリカの水爆実験による放射性降下物を浴び、静岡県焼津に帰港後に乗組員が犠牲になる事件（1954年）が起きている。

原子力開発など科学報道の主要テーマに関しては後の2章でやや詳しく述べるため、ここでは概略をたどるにとどめる。原子力を巡っては、核開発だけでなく原子力発電など平和利用でも米ソにイギリスなども加わって主導権争いが始まった。

世界唯一の被爆国であり「第五福竜丸事件」でも犠牲者を出した日本は、国民の反核感情が強い国だったが、激しい議論の末に平和利用に乗り出していく。そうした動きが具体化するのが1950年代中ごろであり、56年に原子力委員会（1月）、科学技術庁（5月）、日本原子力研究所（6月）が相次いで発足する。

こうした動きに報道機関も対応を迫られる。社会部、文化部など伝統的な取材部の仕事の一部として扱うには専門性が高く、他の仕事にも追われるなかでは体系的・継続的な取り組みも難しい。そこで、科学技術に特化した部門を設けて専門記者の養成に乗り出すことになった。同じ56年に共同通信社が科学班（後に科学部）、読売新聞社が科学報道本部（各部の記者を集めた混成組織。後に科学部）を発足させた。翌57年には、朝日新聞社、毎日新聞社もそれぞれ科学部を設置している。

こうして生まれた科学部は、科学技術庁（科技庁）を主要な拠点として原子力関係の取材を本格化させるが、次に大きなテーマとして浮上したのが宇宙開発だった。

1957年10月、ソ連が世界初の人工衛星「スプートニク1号」の打ち上げを成功させた。日本でも大ニュースとして大きく報道されたが、強いショックを受けたのはアメリカだった。人工衛星を打ち上げるロケットといえば平和的な印象を与えるが、その裏の顔は弾道ミサイルそのものである。ソ連がアメリカのどこへでも原爆を投下できるミサイル技術を先駆けて獲得したことになり、アメリカは科学技術体制の抜本的強化に乗り出す。

1960年代に入ると、原子力の自主開発路線を目指した日本でもようやく、成果らしいものが出始める。日本原子力研究所が動力試験炉で日本初の原子力発電に成功したのは、1963年10月のことだった。米ソに大幅遅れで始めた宇宙開発も、64年に東大宇宙航空研究所が発足。アメリカのアポロ11号が人類初の月面着陸を成功させた69年には、ようやく宇宙開発事業団が設立されて、本格的なロケット、人工衛星開発に乗り出していく。

拡大する取材領域

原子力開発、宇宙開発を契機にスタートした科学ジャーナリズムだが、時代を追って取材領域が増えていく。総理府の外局として誕生した科学技術庁（2001年の省庁再編で文部省と合体して文部科学省に）が主導した科学技術政策の主要課題は原子力、宇宙開発、海洋開発、科学技術振興などだったが、これらは当然のことながら科学記者のメインの仕事だった。

やや話がそれるが、報道機関にとって主要官庁は大きな取材拠点のひとつで、そのため各省庁の記者クラブに常駐の記者を配置している。記者クラブ制度については、「閉鎖的」、「省庁との癒着の温床」などの批判があるが、それはともかくとして、あらゆることを網羅的にフォローすることを目指す日本の報道機関にとって、欠かせない仕組みであるのも事実である。

その記者クラブに派遣されている記者の出身母体（所属部）は様々で、経済産業省、農林水産省などの経済官庁は経済部記者がメインで、必要に応じて社会部記者、政治部記者などが加わる。警察庁、環境省などは社会部が主役となってカバーする役所である。科技庁の場合は科学部が責任をもってフォローする唯一の役所で、定例的な大臣（科技庁長官）会見なども科学部記者が担当してきた。（文部科学省に再編後は、この文科省に科学記者が常駐）

こうした役所関係以外の取材も多く、本社の所属部を拠点に様々な取材に出かける。1970年代には公害問題が深刻化する一方、遺伝子組み換え技術が確立するなど、生命科学が重要テーマとして浮上してくる。（表1.5参照）

1968年８月に札幌医科大で行われた日本初の心臓移植「和田臓器移植」は、その手続きの不備などで、後の脳死移植議論に暗い影を落とすが、医療技術や生命倫理問題も、その後の科学ジャーナリズムの主要テーマになる。

この時代は、列島的な視野では巨大地震などがなく比較的静穏な時期だったが、想定される東海地震の予知問題など自然災害・防災、地球科学関連の分野も時代を超えた科学技術関係の主要取材テーマであり続けた。

この他にも様々な取材対象領域があるが、それぞれの分野の詳細を述べるのは本書の趣旨ではないので、必要に応じて関連年表（表1.6）を参照願いたい。この項では主に20世紀後半の新聞社おける科学報道を扱ってきたが、21

宇宙開発の本格化（1960年代）

1961年	ソ連初の有人宇宙飛行成功（4月）
1962	レイチェル・カーソンの「沈黙の春」出版
1963	素粒子のクオーク模型提唱
1964	東大宇宙航空研究所発足（4月）
	原研動力試験炉、日本初の原子力発電成功（10月）
1965	朝永振一郎ノーベル物理学賞受賞
1967	南アで世界初の心臓移植手術（12月）
1968	札幌医科大で日本初の心臓移植（8月）
1969	米アポロ11号が月面着陸に初めて成功（7月）
	宇宙開発事業団発足（10月）

公害深刻化・バイオ技術の黎明（1970年代）

1970	東大、日本初の人工衛星「おおすみ」打ち上げ成功（2月）
	公害問題が深刻に（光化学スモッグなど）
1971	高エネルギー物理学研究所設立（4月）、環境庁発足（7月）
1972	ストックホルムで国連人間環境会議、ローマクラブ報告「成長の限界」公表
1973	遺伝子組み換えの基礎技術確立、江崎玲於奈ノーベル物理学賞受賞
1975	宇宙開発事業団、Ｎ１ロケットで技術試験衛星「きく」打ち上げ（9月）
	遺伝子組み換え技術の危険性についてアシロマ会議を開く
1978	英国で初の試験管ベビー誕生（7月）
1979	米スリーマイルアイランド(TMI)原発事故（3月）

■表1.5

世紀に入ってますます取材領域は拡大している。その状況の一端は後の章で紹介したい。

繁忙なニュース部に

拡大する取材領域に対して、取材記者の陣容はどう変化してきたのだろうか。大手全国紙や通信社に科学部が誕生してしばらくの間は記者の数は10人未満の状態だった。筆者が所属した読売新聞社（東京本社）の科学部は、新聞、通信各社のなかでは陣容が豊かとされてきたが、その部員数は1970年代には10人そこそこ。1980年代中盤にようやく15人に達し、20人規模になるのは1990年代を迎えようとするころである。この数を多いとみるか、少ないとみるか……。この人数は総数であって、現場取材に出ない部長や次長（デスク役）

巨大システムの事故続発・脳死検討始まる（1980年代）

1981年	米スペースシャトル初飛行に成功（4月）
	福井謙一ノーベル化学賞受賞
1982	日本で体外受精始まる
1983	厚生省に脳死に関する研究班設置
1985	脳死の竹内基準がまとまる
1986	スペースシャトル「チャレンジャー」爆発（1月）
	チェルノブイリ原発事故（4月）
1987	利根川進ノーベル生理学・医学賞受賞
1989	米を中心にヒトゲノム解読計画始まる

生命科学の進展と不安（1990年代）

1990	脳死臨調が発足（92年に答申）
1995	高速増殖炉「もんじゅ」でナトリウム漏れ事故（12月）
1996	英国でクローン羊「ドリー」誕生（7月）
1997	臓器移植法施行（10月）
	地球温暖化防止「京都会議」、京都議定書採択（12月）
1998	米国でヒト万能細胞（ＥＳ細胞）の樹立に成功
1999	臓器移植法に基づく日本初の脳死臓器移植実施（2月）
	ＪＣＯ東海事業所で臨界事故発生（9月）

■表1.6

を除けば、実働記者はさらに少なくなる。

拡大する取材領域に対してさすがに人手不足が目立ち、21世紀を迎えるころには25人を超えるが、新聞業界の構造的な経営環境の悪化を反映してか、30人止まりの状況が続いている。ただし、読売に限らず大手全国紙は東京以外の大阪本社にも科学部門があり、総数は何割か多くなる。

新聞社内における科学部門の役割も時代とともに変化してきた。その推移の概略をたどってみよう。草創期から長い間、科学部記者は専門的な立場から難しい科学的な問題を分かりやすく解説する役割を期待されてきた。紙面への貢献でも、定期的に作成する科学面（週１回１ページの時代が長く、後に週２回に）の執筆、制作が大きな仕事だった。陣容も限られ、科学政策など一部を除けば、ニュース面（1、２面や社会面）に定常的にニュース記事を堤稿・掲載する部ではなかった。

新聞業界の内輪話になるが、日々動く情勢に応じて連日ニュースを書き続ける政治部、経済部、社会部のような部署は「ニュース部」と呼ばれる。これに対し、文化部、学芸部、生活部など自らが担当する文化面、生活面などの特集(フィーチャー)面を作ることを主要な仕事とする部署は「フィーチャー部」と位置づけられてきた。この分類でいえば、科学部も長年「フィーチャー部」だったのだが、陣容が増え、科学技術をめぐる目立ったニュースが増えたこともあって、21世紀に入るころにはまさしく「ニュース部」という状況になっていった。

その最たる出来事は、原子力事故や大地震であろう。事件・事故といえば、社会部の仕事と相場が決まっていたが、2011年の福島原発事故では科学部記者が連日のように1面の本記記事などを出し続けた。その昔に主要な仕事だった解説的な記事を書くのは以前と変わらなかったものの、それはメインの仕事ではなく、多様でハードな仕事のごく一部となった。

また日々のニュースを離れて、日本の現状や課題などを全社的なチームで展開する年間特集企画などにおいても、科学部が主役として推進する機会も増えている。

この項では新聞・通信社を中心に歴史をたどったが、テレビはそのスタートが遅かったために、新聞・通信社のような体制を整えるのは遅れた。しかし、科学技術に関するニュースは増え続け、注目を集める出来事も多かったため、それぞれに科学報道に力を注ぎ、特にNHKは早急に陣容を整えていった。

科学雑誌の盛衰

新聞やテレビが科学技術報道に力を注ぐよりはるか前から、科学や技術を伝える役割を果たしてきたメディアに科学雑誌がある。科学雑誌の歴史は明治時代に始まり、何度かのブームを経ながら、現在は低調な時期にあるといえる。

データはやや古いが、文科省科学技術政策研究所（NISTEP）が2003年5月にまとめた「我が国の科学雑誌に関する調査」から図1.7を引用する。科学雑誌といっても、分野ごとの雑誌もあれば、総合的な雑誌もある。この調査では「数学・物理」系、「生物・化学」系、「天文・地学」系、さらに特定

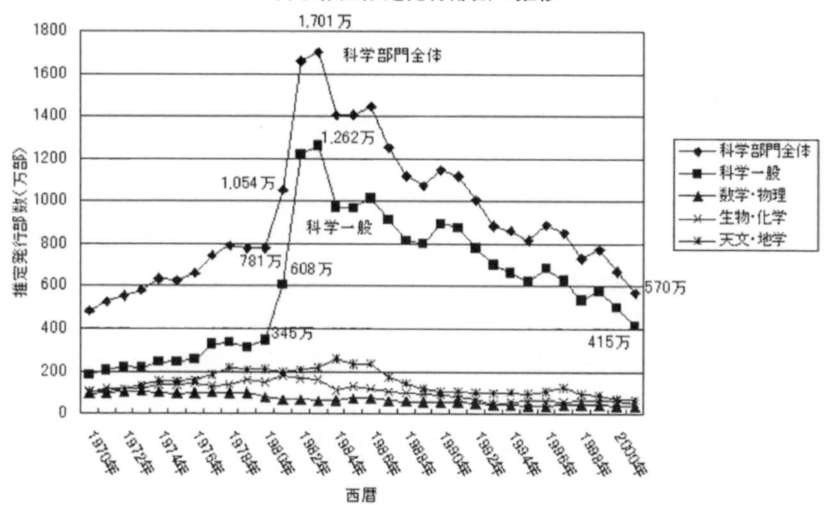

■図1.7 「我が国の科学雑誌に関する調査」(文科省科学技術政策研究所、2003年) から

の分野に偏らず全般を扱う「科学一般」に分けて分析している。これらの雑誌の推定発行部数は、1980年代前半に年間合計1700万部に達するなど最盛期を迎えている。このほとんどが「科学一般」の雑誌である。10年前の3倍という目覚ましい伸びをみせた。

1981年から83年にかけて「Newton」、「OMNI」、「Quark」、「UTAN」といったビジュアル化を重視した総合科学誌が相次いで創刊され、1971年に生まれていた「日経サイエンス」などを含めて、書店のコーナーにずらりと科学誌が並んだ。しかしブームは長くは続かず、21世紀を待たずに次々と廃刊に追い込まれていく。その後も発行を続けているのは、日経サイエンスとNewtonだけである。これとは別に1931年創刊の「科学」(岩波)は、爆発的なブームに左右されずに発行を続けている。歴史が長いといえば、1924年創刊の「子供の科学」(誠文堂新光社)で、間もなく100年を迎える。

科学ファンに長年親しまれた「自然」(1946年創刊)や「科学朝日」(1941年創刊)も1980年代後半から1990年代後半かけて姿を消した。結局20世紀末には、科学雑誌の総発行部数はピーク時の3分の1に減ってしまい、現在も低調なままである。

新たな動きとして目立つようになったのが、必ずしも営利を目的としない科学雑誌と呼んでもよいような雑誌の登場である。科学技術振興機構が2007年に創刊した「Science Window」(現在はウェブマガジン化)、国立科学博物館の「milsil」(2008年創刊)、中高校生を対象にした季刊の「someone」(リバネス出版、2007年創刊)、「Rika Tan」(株式会社文理、2007年創刊)などである。

なぜ日本で科学雑誌が振るわないのか。様々な分析が行われているが、そのひとつがネット社会の進展で、雑誌を買うまでもなく情報を収集できるという見方だ。さらに日本人は、国民性として科学を文化として楽しむ気風や、必須の教養として嗜む姿勢に欠けるという主張もある。後の章でも述べるように、この間、科学者、研究者や大学院生は着実に増えている。それにも関わらず、科学雑誌が売れないということは、科学者、研究者でさえ自分の分野を離れた科学一般への興味を失ってしまったのか、あるいは忙しすぎて読む暇がないのか。子供の理科離れを嘆く以前の問題なのかもしれない。

1.5 浮上した科学コミュニケーション

科学ジャーナリズムの話題からいったん離れて、「科学コミュニケーション」がなぜ注目されるようになったか、その背景をたどってみよう。一部の専門家の間で科学コミュニケーションは、1980年代——場合によってはそれ以前からのテーマのひとつだったが、急速に世間に拡がり、注目されるようになったのは、21世紀に入ってからである。

背景にあったのは、ひとつには若者を中心とした「理科離れ」「科学離れ」の進展であった。科学技術の恩恵を十分に受けているはずの先進国でありながら、科学や技術に親近感をいだく若者が低下する傾向にあり、しかも科学技術の基本的な知識・素養(科学リテラシー)が必ずしも高くないことを各種の調査が示していた。

もうひとつは、科学技術と社会の間の軋轢(コンフリクト)が様々な局面で目立つようになり、打開策が求められるという時代背景であった。科学技術行政や研究者の世界では、科学技術が社会に素直には受け入れられない背景には、市民の知識不足があり、そのためには理解増進策が必要という考えが長い間、支配的であった。これは、「啓蒙的アプローチ」もしくは「欠如モデル」と呼ばれるが、そのような上から目線では限界があると、ようやく

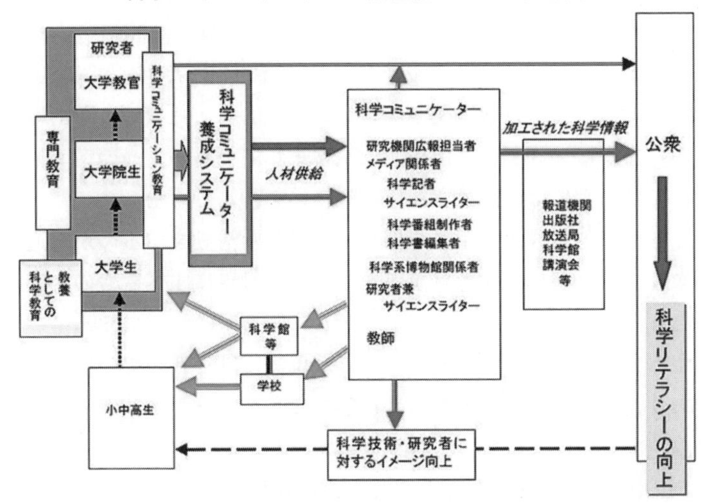

■図1.8　出典：「科学技術理解増進と科学コミュニケーションの活性化について」（2003年）

意識されるようになっていた。こうした時代背景のなか、2001年10月には「科学技術社会論学会」が発足している。

また、研究者、専門家らに社会的な説明責任が求められるようになり、懸命に研究して成果を出すだけでは足りず、社会に向けて発信し、場合によっては社会に出てコミュニケーションすることも推奨されるようになってきた。このような活動は「アウトリーチ活動」と呼ばれ、競争的研究資金の審査・評価においても、義務付けられるようになっていく。

では、具体的にはどのような動きとして表面化したのだろうか。文部省と科学技術庁が合体して文部科学省が生まれた2001年には、政府の第二期科学技術基本計画（2001～2005年）が策定された。そのなかで、「科学技術と社会の双方向のコミュニケーション」の必要性が謳われたが、その具体像に大きな影響を与えたのは、文科省の科学技術政策研究所（NISTEP、2013年に科学技術・学術政策研究所に改組）が2003年にまとめた「科学技術理解増進と科学コミュニケーションの活性化について」と名付けられた調査報告書である。

この報告書が描いた「科学コミュニケーション」像を図1.8に示すが、科学技術・学術審議会などの審議にも影響を与え、様々な形で実際の動きにつながっていく。要約すると、科学コミュニケーションを担う人材としての「科学コミュニケーター」をいかに養成すべきか、その養成策を示したことにある。

想定する科学コミュニケーターとして、「研究機関広報担当者」、「メディア関係者」(科学記者、サイエンスライター、科学番組制作者、科学書編集者)、「科学系博物館関係者」、「科学者兼サイエンスライター」、「教師」があげられている。このなかに「メディア関係者」が含まれているが、当のメディア関係者にとっては素直には賛同できない意味合いを含んでいた。

そもそも権力・権威から距離を保ち、自律した活動をするのが報道・言論機関であり、政府が目指す人材養成システムの対象にすべきものかという違和感である。しかし、科学ジャーナリズムに限らず、科学コミュニケーションに関する大学などの人材養成システムが現実には存在していなかったのも事実であり、成熟した社会のために科学コミュニケーションが活性化することに異論があるわけではない。科学コミュニケーションにおける既存メディアの役割の大きさに対する期待の大きさの表れと解釈することもでき、メディア側から大きな異論の声があがったわけではない。

科学コミュニケーション元年

人材養成でまず注目されたのが、大学教育だった。英国やアメリカにはすでに、「科学コミュニケーター」の養成を想定した修士課程などのコースを持つ大学がいくつもあり、先に紹介した活性化に関するNISTEP報告書でもこうした先行事例をあげている。ロンドン大学インペリアルカレッジやカリフォルニア大学サンタクルス校の「科学コミュニケーションコース」などである。

文部科学省はこの日本版を作ろうと、科学技術振興調整費を使って科学技術コミュニケーター養成を目指すが、これに応じたのが東京大学、北海道大学、早稲田大学である。2005年にそれぞれ、「科学技術インタープリター養成プログラム」(東京大学)、「科学技術コミュニケーター養成ユニット」(北海道大学)、「科学技術ジャーナリスト養成プログラム」(早稲田大学)と名付けた養成システムが始動する。

各大学で位置づけなどに差があるものの、大学院修士課程の教養分野に相当する枠で1年程度かけて養成する形態が多く、自校の学生だけでなく、社会人も含めた外部からの受講を認めるなどの工夫がなされた。5年間の必要経費は振興調整費で支援するが、その後は各大学で工夫して、システムを継続するよう期待された。実際に3大学とも、5年経過後も一部形を変えるなどしながらも、養成システムを継続している。

この年2005年は、科学コミュニケーションをめぐる様々な動きが一気に加速したことから、「科学コミュニケーション元年」と呼ばれるようになった。

この3大学だけでなく、同様の動きは他大学にも広がった。大阪大学では2005年に「コミュニケーションデザインセンター」を発足させ、お茶の水女子大でも「サイエンスコミュニケーション能力養成プログラム」を始めている。

また、自然科学系の博物館でもコミュニケーターの養成コースがスタートした。国立科学博物館の「サイエンスコミュニケータ養成実践講座」(2006年開始)、日本科学未来館「科学コミュニケーター人材養成事業」(2009年開始)などである。

サイエンスカフェの流行

科学コミュニケーションでは、大学の講義や講演会・シンポジウムのような一方的な知識の伝達ではなく、双方向性が重視される。そのため、上記の様々なコミュニケーター養成システムでも、双方向の情報交流のノウハウをいかに身に着けるかが重要な課題となった。

こうした時代背景のなか、一気に注目を集めるようになったのが「サイエンスカフェ」である。科学コミュニケーション同様、2005年ころから急速な広がりをみせるようになった。その名の通り、喫茶店でコーヒーや紅茶を飲みながら気軽に科学技術を話題に対話を楽しむという雰囲気である。ただし、必ずしも喫茶店そのものを会場にするわけではない。

話題を提供する研究者を囲んで、通常10〜20人程度の参加者がテーマに即した話を聞き、素朴な疑問を出し合ったり議論したり、形式にこだわらずに楽しむ。カフェの成否は会を切り盛りするファシリテーター(進行役)が左右することが多い。

サイエンスカフェは、20世紀の最末期(1990年代後半)にイギリスやフランスで始まり、各国に広がっていった。日本では2004年に、「平成16年版科学技術白書」がコーナーを設けて紹介したことから一般にも知られるようになり、NPOや大学、研究法人、学術団体、書店など多様な人たちが、様々なサイエンスカフェを開くようになった。カフェの名前も、必ずしもサイエンスに限らない。

日本学術会議や科学技術振興機構などが支援したこともあって、急速な広がりをみせ、最初のブームから10年以上経過しても、衰える気配はない。初期のサイエンスカフェの動向については、中村征樹「サイエンスカフェ―現状と課題」『サイエンス・コミュニケーション』(科学技術社会論研究第5号、2008年6月、P31〜43)に詳しい。

ひとくちでサイエンスカフェといっても、多様で全体像をつかむのは難しい。日本学術会議などが設けている代表的なポータル的サイトを以下に記す。

【関連サイト】

・「サイエンスカフェとは」(日本学術会議)
http://www.scj.go.jp/ja/event/cafe.html

・「対話協働サイエンスカフェ」(科学技術振興機構)
https://www.jst.go.jp/sis/co-creation/sciencecafe/

・「サイエンスカフェ・ポータル」http://cafesci-portal.seesaa.net/

日本科学技術ジャーナリスト会議

行政主導で活発化した科学コミュニケーションとは別の流れとして、日本の科学ジャーナリストたちが集まった組織に「日本科学技術ジャーナリスト会議」(JASTJ)がある。

ユネスコ(国連教育科学文化機関)の発案と協力要請で、1992年に「科学ジャーナリスト世界会議」が日本で開催された。この際に日本側からこの企画実現に協力した科学ジャーナリスト(新聞社、通信社、テレビ局などの記者ら)が中心となって1994年に発足したのが、日本科学技術ジャーナリスト会議である。所属する組織を超えて交流を深め、研修や研究会などを通して能力を高める活動を行ってきた。組織ジャーナリストだけでなく、フリーの科学ジャーナリスト、研究者や研究機関の職員、NPO関係者らも会員になっている。

マスメディアの世界では、採用してから職業人としての技術や能力を磨く「オンザジョブトレーニング」(OJT)が普通で、事前の養成を特には想定してこなかった。このJASTJでは、科学ジャーナリズムに関心のある若者を育てたいと、2002年には半年コースの「科学ジャーナリスト塾」を始め、現在も続いている。座学だけでなく、記事作成、映像作成など実践的な研修にも力を入れており、初期の塾にはノーベル化学賞受賞者の白川英樹博士も個人的に受講生として参加している。

2006年には科学ジャーナリスト賞を創設し、毎年、優れた科学ジャーナリズム、コミュニケーション作品（連載記事、映像番組、書籍、展示企画など）を表彰している。

このように、人材養成にも力を入れているジャーナリズム関連組織は他にもある。いずれも科学ジャーナリズムと関係の深い分野だが、「日本医学ジャーナリスト協会」（1994年発足、前身の医学ジャーナリスト研究会は1990年発足）、「日本環境ジャーナリストの会」（1991年発足）などである。

【関連サイト】

・日本科学技術ジャーナリスト会議　https://jastj.jp/about/

・日本医学ジャーナリスト協会　http://meja.jp/

・日本環境ジャーナリストの会　http://jfej.org/

1.6　ネット社会と情報発信の多様化

取材源も情報発信

インターネットの普及は、科学ジャーナリズム・コミュニケーションのあり方に、大きな変化を引き起こしている。研究機関や政府機関などの情報発信側は、これまで長い間、マスメディアを通して一般市民に情報を送り届けるしかなかった。独自の印刷物として発信は出来たものの、波及力は限定されており、広範に届けるにはマスメディアに頼るしかなかったからだ。

ところが21世紀に入って本格的なネット社会が到来し、誰もが情報発信できる環境が整ったことで情況は変わった。たとえば、省庁が政策などを決めるために設置している各種審議会は、これまでジャーナリストや一部関係者以外、その内容を詳細には知りえなかった。ところが、現在ではその審議内容や会場で配布される付属資料までネットで公開され、場合によっては動画まで公開されることがある。従来はマスコミにとっての取材源だった組織が、自ら積極的に情報発信するようになったのだ。

各役所が、その所管事項について概要をまとめ、将来を展望するために年１回様々な「白書」（外務省の場合は「青書」）を公表している。これらは、ジャーナリストには即刻、配布されてきたが、一般人が見るにはやや遅れて公刊される印刷物を政府刊行物センターや都市の大きな書店で購入するしかなかった。今ではすべてネットで公開されており、過去の発行分についてもネット上で閲覧できる。

各役所や研究機関などが記者会見を開いてジャーナリストらに説明する際の報道用資料も、ほとんどがネットで公開されており、情報は報道関係者の独占物ではなくなった。

映像技術の進展も目覚ましく、各研究機関も資料や画像だけでなく、動画もネットで公開している。2019年7月、宇宙航空研究開発機構（JAXA）の小惑星探査機「はやぶさ2」がターゲットの小惑星「リュウグウ」に2度目のタッチダウンを果たした際は、神奈川県相模原市の管制センターから、ネットによって実況動画が公開され、全国のファンが興奮気味に見守った。他の研究機関も、様々な工夫を重ねた動画などを公開している。

科学技術振興機構（JST）は、ウェブ上に「サイエンスチャンネル」と名付けた科学技術の動画サイトを運営しており、国内の研究情報などを動画で発信している。日本科学技術振興財団・科学技術館などが主催する「科学技術映像祭」には、毎年、科学技術や自然などに関する様々な映像作品が寄せられている。映像制作のプロであるテレビ局や映像制作会社だけでなく、研究機関や研究チーム、企業の開発部門などが作った多様な応募作品からも、科学技術分野の映像環境の広がりが感じられる。

ネットは万能か

その気になりさえすればだれもが、従来ジャーナリストしか触れることのできなかった情報の一部に到達できるようになってきた。この環境変化で、マスメディアの役割がなくなっていくかといえば、そうではない。

人間の持ち時間には限りがあり、1日中パソコンにかじりついて関心あるテーマを探り続けるわけにはいかない。また、配布資料や審議経過などを知ることができるといっても、膨大な量の資料から何がポイントなのか読み解けるかといえば、相当に困難である。それに、資料の背後にある諸事情は文書からだけでは読み解けない。

やはり、その分野を背景や歴史まで含めて理解しているプロのジャーナリストが要約して発信してこそ、多くの市民が短時間で全容を理解することが可能になる。それに、ジャーナリストにとって資料を読み解くことだけが仕事ではない。それは取材の基盤であって、その知識を基に関係者にインタビューなど対面取材をすることが本来の仕事である。「情報の海」の中で、水先案内人的な役割もジャーナリストには期待されている。

ネット環境を流れる情報は、玉石混交でもある。近年、世界的にフェイクニュースが話題になり、国家戦略や政治活動、選挙戦略にも秘密裡に取り入れられていることが指摘されている。何が事実で何が虚偽なのか、公正な見方とは何なのかが見分けにくくなっている。メディアリテラシー、ネットリテラシーが欠かせない社会を、我々は生きている。

ネット社会の弊害は様々な面から指摘されている。「エコーチェンバー」、「フィルターバブル」、（コラム参照）と呼ばれる現象もそのひとつだ。ネット上で運営されるSNS（ソーシャル・ネットワーキング・サービス）が典型例だが、ネットシステムは趣味や価値観などが似たユーザーが仲間を作り、ネットワークを広げるのには、極めて便利なシステムである。見たい情報、望む情報が容易に手に入り、自分と似た人々がいることに自己満足感も得られる。一方で、自分と異なる意見や価値観には触れる機会が少なくなり、遮断さえしてしまう。社会の分断を助長し、視野を広げたり多様な意見を尊重したりする基盤が崩れてしまうという批判である。

科学ジャーナリズムや科学コミュニケーションには直接の関係がないように見えるかも知れないが、必ずしもそうとは言い切れない。第5章で扱うリスクコミュニケーションでは、価値観の違いをいかに乗り越え、最低限の社会的な合意を得るためにはどのような努力が必要なのかなど、成熟した社会への方策を考える。

日本におけるインターネットの普及状況（図1.9）と、科学技術情報をどのようなメディアから入手しているのかの調査結果（図1.10）を示したので、参考にしていただきたい。図1.10はややデータが古いが、情報入手源として新聞がほぼ横ばい、テレビが微減しているのに対し、インターネットからの情報入手が増えていることが分かる。

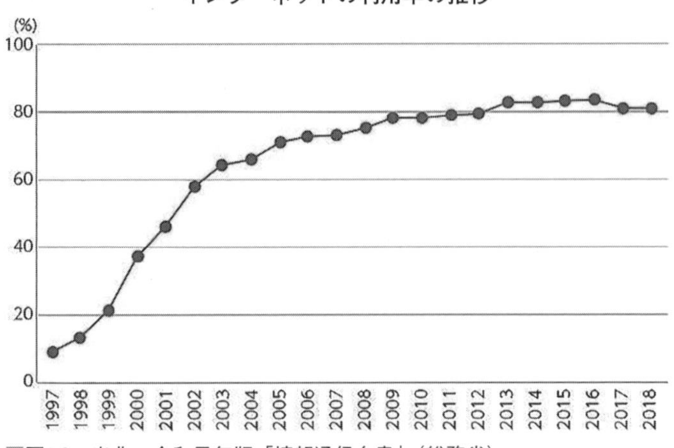

■図1.9　出典：令和元年版「情報通信白書」（総務省）

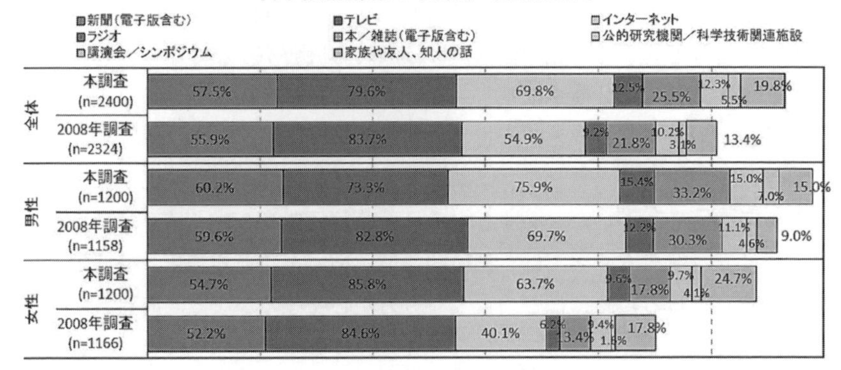

■図1.10　出典：「科学技術に関する情報の主要取得源と意識等の関連」（文部科学省科学技術・学術政策研究所第２調査研究グループ早川雄司、2015年８月）※表中の「本調査」の実施年は2014年

コラム

エコーチェンバーとフィルターバブル

SNSを利用する際、自分と似た興味や関心をもつ利用者をフォローすることが多い。このため、ある意見をSNSで発信すると、自分と似た意見が返ってきやすい。まるで閉じられた小部屋（チェンバー）にいて、自分の声が反響（エコー）して何倍にもなって返ってくるような状況が生まれる。これが「エコーチェンバー」である。

過激な意見がキャッチボールされ、エコーチェンバーの中で増幅されると、それに影響されて、他の意見の存在を忘れがちになる。異なる意見や主張を持った利用者が、それぞれ似た者同士でネット上に別々の仮想集団を作り出し、分極化する傾向が強まることが懸念されている。

「フィルターバブル」は、ネット利用者個人の検索履歴やクリック履歴が検索機能を持った総合ポータルサイトなどのコンピューターアルゴリズムで分析され、それぞれの利用者が望むような情報が自動的に送信されてくる状況をさす。ネット上で買い物をすると、次からその商品に関連した情報がネットを通して送られてくることを経験した人も多いだろう。

自分が選んだわけでもないのに、フィルターにかけられた自分好みの情報が優先的に送られ、その情報が作り出すバブルの中に閉じ込められた状態が出現することから、フィルターバブルと名付けられた。

ネット以外のリアル世界では、個人はその意思で様々な選択が行える。たとえば、散歩ついでに書店に寄って様々な書架を覗いていると、自分の関心外の分野の面白そうな本を見つけることがある。こうしたことで世界が広がるわけだが、フィルターバブルの中に安住していると、視野が広がりにくいという弊害が考えられる。

第２章
科学ジャーナリズムの諸相

　科学ジャーナリズムとはどのような活動なのか。どんな分野を対象にジャーナリズム活動を行ってきたのか。この章では、主要な取材分野を紹介しながら、こうした問いに答えたい。限られた紙幅で詳細に述べることはできないが、歴史的な経緯を含めて全体像的なイメージを感じていただきたい。科学ジャーナリズムとも関係の深い研究者コミュニティーや科学コミュニケーション関係者、学生、一般の読者にも参考になるよう心掛けた。なお、環境に関する領域は現代文明の行方にも深く関係しており、紹介すべき項目が多い。この章の１項目で扱うには広範すぎるので、別に章を設けて次の第３章でまとめて紹介したい。

2.1　知の最前線

基礎科学を伝える

科学ジャーナリストにとって、本流中の本流ともいえる仕事のひとつが、基礎科学の分野である。日本人が自然科学分野のノーベル賞を受賞した際など、特殊な例を除けば、純粋科学の成果が新聞の１面トップを飾ることは、そう多くはない。その珍しい例のひとつが、図2.1の「重力波初観測」の新聞報道である。アメリカの研究チームが特殊な観測装置を使って、重力波を世界で初めて観測したことを各紙が報じたが、主要紙は軒並み１面トップの扱い。他に、その成果の科学的意義などを示す解説記事などもそえて、充実した報道ぶりである。

重力波は、超新星爆発など大きな質量の物体が激しく動いた際などに、時空の歪みが波動として伝わる現象で、アルバート・アインシュタイン（1879～1955）が1916年の一般相対性理論で存在を予言し、様々な検証研究が行われてきた。100年ぶりの課題解決だったためか、観測したアメリカの物理学

朝日新聞
2016年2月12日 金曜日
重力波を初観測
アインシュタインが100年前予言
宇宙の姿 探る手段に
米研究チーム発表
高砂熱学工業

毎日新聞
MAINICHI
2月12日（金）
重力波 初観測
一般相対
米チ
円高進行 一時110円台

讀賣新聞
THE YOMIURI SHIMBUN
2月12日金曜日
おかげさまで90周年
総合エンジニアリング
三機工業
重力波を初観測
米チーム
初期宇宙 解明に道
アインシュタイン予言
北、開城を軍統制下に
韓国資産を凍結
天文学

■図2.1　重力波初観測を伝える2016年２月12日の主要紙朝刊１面トップ

者３人に、翌2017年のノーベル物理学賞が贈られた。異例のスピード授賞である。

その４年前の2012年には、「ヒッグス粒子発見」のニュースが同じように世界で大きく報道された。こちらは、欧州合同原子核研究機関（CERN、スイス・ジュネーブ）の加速器で繰り返された実験の成果である。ヒッグス粒子は、宇宙創成の最初期に存在した、物質に質量を与える性質をもった粒子で、イギリスの理論物理学者ピーター・ヒッグス（1929〜）が存在を予言していた。こちらも、発見翌年の2013年にヒッグスら２人にノーベル物理学賞が与えられた。

こうした、基礎科学の成果を科学ジャーナリストはどのように報じるのだろうか。まず日常から重要テーマの勉強を重ね、国内のキーパーソンとなる研究者を取材するなど、人脈を築く。その重要分野の動向を、科学面で紹介することも、記者にとっての蓄積となる。

新発見、存在確認などいざ大成果が出ると、国内発の場合は発表会場に駆けつけるが、海外発の場合に頼りになるのは、通信社の臨時ニュース情報である。AP通信、ロイター通信など外国通信社のニュース配信は、以前は「テレックス」と呼ばれるテレタイプ通信で送られてきたが、インターネットの普及とともに姿を消し、21世紀に入ってからはネット経由で加盟報道機関のコンピューターに送られている。

海外通信社からの受信端末は新聞社の場合、国際部（社によって外信部、外報部）に置かれていることが多く、科学上の重要ニュースが流れると、科学記者が駆けつけて内容を確認し、関連取材を開始する。APなどの科学ニュースを、当日当番の科学記者が定例的にチェックするのが日常の仕事になっているが、重大ニュースの場合は国際部から科学部門に緊急連絡が入る。

ネット時代に入って、研究機関側が成果発表と同時にインターネットで発表内容を公表することも増え、記者側にとっては便利な時代になった。ただし、内容が極めて専門性の高い分野だけに、成果内容を歪めることなくいかに分かりやすく書くか、しかも限られた短時間のうちに……。科学ジャーナリストの力量と、普段からの準備が問われるテーマである。

物質・宇宙の根源

物質は何からできているのか、宇宙はいつどのようにできたのか。人類が

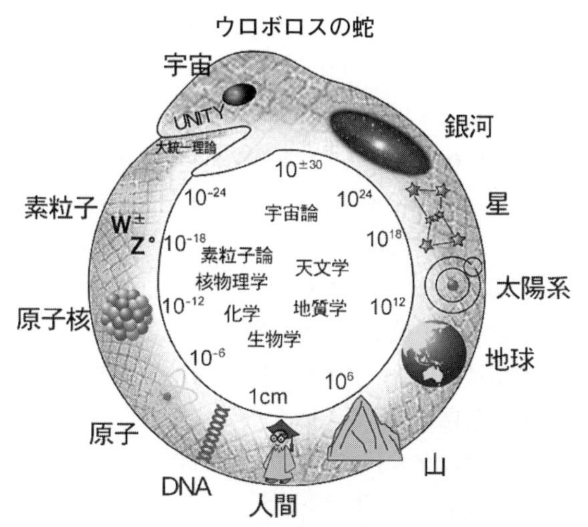

■図2.2　出典：高エネルギー加速器研究機構資料

長年追い求めてきたこうした根源的な謎に、解明の手がかりが得られるようになったのは20世紀に入ってからである。図2.2に、「ウロボロスの蛇」と呼ばれる、アメリカの物理学者、シェルドン・グラショー（1932～）が発案した図を示す。

自らの尾を飲み込もうとしている巨大な円環状の蛇の図に、我々を取り巻く自然界の姿が大きさのスケールごとに描かれている。人間が円環の真下におり、右に山、地球、太陽系、星、銀河と、次々スケールが巨大化して蛇の頭部の宇宙に至る。逆に、人間から左側にDNA、原子、原子核と順に極微の世界に進み、素粒子を経て宇宙にたどり着く。

宇宙は約138億年前のビッグバンで始まり、急膨張しながら素粒子が出来、原子、分子、星、銀河……と宇宙を形作ってきたとするのが、現代物理学の描く宇宙像である。宇宙の始まりやその進化を追究することと、物質を極微の世界にまで分け入って根源を究めることは同じ学問的作業であることが、尾を飲み込む蛇によって象徴されている。こうした分野に関する成果のひとつが、上記の重力波観測やヒッグス粒子発見である。

図の人間周辺のスケールの世界（右の山や地球、左はDNAに至る前の細胞や微生物など）は、まだまだ不十分とはいえ19世紀までに大筋で理解されたが、それ以外は19世紀末以降に解き明かされてきた世界である。その概要を年表

風に示すと以下のようになる。(かっこ内は科学者名)

1890年	電子の発見（ジョセフ・ジョン・トムソン）
1899年	アルファ粒子発見（アーネスト・ラザフォード）
1905年	特殊相対性理論（アルバート・アインシュタイン）
1909年	原子と分子の実在が証明される（ジャン・ペラン）
1911年	原子核の発見（アーネスト・ラザフォード）
1913年	ボーアの原子模型（ニールス・ボーア）
1915-16年	一般相対性理論（アルバート・アインシュタイン）
1919年	陽子の発見（アーネスト・ラザフォード）
1926年	量子力学のシュレディンガー方程式 (エルヴィン・シュレディンガー)
1929年	宇宙膨張のハッブルの法則（エドウィン・ハッブル）
1932年	中性子の発見（ジェームス・チャドウィック）
1932年	陽電子の発見（カール・アンダーソン）
1934年	核力の媒介粒子として中間子の存在を予言（湯川秀樹）
1948年	ビッグバン宇宙論（ジョージ・ガモフ）
1953年	DNA二重らせん構造 (ジェームズ・ワトソン、フランシス・クリック)
1964年	クオーク（陽子や中性子を構成する基本粒子）の存在予言 (マレー・ゲルマン、ジョージ・ツワイク)
1965年	宇宙背景放射で膨張宇宙説立証 (アーノ・ペンジアス、ロバート・ウィルソン)
1973年	6種のクオークの存在を予言（小林誠、益川敏英）
1994年	6番目のクオーク（トップクオーク）発見 (米フェルミ国立加速器研究所チーム)

上記の年表からうかがえるように、20世紀に入って物質や宇宙の科学は急進展した。分子や原子が実際に存在することが物理的に分かり、分子は原子から構成され、原子はプラス電荷をもつ原子核とマイナス電荷の電子から構成される。さらに、原子核は陽子と中性子からなり、陽子の数で原子の性質が決まる。さらに陽子と中性子を核内に閉じ込めておく核力にはその力を媒

介する粒子が存在する……と。当初は、陽子、中性子、電子などがそれ以上分割できない素粒子と考えられていたが、やがて陽子や中性子は3個のクオークで成り立っていることもわかった。

極微の世界では、それまでの力学や電磁気学はそのままでは通用せず、壁に突き当たっていた。たとえば、電子は粒子としての性質と波としての性質をともに持っているが、どう説明すればよいのか。そうした壁を突破するために20世紀初頭から1920年代にかけて生まれたのが量子力学である。アインシュタインの相対性理論とともに、現代物理学の基礎をなす。

物質の世界は、「重力」、「電磁気力」と、原子核内で働く「強い力」「弱い力」の4つの力に支配され、これらの力を統一的に説明する努力が続けられてきた。「重力」を除く3つの力を統合して説明するのが「大統一理論」だが、まだ完成していない。また、クオークなどの粒子も、さらに小さな要素で構成されるとする理論もあり、まだまだ謎は深いといえる。

上述した原子核物理や素粒子論の分野では、日本人も貢献していることを忘れるわけにはいかない。中間子の存在を予言した湯川秀樹（1907～1981）が1949年にノーベル物理学賞を受賞している。同世代の朝永振一郎（1906～1979）は、量子力学の発展に寄与してやはりノーベル物理学賞（1965年）を受賞した。

ややさかのぼると、長岡半太郎（1865～1950）は、ニールス・ボーア（1885～1962）の原子模型に先駆けて1904年に「土星型原子模型」を提唱した。理化学研究所から派遣されてデンマークのボーアの元で研究した仁科芳雄（1890～1951）は勃興期にあった量子力学を日本に持ち込み、湯川や朝永ら多数の後輩を育てた。加速器を使った研究を、欧米に遅れることなく始めたのも仁科である。

湯川や朝永から影響を受けた南部陽一郎（1921～2015）は、素粒子物理の「対称性の自発的破れ」の理論を提唱して2008年のノーベル物理学賞を受賞した。彼らの後輩らの貢献は、次節で紹介する。

観測・実験装置の巨大化

近代科学は、観測装置、実験装置の発明と進化によって発展してきた。表2.3に、日本の基礎科学を支える主な大型の観測・実験装置を示すが、誤解を恐れずにいえば、これらの多くは高性能の“望遠鏡”であり、“顕微鏡”である。

基礎科学に関する主な研究施設

施設名	装置の種類	所在地	運用組織	運用開始年
RI ビームファクトリー	多目的加速器装置群	埼玉県和光市	理化学研究所仁科加速器科学研究センター	1990 年から順次整備
スーパーカミオカンデ	ニュートリノ検出装置	岐阜県飛騨市	東大宇宙線研究所神岡宇宙素粒子研究施設	1996 年　観測開始
Spring-8	大型放射光施設	兵庫県佐用町	理化学研究所 高輝度光科学研究センター	1997 年　運用開始
KEKB 加速器	電子・陽電子衝突型加速器	茨城県つくば市	高エネルギー加速器研究機構（KEK）	1998 年　運用開始 2018 年　改良型運用開始
すばる望遠鏡	大型光学・赤外線望遠鏡	ハワイ島マウナケア山頂	国立天文台	1999 年　観測開始
J-PARC	大強度陽子加速器	茨城県東海村	高エネルギー加速器研究機構・日本原子力研究開発機構	2008 年　運用開始
アルマ望遠鏡	ミリ波･サブミリ波電波望遠鏡システム（66 台の電波望遠鏡で構成）	チリ・アタカマ砂漠	国際共同（日本からは国立天文台が主要メンバーとして参画）	2011 年　観測開始
KAGRA（カグラ）	大型低温重力波望遠鏡	岐阜県飛騨市	東大宇宙線研究所（国立天文台、高エネルギー加速器研究機構など協力）	2019 年 10 月　完成

（各研究機関の資料などから作成）

■表2.3

望遠鏡は、オランダの眼鏡製作者ハンス・リッペルスハイ（1570～1619ころ）が1608年に発明。ガリレオ・ガリレイ（1564～1642）は早速自主制作し、月面の凹凸や金星の満ち欠け現象、木星の衛星の発見などに成功する。肉眼では確認できない天体現象が精密観測されるようになり、これらのデータが積み重なって天文学は急進展した。やがてアイザック・ニュートン（1642～1727）の古典力学完成につながる。

当初は電磁波のうち可視光領域で宇宙を観測していたが、やがて赤外線、紫外線、マイクロ波などの電波領域にまで広がった。大気に邪魔される地表からの観測では限界があるため、乾燥して空気の薄い高山地帯、さらに地球周回軌道にも観測装置が打ち上げられるようになった。表2.3のうち「すばる望遠鏡」（可視光、赤外線）や「アルマ望遠鏡」（ミリ波、サブミリは）は、高地につくられた施設である。「スーパーカミオカンデ」は、ニュートリノ望遠鏡と呼べるし、「KAGRA」は重力波望遠鏡そのものである。

宇宙航空研究開発機構（JAXA）は、統合前の宇宙科学研究所時代も含め、X線天文衛星、赤外線天文衛星、電波天文衛星など多くの科学衛星を打ち上げ、宇宙の謎に挑んできた。これらは、宇宙に浮かぶ望遠鏡である。

顕微鏡の方は、望遠鏡にやや先駆ける1590年ころ、同じオランダの眼鏡製作者サハリアス・ヤンセン（1580～1638ころ）が発明した。こちらの方も威力は絶大だった。当初は生物学に関する分野で活躍し、1665年に植物の細胞の発見（ロバート・フック）、1674年、微生物の発見（アントニ・レーウェンフック）と新発見が続く。19世紀後半には病原菌の発見が相次ぎ、病気の原因の多くが感染症によることが明らかになっていった。

顕微鏡も当初は可視光線でものを見ていたが、いくら高性能化しても限界がある。可視光線の波長より短い（小さい）ものは原理的に見ることができないからだ。1930年代にドイツで発明された電子顕微鏡は世界に広がり、次々と高性能化し分子や原子まで見られるようになった。

さらに高性能化を求めたのが表にある「Spring-8」である。リング状や直線状の加速器で電子をほぼ光速にまで加速し、この電子群を磁石で曲げると「放射光」と呼ばれる特殊な光が発生する。この光を使ってナノ（10億分に1）メートルレベルの観察を可能にする汎用"顕微鏡"である。顕微鏡といっても、主要装置の直径は460mにもなる巨大な施設である。

素粒子物理分野の顕微鏡が「KEKB」や「J-PARC」などの加速器だ。荷電粒子を光速近くまで加速して衝突させることにより、粒子の構造を調べたり、新たな粒子を生み出したりする。宇宙線の観測だけでは知ることのできない現象を観測・実現することができる。加速器でものを見るといっても、可視光で顕微鏡をのぞくようなイメージではない。衝突によって生じた破壊片（粒子）の軌跡などを巨大な測定機器でとらえ、コンピューターを駆使して現象を解明・理解する。

これらの装置がどのような成果を生み出したのか。「スーパーカミオカンデ」の先代の装置である「カミオカンデ」で、超新星爆発によるニュートリノの観測に成功した小柴昌俊（1926～）が2002年のノーベル物理学賞を受賞した。ニュートリノという新たな粒子で宇宙を観測する手法を確立したことから、ニュートリノ天文学の創始者とも称される。弟子の一人である梶田隆章（1959～）も、スーパーカミオカンデを使った観測でニュートリノに質量があることを発見して、2015年のノーベル物理学賞を受賞している。

ノーベル賞との関連でいうと、小林誠（1944～）と益川敏英（1940～）が1973年に、クオークが6種類あることを想定した「小林・益川理論」を発表して注目を集めた。この理論が正しいことを裏付ける実験を行ったのがKEKBであり、小林、益川は2008年にノーベル物理学賞を受賞している。

理化学研究所の研究チームが、「RIビームファクトリー」で2003年から始めた加速器実験で、2012年に新元素である113番元素の合成に成功した。2016

年に「ニホニウム」と命名されたが、アジア人で初の元素発見（合成）だった。

巨大科学の行方

素粒子物理学に欠かせなくなった加速器など巨大で巨費を必要とする科学研究は、「巨大科学」（ビッグサイエンス）と呼ばれる。宇宙開発や原子力開発も、時代とともに巨大科学の様相を深めてきた。

最初は先端研究者を擁する先進国が、その国力に応じて国内に装置を作り、研究を進めてきた。進んだ装置を作れば新しい成果が生まれて理論が進む。理論が進めば新たな疑問が生まれ、さらに性能の向上した装置が求められる。こうした循環の中で現代の科学は進んできたが、建設・運用費用は増えるばかりで、一国では持ちきれなくなる。

そこで生まれるのが、国際共同で装置を作る方向だった。アメリカの主導で始まった「国際宇宙ステーション」（ISS）は、日本やロシア、欧州などが加わって、装置を分担設置したり、ステーション上での実験を行ったりしている。表2.3中の「アルマ望遠鏡」も国際共同の科学計画である。

次世代の核エネルギー源として期待されてきた核融合についても国際共同の「国際熱核融合実験炉計画」（ITER）があるが、装置の誘致を巡って激しい駆け引きが行われた。誘致に成功すると、その国の研究者にとっては研究上有利な立場に立てるし、地域振興や国威発揚にもなる。ただ、誘致国は他のメンバー国に比べて多額の費用分担を求められる。その利害得失をどう考えるか。

ITERの場合、立地場所として日本の六ヶ所村（青森県）とフランスのカダラッシュが最後まで激しく争った。日本の学術界も賛否両論に分かれてもめた。科学技術上は誘致するに越したことはないが、巨額の費用負担は他の科学分野の予算を奪うことになりかねず、容易には合意できない。結局は2005年に、フランスのカダラッシュに決まって、計画が進められつつある。

こうした問題に科学ジャーナリズムはどう取り組み、どう報道していくのか。難しい問題である。科学上の意義や科学界の動向などを客観的に報じることは容易だが、誘致の是非は科学上の問題を超えて財政や政治の問題である。報道機関においても、もはや科学部だけですむ問題ではない。

近年、行方が注目されているのは、「国際リニアコライダー計画」（ILC）である。宇宙の最初期の状況を解明するためには、日、米、欧などにある既存の加速器では能力不足で、世界の関連研究者らが求めているのがILCである。電子と陽電子を光速に近い速度で衝突させる線形加速器だが、その衝突エネルギーを格段に向上させることをねらう。地下に全長20kmものトンネルを掘って作る巨大装置だ。

2019年現在、積極的に誘致を表明している国はない。建設費が8000億円に達するとみられ、そのかなりの部分を誘致国が負担しなければならないため、国内の理解が得られないからだ。そこで、世界の研究者の期待が日本に集まりつつある。日本の研究者らは東北地方の北上山地を候補にあげており、地元の宮城、岩手県なども東日本大震災からの復興の目玉として強い期待を抱いて誘致運動に乗り出している。

この問題について、文部科学省からの要請を受けた日本学術会議が検討を重ね、2018年12月に所見を公表した。結論として、「日本に誘致することを日本学術会議として支持するには至らない。政府における、ILC の日本誘致の意思表明に関する判断は慎重になされるべきであると考える」と述べ、科学者らの意見をすっきりとは集約できなかったことをしのばせる表現になっいる。

また、「人類が持つ有限のリソースに鑑みれば、高エネルギー物理学に限らず、実験施設の巨大化を前提とする研究スタイルは、いずれは持続性の限界に達するものと考えられる。ビッグサイエンスの将来の在り方は、学術界全体で考えなければならない課題である」とも付け加えた。実験・観測装置の規模の拡大で成果を求める形の巨大科学は、もはや限界に達しつつあるのは、まちがいないようだ。

シミュレーションとスーパーコンピューター

望遠鏡は、可視光を含む電磁波の領域ばかりか、ニュートリノのような素粒子、重力波にまで観測手段を広げ、何十億光年という遠くまで見られるようになった。遠くを見るということは、「過去を見る」ということである。どのような波動も粒子も光速の壁を超えて速く伝わることはない。光速といっても有限の速度であるため、遠くを見るということは、その場所から時間をかけて到達した情報を遅れて知ることになる。すなわち、昔を見ることになる。

では「未来を見る」ことは出来ないのだろうか。タイムマシンが実用化で

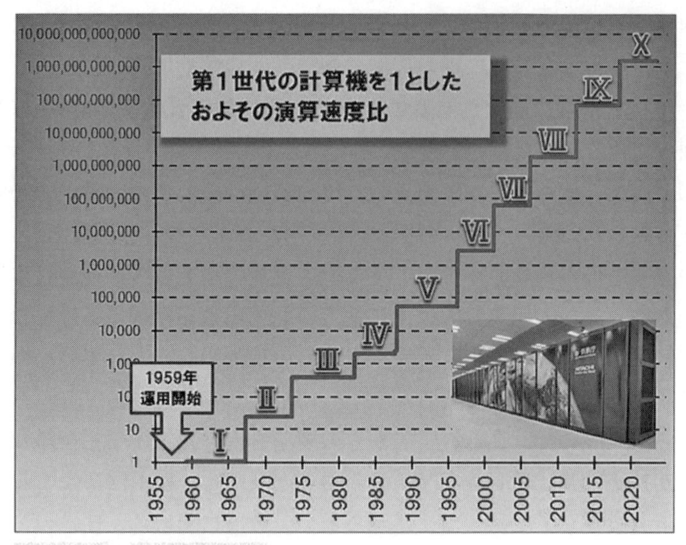

気象庁のコンピュータの演算速度の推移

■図2.4　出典：「数値予報の歴史」気象庁HP
https://www.jma.go.jp/jma/kishou/know/whitep/1-3-2.html（2019.10.19閲覧）

もされない限り、無理なのだろうか。人間は、ある手段を使って、近似的に未来を見るようになった。それが、コンピューターを使ったシミュレーションである。

近代科学の大きな特徴は、自然現象を定量的に観測・測定し、その節理を数学の言葉「方程式」で表現することにある。ガリレオ・ガリレイは「自然という書物は、数学の言葉で書かれている」という言葉を残している。この方程式を解くことで未来を予測できるのだが、その多くは頭脳と紙（解析的手法）では簡単には解けない。力仕事で強引に近似的に解くしかない。その力仕事をやってくれるのが、スーパーコンピューター（スパコン）だ。

将来を知りたいという代表的な分野に気象予測がある。イギリスの気象学者で数学者のルイス・リチャードソン（1881～1953）は1920年ころに、大気の運動を表現する方程式を解けば天気を予報できることに気づき、「6万4000人をホールに集めて指揮者のもとで一斉に計算させれば実現できる」と、比喩的に予言した。これが気象学で有名な「リチャードソンの夢」だが、当時は高速計算機がなく、まさか数万人を集めて常時計算させるわけにはいかず、アイデアだけで終わった。

1950年代にコンピューターが登場して性能が向上しだすと、リチャードソンの夢がようやく実現する。アメリカに続き日本の気象庁も1959年に、当時の先端コンピューターを導入して天気予報（「数値予報」と呼ばれる）に使い始めた。当初は計算能力が低く、計算の初期値に使う気象データも今と比べると乏しかったために、頼りになるとは言い難かった。しかし、時代を追って機種を更新し、予報精度も格段に向上した。図2.4は、気象庁のスパコンの能力向上ぶりを示している。導入当初に比べると、その計算速度は50年間で１兆倍も向上している。

こうしたシミュレーションは、地球温暖化にともなう気候変動の長期予測などに使われるほか、多様な分野で活躍している。宇宙がどのように進化するかは、まさか実験するわけにはいかないが、スパコンを使って計算で模擬することが出来る。航空機の開発では長年、巨大な風洞装置の中に模型の機体を設置して空気力学的な特性を検証してきたが、スパコンを使った「数値風洞」に置き換わった。自動車が衝突した時の破壊状況や搭乗者の受ける衝撃の解析などにも使われる。

あらゆる分野で活躍するスパコンだけに、世界の研究機関や大学などで開発競争が繰り広げられてきた。理化学研究所が神戸市に建設したスパコン「京」は、民主党政権下の2009年、事業仕分けで「（世界の）２位ではだめなんですか？」と議員から無駄遣いあつかいされ、ノーベル賞受賞者らが反駁するなど世間の注目を集めた。１秒間に１京（10の16乗）回の計算能力をもち、一時は世界一の能力を誇った。スパコンの世代交代は早く、2019年には役割を終え、2021年の稼働にむけ次世代機「富岳」の計画が進められている。

現在のコンピューターの基本原理は、ジョン・フォン・ノイマン（1903～1957、ハンガリー生まれのアメリカの数学者）によることから、「ノイマン型」と呼ばれるが、新な発想のコンピューターの開発も競われている。脳の神経回路網の作動機構にヒントを得たニューロコンピューターや量子力学の原理に基づく量子コンピューターなどである。

シミュレーションが無条件で信頼できる結果を出すかというと、そうではない。どのような数理モデルを使ってどんなアルゴリズムで計算させるかで、差が出てくる。しかし、巨大科学を支える観測装置や実験装置と並んで、知の最前線を担う重要装置であることは確かである。

コラム

物心二元論と帰納法

近代科学の方法論に大きな影響を与えた科学哲学者にフランスのルネ・デカルト（1596〜1650）とイギリスのフランシス・ベーコン（1596〜1650）の二人がいる。

デカルトは「我思う、ゆえに我あり」の言葉で有名で、近代哲学の祖といわれる。数学者としても有名で、直交座標系で特定の位置を表現する手法（デカルト座標）は、数学と自然科学の進展に大きく貢献した。

デカルトが提唱した「物心二元論」は、物質的世界と心の動きや精神活動などの領域を分けて扱う考え方で、17世紀・科学革命の時代の科学者らに大きな影響を与えた。複雑で数学の言葉で表現しにくい精神活動を切り離したことで、自然科学は物質世界の解明にまい進してゆく。また彼の主張した「要素還元主義」の影響も大きい。複雑な現象もそれを構成する要素ごとに解明を進め、後に部分を総合して全体を理解しようとする方法で、自然界の理解に威力を発揮した。デカルトのこうした考えは「機械論的自然観」としても後世に影響を与え、後に動物や人間をも機械的要素の集まりであるという極端な考えも出てきた。

もう一人のベーコンは、自然の理解に「帰納法」を用いるべきと強調した。抽象的な思考に基づいて演繹的に自然を理解するのではなく、経験的に観察・観測できる事実を基に自然界を理解しようとする帰納法的手法は現在の科学研究の常識だが、ベーコン以前はそうではなかった。神が世界を作ったという考えがまだ支配的だった時代である。

ベーコンはまた、実験の重要性も主張した。自然界を受動的に観察・観測するだけではなく、実験によって能動的に自然界に働きかけ、その背後にある法則を知ろうという姿勢だ。この実験重視も、後の自然科学研究では常識になった。

ノーベル賞の自然科学系３賞のメダルには、あるレリーフが描かれている（写真）。科学の女神が、自然の女神のそばでそのベールを取り除こうとする姿だ。これこそ、自然が姿を現すのを待つだけでなく、実験によって能動的に謎に迫ろうとする近代自然科学の手法を象徴している。

補足すれば、観察・観測、実験によって知り得た事実から、自然の仕組みについての「仮説」を立て、その仮説に基づいて実験などを繰り返し、仮説が「理論」として成熟してゆく。そうした営みが、科学の手法の代表例である。

ノーベル賞のメダル

2.2　原子力開発

原子力開発が、日本の報道機関に科学部門が生れる大きなきっかけになったことは、1章で紹介した。東京電力福島第一原発事故のような大事故の非常時はともかくとして、日常的な仕事のなかでも原子力が、科学ジャーナリズムの歴史のなかで大きな仕事のひとつであったことは間違いない。そもそも原子力開発はいかにして始まったのか、日本ではどのような推移をたどったのか。歴史をさかのぼりながら、その概要を理解したい。

核分裂の発見と核開発

「知の最前線」の項で紹介したように、20世紀初頭から原子の姿が次々と明らかになり、1932年には原子核を構成する中性子がイギリスの物理学者ジェームズ・チャドウィック（1891～1974）によって発見されている。様々な科学者が原子や原子核をめぐる実験をするなかで1938年末、ウラン原子核の核分裂現象を発見したのは、ドイツの化学者・物理学者であるオットー・ハーン（1879～1968）らで、オーストリアの物理学者リーゼ・マイトナー（1878

～1968）らが理論的に裏付けた。当初はウラン原子核に中性子を照射して、より重い原子にするつもりだったが、二つの軽い原子に分裂してしまったのだった。

この発見は物理学者らに大きな波紋を広げた。中性子によって原子核が分裂すると、その際に発生した新たな中性子によってさらに隣接したウラン原子核を分裂させる。さらに、その隣と……。いわゆる連鎖反応が起きる可能性を示唆していたからだった。この核分裂の連鎖反応で大きなエネルギーが生まれることも予想された。アインシュタインが特殊相対性理論で提示した質量とエネルギーの等価原理（$E=mc^2$）によって、核分裂で減少した質量がエネルギーに変わるからだ。爆薬など化学反応によるエネルギーとは比べものにならない膨大なエネルギー量である。

時は第二次世界大戦（1939年9月開戦）の前夜だった。ドイツのナチス政権によってヨーロッパを追われてアメリカに亡命していたユダヤ系の科学者らに、特に危機感が強かった。ドイツがウランの連鎖反応を利用した核兵器（原子爆弾）を開発すれば、ヨーロッパが席巻されることを恐れたからだ。ハーンがドイツ人だったほか、同国には量子力学の構築に大きく貢献したヴェルナー・ハイゼンベルク（1901～1976）ら有力な物理学者がおり、そのことも不安の背景にあった。

同じくアメリカに亡命していたアインシュタインはユダヤ系科学者に請われて、ドイツに先駆けてアメリカが原爆を開発すべきとする書簡を、ルーズベルト大統領に出している。後にアインシュタインはこのことを、いたく後悔した。

この書簡だけが起因ではないが、結局アメリカは、原爆の開発に乗り出す。「マンハッタン計画」である。1942年から1945年の間に20億ドルを投入し、有能な科学者や技術者らを数千人規模で動員して、試行錯誤があったものの総力をあげて成功させた。こうした経過はすべて極秘裏に行われたが、ただ一人、取材を許された科学ジャーナリストがいた。リトアニア出身のニューヨーク・タイムズ記者ウィリアム・ローレンス（1888～1977）である。マンハッタン計画の公式歴史研究員としての立場を与えられ、初めての核実験などを取材している。もちろん、何から何までそのまま即、記事にできたわけではなかったが、後に書籍として記録を残している。

核開発史をたどることは本書の目的ではないが、後の平和利用とも深く関

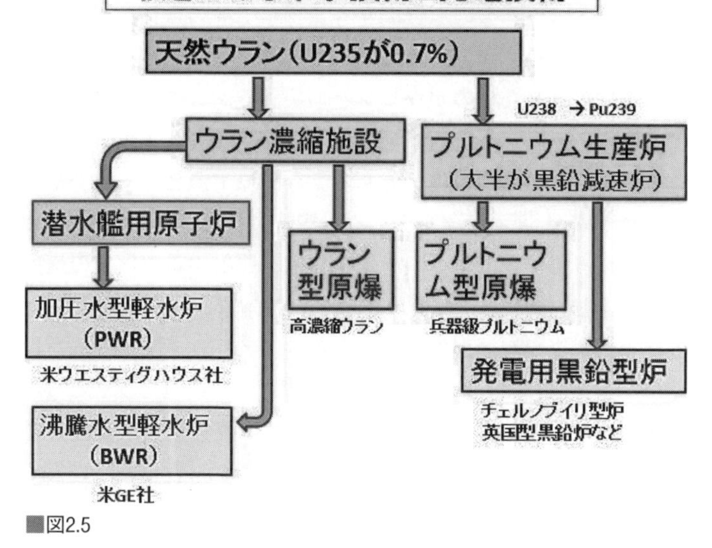

■図2.5

係するので、基本的なことだけは押さえておきたい。核開発の基本原理抜きには、近年の北朝鮮やイランの核開発問題などを理解するのも容易ではないからだ。

ウラン濃縮とプルトニウム生産

原子爆弾の開発がなぜ困難を極めたのか。それは、ウラン鉱石から取り出される天然ウランの中に、核分裂反応に利用できるウラン（U）235（原子核中の陽子92個、中性子143個）がわずか0.7％しか含まれていないことだった。残りは役にたたない同位元素のU238（同陽子92個、中性子146個）である。

このままでは、原爆はできない。天然ウラン中のU235の濃度を90％以上にしなければならないが、U235とU238は化学的性質が全く同じで、化学的な方法では分離できない。マンハッタン計画では、ガス拡散法、電磁分離法と呼ばれる方法を使ってウランの濃縮作業が行われた。巨大な装置と、膨大な電力を要する作業だった。

途中で、別の方法でも原爆ができることがわかった。余計者と思われた非核分裂性のU238に中性子を当てると核分裂性のプルトニウム（Pu）239に変わり、これがU235と同じように原爆の材料に使えることが判明したのだ。このため、プルトニウム型の原爆開発も並行して進められた。原爆開発後のエネルギー利用も含めて図2.5にその流れを示す。

ウラン濃縮に欠かせないのがウラン濃縮施設であるのに対し、プルトニウム生産に必要なのが原子炉とその照射済み燃料（使用済み燃料）からプルトニウムを分離する「再処理工場」である。今や原子炉といえば発電用原子炉がすぐ思い浮かぶが、元々はプルトニウム製造装置として始まったのだった。天然ウランを使ってプルトニウムを作るには、照射する中性子の速度を効率よく落として素材（燃料）に照射するなど、特殊な工夫が必要だった。その原子炉の代表例が黒鉛減速型原子炉である。アメリカで開発された世界初の原子炉CP 1（シカゴパイル1号、1942年初臨界）も、このタイプだった。

結局アメリカは、濃縮ウラン型、プルトニウム型の両方式の原爆を完成させ、1945年8月に、ウラン型を広島に、プルトニウム型を長崎に投下したのだった。マンハッタン計画の科学責任者だった物理学者のロバート・オッペンハイマー（1904～1967）ら科学者は、実戦利用に反対したといわれるが、政権や軍部の決定をくつがえすことはできなかった。オッペンハイマーは、「科学者は罪を知った」という言葉を残している。

戦後に話を移すと、アメリカでは原爆の追加製造やより強力な水素爆弾（水爆）の開発を続けるとともに、潜水艦の推進用エンジンとして原子炉を使うことを目指した。原子炉はそれまでの石油利用のエンジンと違って運転に酸素を必要とせず、頻繁な燃料補給もする必要がなかった。このために開発されたのが、後に商用発電炉の主流となる加圧型軽水炉（PWR）である。ウェスティングハウス社が開発した。

この原子炉は炉心から熱を取り出すのに普通の水（軽水）を使い、原子炉を加圧して水の蒸発を抑えるため、加圧水型という名前となった。炉心の熱を取り出した1次冷却水でさらに2次冷却水に高熱を伝えて蒸気でタービンを回す。原子炉本体をコンパクトにできるため、原子力潜水艦に向いていた。後に原子力空母にも使われる。水には水素の同位元素である重水素を含んだものがあり、これを重水と呼ぶ。重水を使うタイプの炉もあるため、混乱を避けるため普通の水にあえて軽水という言葉を使う。

もう一つのタイプが、ゼネラルエレクトリック社が開発した沸騰水型軽水炉（BWR）だ。こちらは炉心で水を直接蒸発させ、タービンを回転させる。

これらの原子炉では天然ウランのままでは燃料として使えず、少し濃縮したウラン（3～4％）を使う。PWR、BWRともに発電炉として普及し、後に日本の電力各社も導入する。東京電力はBWR、関西電力がPWRだ。プルトニウム生産炉をそのまま改良した原子炉を発電に使ったのが、旧ソ連や初期のイギリスなどである。

日本の原子力黎明期

日本はどのように原子力開発に乗り出したのか、まずは簡単にたどる。第二次大戦後、旧ソ連やイギリス、フランスなどが相次いで原爆開発を成功させ、発電炉の実用化も果たす。これらを輸出しようとする機運も高まったため、軍事優先だったアメリカも、遅ればせながら商用発電炉の輸出を目指す方向に路線変更した。

当時のアメリカ大統領アイゼンハワーが1953年、国連総会で「アトムズ・フォー・ピース」と呼ばれる有名な演説を行った。アメリカが持つ技術を、原子力発電を望む国に公開するとともに、核の国際的な管理のための国際原子力機関（IAEA）を設立すべきと提言した。米ソ冷戦が深刻化しつつあった中で、主導権を握りたいという思いが込められていた。実際に、IAEAは1957年に発足している。

こうした動きのなか、日本でも原子力発電への機運が高まり、まず目指されたのが国産技術での原子炉開発であった。そのために日本原子力研究所（原研：1956年発足）や動力炉・核燃料開発事業団（動燃：原子燃料公社を母体に1967年発足）が設けられ、原研は基礎研究や安全研究を、動燃は実用炉の開発を目指した。原研は1957年に研究炉JRR1で、日本で初めて原子炉を稼働させたり、1963年には動力試験炉JPDRで小規模ながら日本初の原子力発電を成功させたりしている。（このころの、他の分野も含めた政策については、後の「科学技術政策」の項で説明する）

こうしてスタートした原子力開発だが、電力業界は遅々とした国産開発を待ちきれず、共同で日本原子力発電（日本原電）を設立して、海外からの導入路線に踏み切る。まず茨城県東海村にコールダーホール型と呼ばれる黒鉛減速炭酸ガス冷却型の東海１号機をイギリスから導入し、1966年に営業運転を開始した。東電、関電はアメリカからの導入に動き、福島第一原発１号機（BWR型、1971年運転開始）、美浜原発１号機（PWR型、1970年運転開始）をそ

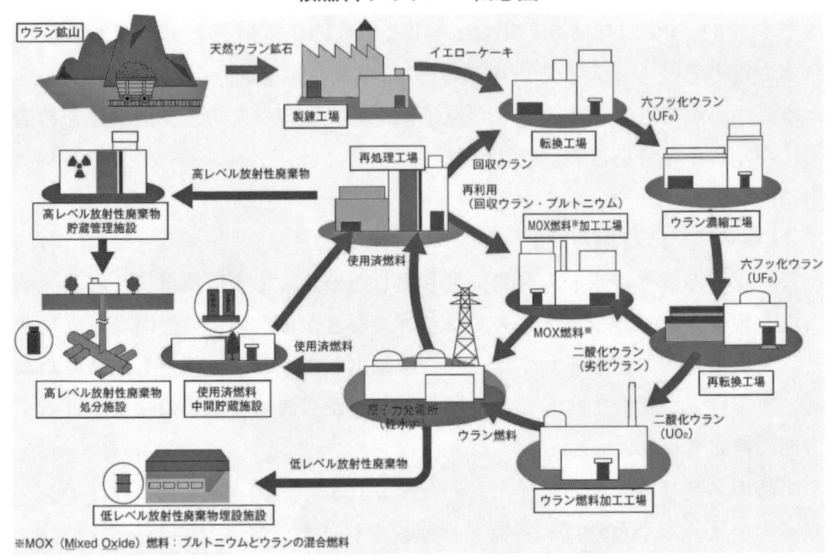

■図2.6　出典：日本原子力文化財団「原子力・エネルギー」図面集

れぞれ完成させ、以後も同タイプの原子炉の建設を進めた。他の電力会社も、いずれかのタイプの軽水炉を次々と導入していく。

国産開発路線と核燃料サイクル

国産実用炉の開発を担ったのは、動力炉・核燃料開発事業団だが、こちらの方は原理的な理想路線を追い求めた。世界的に普及しつつあった軽水炉は、有限のウラン資源を使い捨てる形の原子炉で、いずれウランが枯渇する時期がやってくる。しかし、様々な形の原子炉を運転すると、使用済み燃料の中に必然的に核分裂性のPu239がたまってくる。このPu239を取り出して燃料として新たに使えば、ウラン資源を長期にわたって使い続けられる。これが「核燃料サイクル」という考え方で、①プルトニウム生産に適した発電炉②使用済み燃料からプルトニウムを取り出す再処理工場③プルトニウムを新たな燃料に加工する燃料工場――という諸施設で成り立つ。動燃は、ウラン濃縮も含めて、これらすべての技術を追い求めた。(図2.6参照)

だが、この路線はプルトニウムを分離して使うという核開発に極めて近い技術を含むため、日本のような非核保有国が開発を進めるには様々な困難を伴う。核保有への野心を疑われ、妨害を受けることがその最たるものだ。アメリカの技術で建設された軽水炉の使用済み燃料から、プルトニウムを分離するにはアメリカの許可を要するが、強い抵抗を受けた。「日米再処理交渉」と呼ばれる困難な外交交渉を経て、動燃が東海村に建設した東海再処理工場を1977年にようやく稼働させた。こうした経緯などを取材して報道するのが、当時の報道機関の科学記者たちだった。

原子炉の方も、プルトニウム生産に向いた新型転換炉の原型炉「ふげん」を福井県敦賀市に建設し、1979年に運転を開始した。自ら生み出したプルトニウムを自ら使える原子炉である。動燃は電力業界の採用を想定して実用炉を目指したが、経済性などの面で軽水炉には太刀打ちできず、電力業界に受け入れられることはなかった。

核燃料サイクルの本命といえるのが「高速増殖炉」で、プルトニウム生産効率を新型転換炉よりさらに上げる原子炉である。使用した核燃料より多くの核燃料物質を得ることができるので、「増殖」という言葉が付く。「高速」の方は、普通の軽水炉などが、炉心で発生した中性子の速度を落として核分裂の効率を上げるのに対し、高速炉は発生した高速の中性子をそのまま使うので「高速」という名が入る。

この高速増殖炉の原型炉「もんじゅ」も敦賀市で1985年に着工、1994年に本格運転を始めるが、後述するように翌95年に冷却材の液体ナトリウムを漏らす事故を起こして長年、運転停止状態が続いた。

核燃料サイクルの次善の策として、軽水炉の使用済み燃料から分離したプルトニウムを軽水炉用の燃料（MOX燃料）に加工して、ふたたび軽水炉で使用する「プルサーマル」という方法がある。電力業界によって、そのための再処理工場などが青森県六ヶ所村に建設されている。ここまで振り返ってみると、国産開発路線は一部を除いて（特に原子炉）は、挫折してしまったといえる。

福島第一原発事故以前の事故

原子力の開発過程でいくつかの記憶にのこる事故やトラブルが起きている。事故をめぐる技術的問題や、安全規制のあり方は、科学ジャーナリストの大きな仕事のひとつだった。

電力会社の発電所で起きた事故としては、東電福島第二原発３号機で起きた再循環ポンプ損傷事故（1989年１月、国際原子力事象評価尺度INESレベル２）、関電美浜原発２号機、蒸気発生器伝熱細管破断事故（1991年２月、同レベル２）などが起きているが、何といっても影響の大きかったのは動燃の高速増殖原型炉「もんじゅ」（福井県敦賀市）で起きたナトリウム漏洩事故だった。

高速増殖炉「もんじゅ」事故　1995年12月に、運転を始めて間もない「もんじゅ」の２次冷却系の配管から液体ナトリウムが漏れ、空気中の酸素などと反応して局所的な火災となった。すぐ運転を停止し、火災も消し止められた。周辺への放射性物質の漏洩もなく、作業員の被曝（ひばく）もなかった。だが、現場を撮影した動燃側が、撮影したビデオに映っていた火災の様子に驚いた。もくもくとした白煙は、いかにも事故の激しさを物語るようにも見えた。そのため、無難そうな映像を選んで編集したものを報道陣に公開した。しかし、この都合のよい編集が後に発覚して、「事故隠し」と集中非難を浴びることになる。

国際事象評価尺度のレベル１と、技術的にはどちらかというと重大とはいえない事故だったが、地元への通報が遅れるなど対応の拙劣さが地元の反発も招き、運転再開もままならないまま年月ばかりが経過した。2018年には、廃止されることが決定している。

動燃アスファルト固化処理施設火災・爆発事故　１年余り後の1997年３月、今度は茨城県東海村の動燃東海事業所内にあるアスファルト固化処理施設（再処理工場の付属施設）で火災が起きた。低レベルの放射性廃棄物をアスファルトで固めてドラム缶に詰める工程で発生したもので、一度は消し止めたものの消化が不十分だったため約10時間後に爆発が起き、放射性のガスなどが施設外に漏れた。微量ながら、作業員ら37人が被曝したため、国際事象評価尺度レベル３の本格的事故となった。この事故でも虚偽報告などが明らかになって不祥事に発展した。後に動燃は、解体的な再編を迫られることになる。

JCO臨界事故　核燃料加工会社JCO東海事業所（茨城県東海村）で1999年９月、日本で初めての臨界事故が起きた。動燃の高速実験炉「常陽」のための硝酸ウランを精製中、ステンレス容器に規定量以上の硝酸ウランを入れてしまい、ウランが自発的に核分裂反応を起こす「臨界量」を超えてしまったのだ。高いエネルギーをもった中性子線が19時間以上も周囲に放射され続け、直近で作業していたJCO社員３人のうち２人が、収容先の病院で亡くなった。

建設中の労災事故などを除いて、原子力施設の事故で人間が放射線により直接死亡したのは日本で初の出来事だった。また、周辺住民160人以上が避難を強いられ、作業員や消防隊員、住民ら約440人が、何らかの形で放射線に被曝した。国際事象評価尺度レベル４の重大事故で、その後の原子力防災に大きな影響を与えた。報道機関でも、実際の被曝が想定される事故が起きた場合、どのように取材すればよいのか、取材者を守る線量基準はどうするのかなど、マニュアル作りが進んだ。

事故といえば、2011年の東日本大震災に伴う東京電力福島第一原発の事故が、何といっても最大の事故で、国際事象評価尺度でもレベル７と最悪だったが、この事故については４章で詳述する。

安全規制の推移

原子炉を始めとした原子力施設の安全審査や運転開始後の安全確認などの安全規制は、当初は原子力開発を推進する側の原子力委員会（1956発足）の安全部門が担っていた。しかし、推進する側と規制する側が同じ組織に属していては、客観的な規制が出来ないとの批判も高まってきた。

当時の日本は、原子力船の開発にも乗り出していた。日本原子力船開発事業団（後に日本原子力研究所に統合）の「むつ」が、1974年に地元の反対をおして母港の大湊港（青森県むつ市）を出港し、青森県沖の太平洋上で出力上昇試験を始めたところ、炉を取り巻く遮蔽の一部から微量の放射線が漏れるトラブルを起こしてしまった。マスメディアによって本格事故のように大きく報道され、地元が帰港を拒否するなど混迷が続くとともに不安も高まった。

こうした影響もあって、原子力規制体系の見直しが始まり、1978年に内閣府に原子力安全委員会が生まれた。この新体制で、原子力施設の設置に当たっては、研究開発関係の炉などは科学技術庁が、商用発電施設については通商産業省（経済産業省の前身）がそれぞれ一次審査を行い、原子力安全委員会がさらに二次審査を行うというダブルチェック体制が整えられた。

その直後の1979年にアメリカ・ペンシルベニア州で、スリーマイルアイランド（TMI）原発事故が起きた。日本にも導入されているPWR型の原子炉で、空気制御系の故障からトラブルが拡大、ついに冷却水が失われて炉心溶融が起きてしまった。周辺住民の避難にまで発展し、国際事象評価尺度のレベル５と深刻な事故となった。

さらに1986年には、旧ソ連のウクライナでチェルノブイリ原発事故が起きている。運転中に特殊な試験を行ったことをきっかけに原子炉が暴走し、爆発してしまった。運転員や消防士など30人以上が犠牲になり、大気中に放出された放射性物質はヨーロッパを中心に広域に拡散した。事象評価尺度でレベル7と、世界の原子力開発史上最悪の事故だった。

この事故は、現場レベルの安全意識や、原子炉運転上の技術向上など、実務担当者レベルの努力では、安全確保は困難なことを見せつけた。発電所や原子力施設の経営・運営トップはもちろん、設計者や設計を審査する規制当局、規制体系を整備する政府など、広範な関係者が安全を最優先する意識・姿勢を保ち、向上させる必要がある。IAEAはこれを「安全文化」(セーフティー・カルチャー) と名付け、その普及を提唱した。その後、他の分野にもこの考えは広まっていった。

これらの事故に対し、日本の対応はどうだったか。真剣に受け止めたとはいいがたかった。過酷事故(シビアアクシデント)が現実に起きることが明らかになったが、起きることを前提にその先の対策をどうするか抜本的な改革にまでは至らなかった。もちろん、日本にも原子力安全の専門家がいないわけではなく、二つの事故の教訓を真剣に考えたが、具体策として実を結ばなかった。過酷事故を想定することは、原子力施設が万全でないことを示すことになり、不安をかきたてるという空気が業界や政府にもあったからだ。

実際に前進するのは、遠くの事故ではなく、足元の事故からだった。前述のJCO臨界事故 (1999年) である。実際に避難が必要な事態が起きてしまい、対策を進めざるを得なくなった。この事故を契機に原子力発電所から適度な距離の場所に、防災対応のためのオフサイトセンターが設けられ、避難訓練も現実的なものになった。ちょうど省庁再編の時期とも重なり、2001年には原子力安全委員会の機能が強化されるとともに、経済産業省に原子力安全・保安院が生まれた。

しかし、こうした体制も無力だったことが、福島第一原発事故で明らかになる。事故後の政府の対応は混乱を極めた。筆者 (北村) も1990年代に記者として、事故や安全規制の取材に携わり、安全研究の重要性や過酷事故対応の必要性を指摘してきたつもりだが、福島第一のような3基同時の過酷事故までを念頭に置いたものではなかった。私的感情になってしまうが、当時の姿勢は甘かったというしかない。

福島第一事故後に安全規制は、大幅に変わった。事故翌年の2012年９日に、環境省の外局として「原子力規制委員会」が発足した。旧・原子力安全委員会、原子力安全・保安院などの機能を引き継いで一元化するとともに、機能を強化した。事務局として、原子力規制庁が委員会を支える。長年の懸案だった、規制機関の一本化・完全独立が大事故によってまがりなりにも実現したのだった。

福島事故後の対応として長く続く廃炉作業などがあり、その指導・監督が規制機関の務めだが、そのほかにも課題は多い。事故後の対応と原発の再稼働問題などに追われているが、あの事故がどのようなものだったのか、防げる道はなかったのか、規制機関としての技術的解析などはまだ行われていない。これは規制機関だけの問題ではないが、事実に基づいて謙虚に解析し、教訓を後世に残すとともに、世界に発信する義務があるのではないか。

コラム

戦争と科学

第１次世界大戦（1914～1918）は「化学の戦争」、第二次世界大戦（1939～1945）は「物理学の戦争」と呼ばれることがある。

第１次大戦は、産業技術などを総動員した国家総力戦の様相を帯び、発明されて10年ほどしかたっていない航空機が偵察機や戦闘機として利用されたほか、動力装置と厚い装甲をもった近代戦車や、潜水艦も登場した。しかし、この戦争をより強く特徴づけたのが「化学兵器」——いわゆる毒ガス兵器の登場と大量使用であった。このため、化学の戦争と呼ばれる。

特にドイツが積極的に開発・使用したが、その背後に物理化学者フリッツ・ハーバー（1868～1934）の存在があった。軍の依頼でマスタードガスなどの開発に取り組み、後に「化学兵器の父」などと呼ばれるようにもなる。妻が自殺しているが、大量破壊兵器の開発に没頭する夫を気に病んだ末に、死を選んだともされている。

ハーバーはアンモニアの人工合成法（ハーバー・ボッシュ法）を開発したことでも有名で、窒素肥料として世界で広く使われるようになった。その業績でノーベル化学賞を受賞している。ハーバーはユダヤ人だったためにナチス政権の登場とともに冷遇されるようになり、フランスに逃れるなど晩年は不幸な生活を送る。

第2次世界大戦は、アメリカの核開発に象徴されるように、まさに物理学の戦争となった。原爆以外にも、電磁気学を活用したレーダーが実用化された。イギリスでは暗号解読のために、アメリカでは弾道計算のためにコンピューターが開発されている。

科学技術は必ずしも軍事によって発展するわけではないが、民生・商業活動の世界と違って、軍事目的では金に糸目をつけずに推進できる特徴がある。核開発のマンハッタン計画で科学動員の効力をまざまざと実感したアメリカでは、戦後も宇宙開発などの分野で軍事を背景にした巨大プロジェクトを推進するようになった。

軍民両用技術を「デユアルユース」と呼ぶが、難しい問題をはらんでいる。攻撃的兵器は使途が明確なので、制限の対象として国際交渉などの対象になりうるが、どこまでが軍事でどこからが民生目的なのか、明確に線引きできないケースも多い。GPS（全地球測位システム）は元々、アメリカ軍が世界に展開している自軍の艦船や部隊の位置情報を把握するために構築した衛星システムだが、民生用にも開放され、アメリカだけでなく世界中で多様な目的に使われている。航空機や船舶、車などのナビゲーションシステム、スマートフォンの位置情報など身近な目的のほか、地殻変動の長期監視などにも生かされている。

近年ではAI（人工知能）の軍事利用に関心が高まっている。キラーロボットと呼ばれる戦闘機器や無人攻撃車両、無人攻撃ドローンなどにはAIが搭載され、独自の判断で作動・行動しうる。殺傷行動の判断を人間ではなく、AIにまかせてよいのかという問題である。国連の場などを舞台に、規制の検討が始められている。

2.3　宇宙開発

宇宙取材の楽しみ

科学ジャーナリストが対象とする取材分野の中で、宇宙開発・宇宙探査は、高揚感が感じられる対象のひとつである。鹿児島県・種子島にある宇宙航空研究開発機構（JAXA）の発射場である種子島宇宙センターで、H-Ⅱロケットやその前身のH-Ⅰロケットの打ち上げを何度か取材したことがあるが、発射直後に体に響いてくる「ドドドッ、バリバリ…」とでも表現するしかない発射音（というより発射衝撃波）は、テレビ映像や記録映像を見ただけでは感じることの出来ない迫力がある。最初は自らの重量を持ち上げるようにゆっくりと浮上、たちまちにして速度を上げて紺碧の空あるいは雲の中に吸い込まれていく。

種子島は、世界に数あるロケット発射場の中でも風光明媚で知られ、海に囲まれた半島から、白い筋を描きながら飛翔してゆくロケットの姿を見送るのは、何度経験しても気持ちがよい。報道機関の記者なら、一般の宇宙ファンよりかなり近い、発射場内の観覧施設からながめることができる。といっても、発射台の直近ではない。万一打ち上げに失敗して、直後にロケットが爆発しても人に被害が及ばないよう、安全距離がとられているため、感覚的には相当遠い。

報道機関の科学ジャーナリストらは、打ち上げのたびに、この射場からその姿をながめる。新聞社によっては、打ち上げ成功そのものの報道は鹿児島支局から赴いてきた地元記者の仕事である。しかし、もし失敗すれば、原因究明や今後の開発への影響を記事にするなど、多忙を極める。そうそうあることではないが、その万一の場合に備えて東京から毎回、科学系の記者が出張してくるわけだ。うまくゆけばそう忙しいわけでもなく、楽しい取材旅行で終わる。

その昔、アメリカのアポロ計画で人類が月を目指した際には、黎明期の科学記者らが東京から出張し、フロリダ州のケネディ宇宙基地で打ち上げを見守った。さらにスペースシャトルによる実験飛行や、アメリカの主導で始まった国際宇宙ステーション計画で日本人の宇宙飛行士が飛び立つ際も、日本の科学記者が現場取材を行った。アメリカは科学ニュースが多いこともあって、ある時期から大手全国紙や通信社は、首都ワシントンDCの支局に科学系記者を常駐させるようになった。通常はこの記者がアメリカの目ぼしい打ち上げをカバーし、日本と縁の深い打ち上げの場合などは、東京からも記者が派遣された。

米ソ宇宙開発競争

宇宙開発といえば夢のある響きが感じられるが、いろいろな側面がある。科学探査機の打ち上げなど知的興味を掻き立てる領域もあれば、気象、通信、地球探査など実用面の衛星を打ち上げる業務もある。そして、軍事である。スパイ衛星とも呼ばれる偵察衛星や、ミサイルの発射を探知する早期警戒衛星、さらには敵対国の衛星を破壊する攻撃衛星まである。夢だけで語れる単純な分野ではない。

そもそも、宇宙開発の始まり自体が軍事に由来する。核開発競争でアメリカに先を越されたソ連は、原爆の開発を急ピッチで進めてキャッチアップを果たすとともに、その核弾頭の運搬手段としてのミサイルではアメリカに先んじる。1957年には大陸間弾道ミサイルR7の発射試験を成功させ、2か月後には同じ技術で世界初の人工衛星「スプートニク1号」を打ち上げた。これらを成し遂げた開発責任者がセルゲイ・コリョロフ（1907～1966）である。ソ連宇宙開発の父と呼ばれる。

ソ連に対して科学技術上の優位を過信していたアメリカは衝撃を受けた。「スプートニク・ショック」と呼ばれ、開発体制の強化に加えて科学技術教育の強化にまで乗り出す。ソ連を凌駕するため、後には月を目指すアポロ計画もスタートさせた。

V2型ロケットの貢献　このソ連との競争で大きく貢献したのが、ドイツ出身のヴェルナー・フォン・ブラウン（1912～1977）である。元々はナチス政権下のドイツで責任者としてロケット開発に取り組み、彼らの作り上げた「V2型ロケット」はイギリスを始めとした連合国を標的にした空襲に使われた。このロケットは液体酸素を搭載して、エタノールの燃焼で推力を得る。空気中の酸素を必要とせず、大気圏外を飛翔できる世界初の弾道ミサイルだった。

第二次大戦の終結とともに、アメリカはV2ロケットの開発拠点ペーネミュンデ（ドイツ北部ウーゼトム島）からフォン・ブラウンらを自国に連行、彼らに居住を認めてロケット開発に参画させた。責任者のフォン・ブラウンらはアメリカに定住したが、ドイツに残っていた技術者らはソ連に連行され、彼らのロケット開発に協力した。ヨーロッパの宇宙開発を牽引するフランスもV2ロケット技術者に協力を求め、このロケットを再現するなど技術開発の基礎にした。

アポロ計画で人類を月に送り込んだのは「サターンV型」（3段式）と呼ばれる史上最大の巨大ロケットだが、これはフォン・ブラウンのチームが完成させたものである。

周回遅れの日本のスタート

日本の宇宙開発は、糸川英夫（1912～1999）のペンシルロケットの発射実験（1955年）に始まるとされる。糸川が所属した東大生産技術研究所から、後に分離独立した東大宇宙航空研究所（1964年創設）へ、さらに文部省の大学共同利用機関「宇宙科学研究所」（ISAS、1981年創設）へと引き継がれ、固体ロケットを高度化させるとともに、多様な科学衛星を打ち上げてその存在感を発揮する。

1970年、東大宇宙航空研の鹿児島宇宙空間観測所（内之浦）からラムダL-4Sロケットで打ち上げられた技術試験衛星「おおすみ」は、日本初の人工衛星となった。日本はソ連、アメリカ、フランスに次ぐ世界で4番目の衛星打ち上げ国となったが、軍事技術と無関係に成し遂げたのは他国との大きな違いだった。

その前年の1969年に誕生したのが、科学技術庁所管の特殊法人「宇宙開発事業団」（NASDA）で、実用衛星の打ち上げを目指して、ロケット・衛星の研究開発に着手した。アメリカの航空宇宙局（NASA、1958年発足）から約10年遅れ。日本の宇宙開発は米ソから周回遅れとも言われた。

以来30年余り、関係機関が統合されて2003年にJAXAが誕生するまで日本の宇宙開発は、東大・文部省系のISASと科技庁系のNASDAの二頭体制で進められた。これらの調整を行い、全体計画を立てるのが総理府に設けられた「宇宙開発委員会」（1968年発足、委員長は科技庁長官）の役割だった。

宇宙航空研、ISASがカッパ（K）、ラムダ（L）、ミュー（M）と固体ロケットを発展させた（図2.7）のに対して、NASDAが目指したのが液体ロケット路線である。固体ロケットに比べて液体ロケットは大型化が可能で、将来の

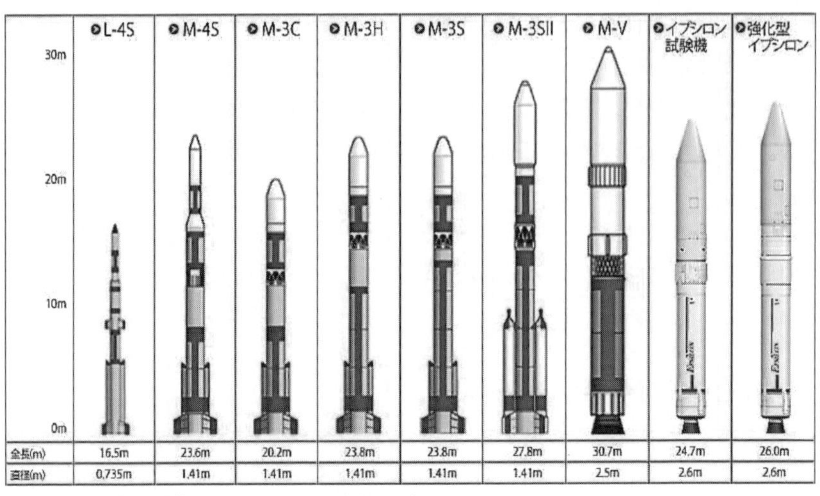

■図2.7　日本の固体ロケット（JAXA資料から）

衛星の大型化に備えるには、液体ロケットの方が望ましかった。

しかし、構造の複雑な液体ロケットは設計が難しく、米ソも苦労して習得した。未経験の日本が短期間に開発できるものではない。そこに手を差し伸べたのがアメリカだった。自国でやや古くなりつつあったデルタロケットの技術を日本に供与するという提案があり、日本も受け入れた。

似たような状態にあったフランスに対してアメリカは技術移転に冷たかったが、なぜ日本に対して寛容だったのか。日本の宇宙開発を放置すると軍事に向かうのではないかという懸念があったので、管理下に置きたかったというのが日本側の一般的な見方だが、さらに踏み込んだ解釈をする関係者もいた。アメリカは、日本の固体ロケットの開発を制限し、液体ロケットに誘導したかったという説である。

固体ロケットは長期保管が可能で、必要な時にすぐ発射できるという性質を持つ。誘導制御が優れていれば、弾道ミサイルそのものである。これに対し液体ロケットは、打ち上げの直前に燃料を充填（じゅうてん）するため即応性に欠け、ミサイルには不向きだからだ。

開発の苦難と商業化の時代

NASDAは、デルタロケットの技術を基に、N-Ⅰ、N-Ⅱ、H-Ⅰロケットと、

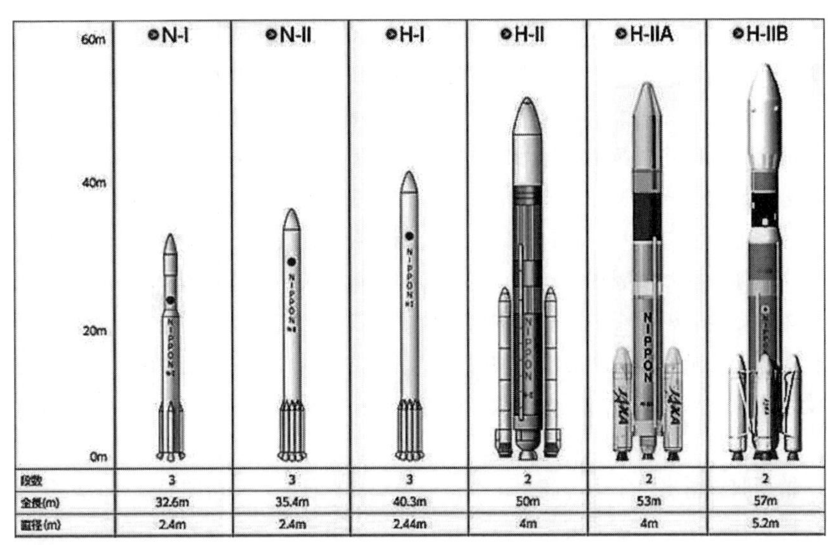

	N-I	N-II	H-I	H-II	H-IIA	H-IIB
段数	3	3	3	2	2	2
全長(m)	32.6m	35.4m	40.3m	50m	53m	57m
直径(m)	2.4m	2.4m	2.44m	4m	4m	5.2m

■図2.8　日本の液体ロケット（JAXA資料から）

国産化率を上げていった（図2.8）。N-Ⅰで日本初の静止衛星「きく１号」、N-Ⅱで静止気象衛星「ひまわり２号」を打ち上げるなど、衛星も多様化していった。

しかし、これらロケットのために供与された技術は軍事にも関係するだけに、アメリカから受け取った「ブラックボックス」のまま設置しなければならない装置も多く、自国のロケットとは言い切れないもどかしさがあった。

純国産化に向けた最終段階のロケットがH-Ⅱだが、このロケットのメインエンジン（第１段エンジン）LE-7の開発が難航する。液体酸素と液体水素を燃料とするアメリカのスペースシャトル・メインエンジンにも使われたタイプの高性能エンジンだ。だが、繊細な構造のため、燃焼試験の度に異常燃焼や爆発を起こし、実運用までに４年を要する。

その後も、完成したはずのエンジンを搭載したH-Ⅱの８号機が打ち上げ直後にトラブルを起こして指令破壊される事故を起こす。しかし様々な改良を加え、その後は信頼を取り戻した。ようやく、アメリカ技術に依存しない純国産技術のロケットを完成させた。構造を簡素化した改良型のLE-7Aは極めて信頼性の高いエンジンとして、H-Ⅱ後継ロケットのメインエンジンとして使われている。

日米衛星摩擦　次に問題となったのは、日米の通商摩擦である。日本は、通信、放送、気象などの人工衛星を国の支援のもとで技術開発しながら運用してきた。ところが1989年にアメリカの通商代表部（USTR）が、日本の衛星開発政策は自国産業の保護政策であり、実用段階にある衛星の調達は国外にも開放すべきと迫ってきた。

包括通商法スーパー301号によって、制裁も辞さないという強硬な姿勢だった。交渉を重ねて翌1990年に合意するが、新技術の実証目的や科学的研究以外の開発要素の少ない衛星は内外に開放することになり、開発途上だった通信衛星の計画を断念するなど波紋を広げた。日本の宇宙開発は大きな打撃を受け、ロケットの打ち上げ回数も頭打ちとなった。

情報収集衛星　宇宙の商用化が進むなかで、日本の宇宙開発は厳しい状況に置かれるが、やがて安全保障の分野に踏み出すことになる。1998年、北朝鮮が発射したミサイル「テポドン１号」が日本の東北地方上空を通過して三陸沖に着水する出来事が起きた。危機意識が高まるなか、アメリカの衛星情報に頼るばかりでなく、自前の情報収集衛星を持つべきという機運が高まった。

日本は原子力開発にしろ宇宙開発にしろ、「平和目的に限る」ことを国是としてきた。情報収集衛星はどうなのか。商用目的など一般に使われている技術は、防衛目的に使ってもかまわないとする解釈を政府は以前から表明していたが、これを適用することは宇宙条約にも抵触しないとして、2003年に光学衛星、レーダー衛星が打ち上げられた。以来、２～３年に１回ほど打ち上げが続いており、内閣衛星情報センターが運用している。

軍事利用と平和利用の両用が当たり前の国々と違って予算面でもハンデのあった日本だったが、ようやく他国並みになったともいえる。ただ、民生分野の宇宙開発を予算的に圧迫する可能性や、秘密裡に行われる開発では広い分野への技術波及が期待できないとの指摘もある。

こうした中、2008年には「宇宙基本法」が成立して内閣府に宇宙開発戦略本部が設置されるなど、それまでの文科省中心の研究・開発体制が拡大・強化された。

有人宇宙活動

米ソのような宇宙大国と違い、日本やヨーロッパ各国のような国々にとって、宇宙で人間が活動を行うのは困難である。アメリカの「スペースシャトル計画」(1981～2011) では、アメリカ人以外にも宇宙飛行士の搭乗が解放され、日本人宇宙飛行士も宇宙での活動を経験した。毛利衛、向井千秋、若田光一、土井隆雄らである。これらの打ち上げ時などを取材するのは、日本の科学ジャーナリストにとっても、重要な仕事のひとつになった。

長期滞在型の宇宙活動としては、旧ソ連の宇宙ステーション「ミール計画」(1986～2001年) があったが、より広範な参加が可能になったのが「国際宇宙ステーション計画」(ISS) である。当初はアメリカの単独計画としてスタートしたが、財政難などもあって国際共同計画として再編され、米、日本、カナダ、欧州宇宙機関 (ESA) にソ連崩壊後のロシアも加わった。1998年に建設を開始、2011年に完成している。米ソの国威発揚、主導権争いから始まった宇宙開発も、ようやく国際共同の時代を迎えたのだった。

このISSには日本の有人宇宙実験塔「きぼう」(2009年完成) も重要施設として組み込まれており、日本人宇宙飛行士が断続的に活動している。また、宇宙ステーション補給機「こうのとり」も、物資や実験機材などを定期的にISSに届けており、システム支援に欠かせない役割を果たしている。

ISSの後継計画としてアメリカは、月近傍有人拠点「ゲートウェイ (Gateway)」構想を推進しようとしており、日本やロシア、ヨーロッパなどに参画を要請。日本は2019年10月に、正式に参加表明した。月の周回軌道に宇宙ステーションを建造して月探査を行うとともに、火星への有人飛行のための拠点にしようとする構想だ。

独自の宇宙開発を行っているのが中国で、月探査の「嫦娥(じょうが)計画」では、2019年1月に月の裏面に探査機「嫦娥4号」を着陸させるなど、将来の有人活動を視野に着実に計画を進めている。

実績あげる科学探査

宇宙開発のもうひとつの側面に科学探査がある。米ソを中心に、直近の月だけでなく、太陽系の惑星の姿をとらえようと様々な探査機を打ち上げてきた。太陽系の姿が次第に明らかになってきたが、外部から観測するだけでは情報が限られる。アメリカは火星に探査機を何度か着陸させ、表面の様々な観測も行っている。

日本も様々な探査機を打ち上げてきた。先に述べたように日本は実用分野のNASDAと科学分野のISASの二頭体制で宇宙開発が進められてきたこともあって、継続的に科学探査計画が行われてきた。特にX線による様々な天体の観測に多くの衛星を打ち上げており、この分野の日本の貢献は大きい。

はやぶさ探査機　日本の国民ばかりか、世界の宇宙関係者らを興奮させたのが小惑星探査の「はやぶさ」計画である。太陽系の惑星は進化の過程で地殻変動など変性を受けており、誕生時の姿をとどめていない。これに対して小惑星は、太陽からの放射線などで表面は影響を受けるものの内部は誕生時のままである。このため、小惑星に探査機を着陸させ、土壌などを持ち帰れば、太陽系創成期の謎に迫れる。どの国も成し遂げていなかった「サンプルリターン」という、難しい技術だ。

2003年に打ち上げられた「はやぶさ」(後に、はやぶさ２が打ち上げられたので、はやぶさ１とも呼ばれる）は2005年に目標の小惑星「イトカワ」に到達。様々な観測を行った後２回着陸してサンプルを取得し、帰途につく。技術実証のための探査機だったので、当初から完璧にミッションを遂行するとは考えられていなかったが、様々なトラブルを克服して2010年に無事地球に帰還。総計60億kmに及ぶ飛行の末、サンプルの入った帰還用カプセルをオーストラリアの砂漠に落下するよう切り離した後、探査機本体は大気との摩擦熱で燃え尽きた。その姿は擬人化され、はやぶさの健気さが多くの国民を感動させ、映画化もされた。

後継の「はやぶさ２」は、「イトカワ」とは別のタイプで有機物を含んでいる可能性のある小惑星「リュウグウ」を目指して2014年12月に打ち上げられた。2018年に「リュウグウ」に到着して、2019年には表面に衝突装置を打ち込んでクレーターを作り、着陸して表面より深い土壌を採取した。同年12月に「リュウグウ」を離れ、地球を目指している。2020年末の帰還予定だ。

コラム

宇宙開発の犠牲者

新たな技術システムの開発にあたって、多少の失敗は避けられない。宇宙開発も例外ではないが、有人活動ともなると話は深刻だ。失敗が即、人命の損失につながるからだ。無人ロケットなどで経験を積み、安全性を十分高めてから有人飛行に移るが、それでもなお不幸な出来事は起こる。

チャレンジャー号爆発事故　1986年1月、アメリカ・フロリダ州のケネディ宇宙センターから打ち上げ直後のスペースシャトル「チャレンジャー号」が、爆発とともに空中分解してフロリダ沖の大西洋に落下した。搭乗していた7人すべてが犠牲になった。白煙を上げながら分解していく衝撃的な映像がテレビを通して世界に流された。

このシャトルには日系人宇宙飛行士エリソン・オニズカや女性高校教師のクリスタ・マコーリフが搭乗していた。宇宙に飛び立つ初の教師として、宇宙からの授業が予定されていた。

調査の結果、推力補助のための固体ロケットブースターの「Oリング」と呼ばれるゴム製部品に欠陥があり、高温燃焼ガスが漏れて噴出したのをきっかけにロケットブースターが離脱、この衝撃でシャトル本体も破壊されたことが判明した。異常な寒気のなかでの打ち上げに懸念があったのに、強行したNASAの組織体質が厳しく指弾された。

当時のレーガン大統領はテレビ演説で、子供たちに向かって次のように語りかけた。

「この事故は、(人類の) 探検と発見のプロセスのまがうことなき一部です。チャンスをつかみ取り、人類の地平を広げるための経緯なのです。未来は臆病者の手にはなく、勇者のものなのです。チャレンジャーのクルーは、我々を未来へ導くところでした。我々は彼らに続こうではありませんか」(意訳)

コロンビア号空中分解事故　スペースシャトルはもう一度、深刻な事故を起こしている。2003年2月、宇宙でのミッションを終えて帰還途上の「コロンビア号」が、大気圏に再突入した直後、テキサス州、ルイジアナ州上空で空中分解し、やはり7人が犠牲になった。

このコロンビア号では打ち上げの際、燃料タンクの表面に張られていた発泡断熱材の一部がはがれてシャトル本体の左主翼に衝突、この衝撃で帰還の際の高熱から機体を守るための主翼断熱タイルがはがれていたのだ。この断熱材剥離に地上の技術者らは気付いたが、シャトル搭乗員らに修理する手立てがないことや、過去の剥離経験では重大事に至らなかったことから事態を重視せず、対策を行うことなく帰還を強行した。結局、帰還時のシャトルは高熱に耐えきれず、分解するに至った。

アポロ１号火災事故　アメリカが月を目指した「アポロ計画」でも事故が起きている。1967年２月、同計画としては初めての有人飛行となる「アポロ１号」がケネディ宇宙センターの発射台で予行演習を行っていた。ロケット先端の宇宙船（司令船）内には３人の宇宙飛行士が搭乗していたが、突然、火災が発生。救助隊が駆けつけたものの間に合わず、３人全員が死亡した。

ケネディ宇宙センターの近くには、「スペース・ミラー・メモリアル」と名付けられた大きな黒い石板の慰霊碑があり、これら宇宙関係の犠牲者らの名前が全て刻まれている。

旧ソ連の宇宙事故

アメリカと覇権を争った旧ソ連でも、何度も事故が起きている。1967年４月、有人宇宙船「ソユーズ１号」（宇宙飛行士１人搭乗）がバイコヌール宇宙基地（カザフスタン）から打ち上げられたが、軌道に達した際に２枚の太陽電池パネルのうちの１枚が開かずに電力不足の中、他のトラブルも発生して制御不能の状態に陥った。逆推進ロケットを噴射して帰還を果たそうとしたが、パラシュートが開かないなどのトラブルも重なり、地上に激突してしまった。そもそも技術的に未完成の段階で政府が打ち上げを強行したといわれ、宇宙飛行士ウラジミール・コマロフは、打ち上げ前から自らの死を覚悟していたと伝えられている。

有人宇宙船「ソユーズ11号」が1971年６月、軌道上の宇宙ステーション「サリュート１号」とドッキングを果たして活動を終えた後、地球に帰還しようとしていた。ところが、再突入のための帰還モジュールで空気漏れがあり、３人の飛行士は絶命したまま地上に帰還した。

宇宙空間における事故ではないが、1960年10月、バイコヌール宇宙基地で「ニェジェーリンの大惨事」と呼ばれる大火災が起きている。大陸間弾道ミサイルR-16の試験打ち上げ準備中に2段目ロケットが不意に点火してしまい、一段ロケットにも引火して大火災が発生。90人以上が犠牲になった。1980年3月にもプレセック宇宙基地で、軍事偵察衛星を打ち上げるためのロケットに燃料を注入中に火災が発生、44人が犠牲になっている。

2.4　生命科学の進展

20世紀は「物理学の世紀」、21世紀は「生命科学の世紀」と呼ばれることがある。20世紀初頭から中盤にかけて、相対性理論や量子力学の登場で現代物理学の骨格が出来、これらが化学の世界にも波及して、物質科学がある意味で最盛期を迎えた。まだすべての謎が解き明かされたわけではなく、チャレンジする対象が多いことは2.1「知の最前線」でも触れた。これに対し、生命科学は20世紀後半から急進展を見せはじめ、その流れはますます加速し、広範な領域に及びつつある。生命の起源と進化といった基礎分野から人体の謎、医学領域まで対象は幅広く、科学ジャーナリズムにとっても重要な取材領域である。報道機関でも、専門の取材グループを設けているほどだ。

遺伝子解明前夜

20世紀は、二つの意味で「核の世紀」と呼ばれることもある。原子核内のエネルギーが初めて解放されたことが一つ。もう一つの核が、動植物を構成する細胞内にあって遺伝や生体の活動などを支配する遺伝子DNA（デオキシリボ核酸）が収まった生物内の「核」である。この核のもっとも重要な鍵であるDNAの二重らせん構造が解明されたのは1953年だが、まずそれに先立つ生物学の歴史を簡単にたどろう。

人間の人体や動植物に関する研究は長い歴史をもつが、そもそも動植物が細胞からできていることが分かったのでさえ、遠い昔のことではない。16世紀末にオランダで発明された顕微鏡を使ってイギリスの自然哲学者ロバート・フック（1635～1703）が1665年に、植物が壁に囲まれた小さな組織から構成されていることをコルクの観察から発見し「細胞」と名付けた。フックは様々な観察記録を『ミクログラフィア（顕微鏡図譜）』に掲載して公表している。19世紀になって、動物も細胞で出来ていることも分かる。

1674年にはオランダの科学者アントニ・レーウェンフック（1632～1723）が、やはり顕微鏡を使って湖水などから微生物を発見。他にも、人間の精子や様々な微小な動物などを観察し、微生物学の父と呼ばれた。やがて19世紀末にドイツの医師ロベルト・コッホ（1843～1910）らによって細菌のうち病気を引き起こす病原菌が次々と発見された。コッホは、ワクチンや予防接種の方法を開発したフランスの生化学者ルイ・パスツール（1822～1895）とともに、近代細菌学の始祖と称される。

コッホの元で研究した日本の北里柴三郎（1853～1931）も、血清療法を開発したりペスト菌を発見したりするなど、草創期の細菌学に大きく貢献する。

17世紀のヨーロッパでは、微生物、小昆虫などは汚水や肉汁などから自然発生するという考えが支配的だったが、1861年、パスツールが巧妙に工夫した実験で、自然発生説を否定する。また、動物の誕生には卵子と精子の接触が必要なことなども次第に明らかになってきた。それまでの生物学は様々な動植物をその形態で分類して体系化する分類学、博物学的な傾向が強かったが、それぞれの生物の器官や組織を細胞レベルで解明する方向へと進み20世紀迎えるのだった。

人間は自らの人体についても多くを知らなかった。古代エジプトや古代ギリシャなど一部の文明では人体の解剖が行われていたが、キリスト教の広がりとともにヨーロッパ世界では解剖は忌避されるようになっていった。ようやく、ルネサンス期の万能の天才レオナルド・ダ・ヴィンチ（1452～1519）が解剖によって人体を精密観察して図に残し、徐々に解剖が復活してゆく。

ベルギー出身でフランスやイタリアで活躍した医師アンドレアス・ヴェサリウス（1514～1564）は解剖によって心臓の構造を解明するなど、現代につながる解剖学を切り開いた。イギリスの解剖学者ウィリアム・ハーベー（1578～1657）が、心臓から出た血液が動脈から静脈を経て心臓に戻る「血液循環説」を発表したのは、1628年である。

進化論の登場

生物学の歴史で最も大きな影響を与えたものの一つが、イギリスの生物学者チャールズ・ダーウィン（1809～1882）の「進化論」である。生物は共通の祖先から自然選択によって進化し、多様な種にいたるという現代人にとっての常識は、ダーウィンの『種の起源』（On the Origin of Species）によって、

1859年に発表された。

この世界は神によって造られ、人間は自然の管理を神から任された特別の存在であると考えてきたキリスト教文化圏では、特に大きな衝撃となる説だった。人間は特別の存在でなく、類人猿の進化した動物の一員であるという考えに抵抗は大きかったが、次第に生物学者らに支持されていく。様々な研究が進化論の正しさを証明し、その未熟だった部分を発展させて現代にいたる。

ローマ教皇庁も、1996年になってようやく進化論を容認する。しかし、アメリカでは進化論を教えることを禁じる州もあり、今でも神による天地創造を信じる国民が多いことを各種の世論調査が示している。

進化論は生物学や自然科学の範囲を超えて大きな影響を世界に及ぼした。その中には負の影響もあり、特定の人種の優位性を示すために進化論が曲解されて使われたり、環境に適応できない弱者は淘汰されて強者が生き残るべきとする「優生思想」にも悪用されたりした。

遺伝子の正体と操作技術

次に問題になったのは、何が進化をもたらすかを明らかにすることだった。親から子に引き継がれる性質があることは知られていたが、その法則性を解明したのが、オーストリアの植物学者グレゴール・ヨハン・メンデル（1822～1884）である。エンドウを使って、違った形質を持った種子が発芽して成長し、周囲の豆との受粉で出来た次の世代の種子がどのような形質を発現するのか、交雑実験を繰り返した。その結果を統計処理すると、明らかな法則性があり、1866年に成果を論文で発表している。後に「メンデルの法則」、あるいは「メンデルの遺伝の法則」と呼ばれる生物学における重要な原理である。メンデルは遺伝を担う物質があるに違いないことにも気が付いた。ダーウィンの進化論公表の７年後のことだった。

しかし、遺伝学と呼ばれる学問分野がまだ存在していない時代にあって、その重要性が生物学者らに理解されることはなく、忘れ去られていった。ようやく注目されるようになったのは約30年後の19世紀末のことだった。３人の植物学者らによって同様の実験が行われてメンデルがすでに法則を発見していたことに気づいた。この成果は1900年に公表され、メンデルの法則の「再発見」と呼ばれる。

20世紀に入り、細胞の分裂の観測などから核内の染色体が遺伝に関係することが分かり、染色体内のタンパク質か核酸が遺伝子の正体ではないかと議論が続いた。分子生物学の時代の到来である。1940年代になってようやくDNAが遺伝を担う重要物質であることははっきりしてきた。次はどのように遺伝因子を伝えるのか、その仕組みの解明が待たれていた。このころには、生物学に代わって生命科学という言葉が一般化しつつあった。

二重らせん構造　アメリカの分子生物学者ジェームズ・ワトソン（1928〜）と、イギリスの生物物理学者フランシス・クリック（1916〜2004）が1953年、科学誌・ネイチャーにDNA二重らせん構造解明の論文を発表する。4種類の塩基から構成されるこの二重らせんにより、遺伝情報が複製されるとともに、遺伝情報によりタンパク質が合成されることが明らかになってゆく。「進化論」に次ぐ、生物学上の記念碑的な業績だった。

ワトソンとクリック、さらにX線回折でらせん構造の解明に関与したイギリスの生物物理学者モーリス・ウィルキンス（1916〜2004）は1962年にノーベル生理学・医学賞を受賞する。実際にX線回折を行ったのはイギリス人女性物理化学者ロザリンド・フランクリン（1920〜1958）で、彼女の貢献は大きかったが、選考前に逝去していたこともあって栄誉に浴することはできなかった。

セントラルドグマ　DNAは「生命の設計図」とも呼ばれるが、どうして情報を生かすのか。DNAの情報を、鋳型をとるようにRNA（リボ核酸）が写し取り（転写）、この写し取った情報を翻訳して、酵素や筋肉など生物に欠かせない多様なタンパク質を作り出す。この基本原理が「セントラルドグマ」と呼ばれ、先述のクリックが提唱した。

DNAは多様な機能を持っており、まず親から子供へと遺伝情報をつなぐ役割がある。生物は、構成する細胞や組織が劣化しそうになっても新陳代謝で次々と新しい物質（原子・分子）からこれらを作り出す。全く変化がないように恒常性を保っているが、間違いなく同じものを作り出すのは、DNAの複製機能による。

遺伝子DNAが生命活動を司ることが明確になったが、すべてがDNAの塩基配列で決まるという「遺伝子決定論」で説明できるほど生命活動が単純でないこともやがて分かる。同じ塩基配列の遺伝情報でも、それが機能を発揮するかどうか、またいつ機能するかは環境との相互作用のなかで決まることもあり、こうした塩基配列以外の制御機能は「エピジェネティクス」と呼ばれる。

アシロマ会議　遺伝子に関する研究が進むにつれ、遺伝子を改変する技術も生まれてきた。DNAの二重鎖を制限酵素で切断し、意図する遺伝情報を組み込む「遺伝子組み換え技術」である。人類はこれまで長い間、人工交配など長い時間と手間暇をかけて人間にとって望ましい性質を持った動植物を産み出す品種改良の努力を重ねてきた。これには、数多くの試行錯誤の積み重ねが必要だったが、人間が直接DNAに手を加えることができれば、計画的に品種改良を行える。さらに、これまでになかったような性質を持った生物を産み出せるかもしれない。

遺伝子工学と呼ばれるこうした技術の進歩を、歓迎する科学者らがいた一方、遺伝子改変は未知の細菌などを産み出し、大きな災厄（バイオハザード）をもたらすかもしれないと懸念する科学者も出てきた。1975年に、アメリカ・カリフォルニア州アシロマに生命科学者、法律家ら約150人が集まり、ガイドラインの必要性を議論した。「アシロマ会議」である。

その結果、安全性が確認されるまで実験・研究は慎み、生物学的、あるいは物理的方法で細菌類などが外部環境に漏れ出ないようにする仕組みや施設が必要という意見をまとめた。第６章で紹介するBSL（バイオ・セーフティー・レベル）施設の源流となる考えだった。科学者が、自らの手足を縛るかもしれない規制を自発的に行う、初めての例だった。

後のことになるが、21世紀に入って、より洗練され精度の高い遺伝子改変技術「ゲノム編集」が登場する。従来の遺伝子組み換え技術と違って、DNA鎖の狙った場所をピンポイントで切り取ったり、遺伝子片を挿入したりできる。特に2012年に開発された「CRISPR/Cas 9」（クリスパー・キャスナイン）という方法は、ゲノム編集の主要技術として、世界で普及しつつある。こうした技術の倫理的問題については、後の項「生命倫理」で検討する。

ヒトゲノム計画

人間を動物種の一員として科学で扱う場合に「ヒト」と表現するが、ヒトの全遺伝情報の１セットをゲノムという。人の細胞の核には父親由来と母親由来の遺伝情報の双方を含む22対の常染色体と１対の性染色体の計23対が含まれ、それぞれの染色体内にDNAが折りたたまれる形で収まっている（図

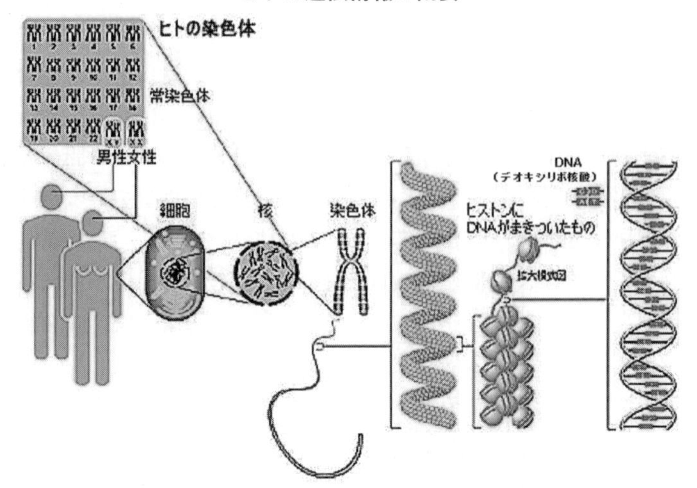

■図2.9　出典：産業技術総合研究所HP「未来の科学者のために」から

2.9)。このゲノムの総遺伝情報数は30億塩基対に及ぶ膨大なものだ。

これを全て読み取ろうとする試みが「ヒトゲノム計画」である。アメリカの主導で1990年に始まり、ヨーロッパや日本の研究チームも加わり、15年で全解読を目指す計画だった。研究者によっては、15年ではとても無理という見方もあった。今と違って、解読のための装置「シークエンサー」は原始的なもので、膨大な手間暇がかかった。

しかし、アメリカの民間遺伝子解析会社が、この国際共同計画に対抗するように独自の計画を進めたこともあって、研究は加速する。装置の進歩もあって、世紀の変わり目の2000年には下書き版（ドラフト）が完成。さらに検証を終えた最終版も、予定より早く2003年に完成する。この年は、ワトソン、クリックによってDNAの二重らせん構造が解明されてからちょうど50年に当たる、記念すべき年でもあった。

この計画は、日本の科学ジャーナリストらにとっても注目の取材対象で、科学面などで解読や研究の意義を度々紹介した。解読完了の際には、日本チームの代表者らが首相官邸を訪れ、首相に報告するとともに記念の解読データを手渡している。(写真2.10)、

人間の遺伝情報が身近になったことから、ヒトゲノム計画を契機に「ERSI」(Ethical, Legal and Social Issues) の重要性も意識され、倫理的、法的、社会

■写真2.10　科学者からヒトゲノム解読完了の報告を受ける小泉首相（2003年４月15日）（出典：首相官邸HP）

的な問題検討に研究資金の一部を充てることが始まった。

ヒトゲノム解読が完了したのを受けて、他の動物や植物などでも次々と全ゲノム解読が進んだ。現在では、個人が遺伝情報を解読してもらい、病気の予防などに生かす民間のサービスなども行われ、遺伝子解析は一般化している。生まれてくる胎児の遺伝子を調べる「出生前診断」も普及しつつあり、その結果をどう生かすのか、どのような場合に中絶するのかなど、倫理上の問題も指摘されている。

日本人の貢献

生命科学の分野で、日本の研究者らはどのような貢献をしてきたのか。ノーベル賞だけが業績評価の基準でないのはもちろんだが、分かりやすいため、ここでは同賞の生理学・医学賞受賞者を中心にその一端を紹介する。

日本人で初めて生理学・医学章を受賞したのは利根川進（1939～ ）である。多様な抗体を生成する遺伝的原理を解明した業績が認められ、1987年に受賞した。

25年ほどの空白の後、2012年に山中伸弥（1962～ ）（様々な細胞に成長できる能力を持つiPS細胞の作製）が受賞。2015年、大村智（1935～ ）（線虫の寄生によって引き起こされる感染症に対する新たな治療法に関する発見）、2016年、大隅良典（1945～ ）（生物が細胞内でタンパク質を分解・再利用するメカニズム「オートファジー」を分子レベルで解明）、2018年、本庶佑（1942～　）（免疫チェックポイント阻害因子の発見とがん治療への応用。新しいがん治療薬「オプジーボ」の開発にも貢献）と、受賞が相次いでいる。

近年でも高い頻度でニュースや話題で取り上げられるのが、山中のiPS細胞である。まだ発展途上の技術であることに加え、これら万能細胞（多能性細胞）は様々な再生医療への応用が期待され、一般の関心が極めて高いことにもよる。

理化学研究所のチームが、iPS細胞で作った網膜細胞を眼病の患者に移植して成功させたほか、京都大では神経細胞をパーキンソン病の患者の脳内に移植する臨床治験を2018年から進めており、その効果が期待されている。これらは一例で、多様な分野で実用化に向けた研究が進められている。

コラム

パラダイム転換

アメリカの科学哲学者・科学史家トーマス・クーン（1922～1996）は、科学の進歩は累積的、直線的に右肩上がりで進んできたわけではなく、あるパラダイム（考え方の枠組み）の中で諸問題を解明して進む「通常期」と、従来のパラダイムを打ち破って新たな枠組みの中で進歩する「革命期」があると主張した。通常期から革命期への移行は断絶的で、パラダイム転換という。こうした仕組みを説明するのがパラダイム論で、彼の著書『科学革命の構造』（1962年初刊）で世に知られるようになった。

科学哲学の世界で賛否両論を巻き起こしたが、他の分野でも広範に使われるようになった。「パラダイム転換」という言葉が、科学史の用語であることも忘れ去られるような状態になっている。「社会がパラダイム転換の時期を迎えている……」といった使い方だ。

本書では科学史上の様々な出来事を紹介しているが、宇宙論の世界ではエドウィン・ハッブルによる宇宙膨張の発見がパラダイム転換の典型的な例だろう。定常的な宇宙を想定する考えが支配的ななか、膨張宇宙説はビッグバン宇宙論につながり、現在の主流の考えになっている。物理学ではアインシュタインの相対性理論が、これに当たる。空間と時間を別々のものと扱ってきた長い自然科学の伝統を打ち破り、時空の４次元空間で自然を理解しようとした。

生命科学では「進化論」（チャールズ・ダーウィン）や「遺伝子の構造解明」（ジェームズ・ワトソン、フランシス・クリック）がある。地球科学では「大陸移動説」（アルフレッド・ウェゲナー）がパラダイム転換の契機になり、プレート運動で地球表面の現象を理解しようとするプレートテクトニクスにつながった。

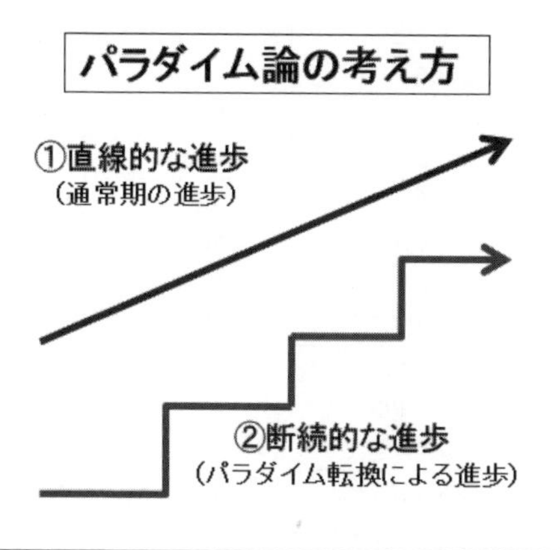

2.5　自然災害

地震、火山噴火、台風など自然災害は、報道機関の守備分担としては基本的には社会部の仕事である。しかし、災害発生のメカニズム、予防など、地震学や気象学、さらには地球科学全般にも深くかかわるため、科学ジャーナリズムにとっても大きなテーマとなっている。大手新聞社、通信社の科学部では担当記者を置いて、日常的に関係する研究者を取材したり、地震学会、気象学会などの関連学会をフォローしたりしている。

災害が起きた時ばかりが、科学ジャーナリストの出番ではない。日常的に自然災害に関する研究の状況や防災体制の在り方などについて特集面などで紹介しており、社会の防災意識向上の一助となることも期待されている。

日本の主な被害地震

(明治以降。平成以前は数百人以上の犠牲者を出した巨大地震)

発生年月日	地震名	地震の規模	犠牲者数 (行方不明含む)
1891.10.28	濃尾地震	M8.0	7273 人
1894.10.22	庄内地震	M7.0	726 人
1896.6.15	明治三陸沖地震（津波）	M8.2	2 万 1959 人
1923.9.1	関東大震災	M7.9	10 万 5000 人超
1927.3.7	北丹後地震	M7.3	2912 人
1933.3.3	昭和三陸沖地震（津波）	M8.1	3064 人
1943.9.10	鳥取地震	M7.2	1083 人
1944.12.7	東南海地震	M7.9	1183 人
1945.1.13	三河地震	M6.8	1961 人
1946.12.21	南海地震	M8.0	1443 人
1948.6.28	福井地震	M7.1	3769 人
1983.5.26	日本海中部地震	M7.7	104 人
1993.7.12	北海道南西沖地震	M7.8	230 人
1995.1.17	阪神・淡路大震災	M7.3	6437 人
2004.10.23	新潟県中越地震	M6.8	68 人
2011.3.11	東日本大震災	M9.0	2 万 2233 人
2016.4.14,16	熊本地震	M6.5、M7.3	273 人
2018.9.6	北海道胆振東武地震	M6.7	43 人

気象庁資料を元に作成

■表2.11

地震災害

日本は「地震列島」と呼ばれるように、断続的に大きな地震に見舞われてきた。被害地震が起きると、気象庁の会見に記者を派遣するとともに、別の記者が地震学者らを取材し、その地震の発震メカニズムや特性、今後の活動予測などを早急に原稿にする。また、大地震では被害地に記者を派遣して（出来れば、現地を調査する地震・防災専門家に同行して）、現地の被害状況を科学的・工学的な視点から取材する。ヘリを所有する新聞社では、研究者に搭乗を依頼して、記者、カメラマン同行で被害状況を上空から調査することもある。

表2.11に明治時代以降の大きな被害を出した地震を示すが、犠牲者が1000人を超える地震がかなりの頻度で起きてきたことがわかる。特に太平洋戦争の戦中や終戦直後には、「鳥取地震」、「東南海地震」、「三河地震」、「南海地震」、「福井地震」と、大地震が続発している。戦中の地震については、報道統制下にあったために被害状況が大きく報道されることはなく、多くの国民はそ

んな大地震が起きていたことを後に知ることになる。

福井地震後は、半世紀ほども巨大地震のない比較的静穏な時期が続いた。明治から昭和にかけての物理学者・寺田寅彦（1878〜1935）が残した有名な言葉「天災は忘れたころにやってくる」さながらに、久しぶりに起きた大地震が「阪神・淡路大震災」(1995年）であり、その16年後の「東日本大震災」だった。

プレートテクトニクス

この静穏期に、地震学は大きな変貌をとげた。報道機関に科学記者が誕生したのもこの時期だった。現在においては、地球表面を覆うプレート（岩板）の移動で地殻に歪が蓄積され、その結果として地震が起きるとする「プレートテクトニクス」による説明が常識になっているが、この学説が日本でも受容されて一般化するのは1960年代後半からだった。

日本の地震学は、近代化を急ぐ明治政府が欧米から高給で招いた「お雇い外国人」の主導によって始められた。まず地震計を輸入、国産化して地震動を記録し、地震動の元（震源）や振動の大きさなどを求める。さらに、過去の地震からどのような地域、地形の場所で地震が起きやすいかなど、統計的な手法で研究することが主流だった。そんな中で起きたのが「関東大震災」(1923年）で、東京帝大（東大の前身）に地震研究所が設けられるなど、地震研究の強化が図られたが、発生原因を地球物理学的に究明する姿勢にはまだ乏しかった。

そうした中で浮上してきたのが、「プレートテクトニクス」である。その源流は今から100年ほど前の「大陸移動説」にさかのぼる。ドイツの気象学者で地球物理学者でもあるアルフレッド・ウェゲナー（1880〜1930）が1912年に提唱し、その著書『大陸と海洋の起源』(1915年）で世に知られるようになった。もともとは巨大な大陸（パンゲア）が、きわめて長い年月をかけて現在のような諸大陸に分かれたという説である。北米、南米大陸東岸部とアフリカ大陸西岸の地形の凹凸がぴたりと一致することなどを元に考え出された。

しかし、大陸が移動するための駆動システムがわからず、当時の常識からあまりにもかけ離れていたため、賛同者を得ることなく消えようとしていた。しかし、1950年代以降、海洋底が拡大・移動していることが古地磁気観測で

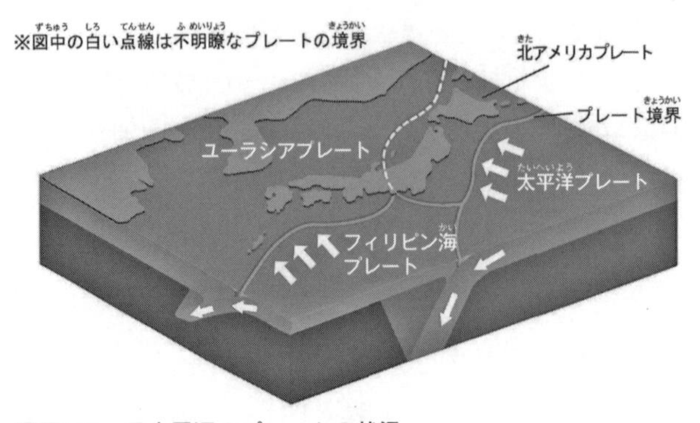

■図2.12　日本周辺のプレートの状況
出典：「地震調査研究推進本部」資料から

実際に証明され、地殻の下の流動性を持つマントルが熱対流で循環する説も有力になり、再び脚光を浴びるようになった。それが地球表面を覆う何枚もの巨大なプレートの移動状況を説明する「プレートテクトニクス」であり、マントル対流（プルーム）による駆動システムまで含めた「プルームテクトニクス」である。

地震学と予知問題

プレートテクトニクスによって、発生の仕組みが合理的に説明できるようになったのが、「海溝型地震」と呼ばれる巨大地震だった。海洋側から進んできた海洋プレートが大陸側のプレートとぶつかって沈み込む部分が海溝だが、このプレート境界に徐々に歪がたまり、定期的にエネルギーを開放するのが海溝型地震である。内陸側で起きる地震は「活断層型地震」と呼ばれ、海溝型と発震機構が違うが、プレート移動による広域の歪が関係することでは、間接的ながらプレート運動と無縁とはいえない。

図2.12は、日本周辺のプレートの状況図だが、陸側のユーラシアプレート、北アメリカプレートに太平洋プレートとフィリピン海プレートが沈み込む、世界的にみても極めて複雑な地殻構造をもった地域となっている。このことが、日本列島に地震の多い原因になっている。ちなみに、太平洋プレートは年8cmほどの速さで日本列島に近づき、フィリピン海プレートはやや遅く、年3～5cmとされる。

海溝型地震としては、四国沖から静岡県駿河湾付近にかけての南海トラフ

（ユーラシアプレートとフィリピン海プレートの境界）で周期的に大地震が起きることが知られていた。表2.11にもある、「東南海地震」、「南海地震」である。歪がたまって周期的に大地震が起きるとなると、次はいつ起きるのかということが、防災上も大きな関心の的となる。

1976年に急きょ浮上したのが、「想定東海地震」の問題である。南海トラフの東北端にある静岡県沖の駿河トラフで、しばらく地震が起きていない空白域があり、観測を強化すれば直前予知が可能とする地震学者の説が注目を浴び、1978年にはこの想定地震のための大規模地震対策特別措置法が制定された。静岡県を中心に地震防災対策強化地域が指定され、観測体制、予知体制、防災対策が強化された。

しかし、21世紀に入っても地震発生の予兆はなく、同じ海溝型地震である「東日本大震災」（2011年、太平洋プレートと北アメリカプレートの境界）が、何の前触れもなく起きてしまった。こうしたこともあり、想定東海地震の直前予知に対する懐疑の声も高まっていった。東海地震のみが注目されて予算が集中し、他の地震研究、地震防災にしわ寄せが及んでいるという批判だ。

近年では、当時取材に携わった科学ジャーナリストOBのなかからも、無批判に東海地震説を是認、擁護しすぎたという反省の声も出ている。

東日本大震災の衝撃は大きかった。政府の方針も、予知に努力はするものの、多くの地震について予知は不可能という前提で、防災・減災に力を注ぐべきという方向に変わった。様々な海溝型地震や活断層型地震ついて発生確率が計算され、想定東海地震よりも大規模な被害が予想される「南海トラフ巨大地震」（想定最大犠牲者32万3000人）についても対策が進む途上にある。

火山噴火

地震と比べると、被害の発生源が決まっているだけに、火山活動は動向を掌握しやすい性質がある。しかし、2014年の御嶽山噴火のように、何の予兆もなく突然噴火して、多くの犠牲者が出てしまうこともある。

表2.13に明治以降の主な火山災害を示すが、大地震の被害と比べると、相対的には被害規模は大きくない。しかしこれは、長期的にみて現在の日本列島が比較的火山活動が静穏な時期にあたっているに過ぎない。日本は火山列島でもあり、さかのぼると甚大な被害を出した火山活動も多い。1792（寛政４）年の雲仙岳噴火では、相次ぐ噴火活動と地震で山体の一部が大規模に崩落し

明治以降の主な火山災害

噴火年月日	火山名	犠牲者（不明含む）	特徴など
1888.7.15	磐梯山	461(or 477)人	岩屑なだれで村落埋没
1900.7.17	安達太良山	72人	火口の硫黄採掘所全壊
1902.8.7~9	伊豆鳥島	125人	全島民死亡
1914.1.12	桜島	58~59人	噴火・地震による「大正大噴火」
1926.5.24	十勝岳	144人	融雪型火山泥流による「大正泥流」
1940.7.12	三宅島	11人	火山弾・溶岩流
1952.9.24	ベヨネース列岩	31人	観測船遭難で全員殉職
1958.6.24	阿蘇山	12人	噴石
1991.6.3	雲仙岳	43人	火砕流
2014.9.27	御嶽山	63人	噴石など

気象庁資料を元に作成

■表2.13

て有明海に落下したため、大津波が発生した。対岸の肥後（熊本県）などで１万5000人の犠牲者を出している。（「島原大変肥後迷惑」の語源）

各地の地層を調べると、太古からの火山灰層が何層も見つかり、巨大噴火が何度も起こっていることが判明している。約7300年前の鬼界カルデラ（鹿児島県薩摩半島の南方）の巨大噴火では東北地方や朝鮮半島南部にまでかなりの量の火山灰が到達し、記録は残っていないものの甚大な被害が出たとみられる。当時九州に住んでいた縄文時代人は壊滅状態になったとみられ、発掘される遺跡数が激減している。さらにさかのぼる今から約３万年前の姶良カルデラ（鹿児島湾北部）の巨大噴火も激しく、関東地方でも10cmもの火山灰が堆積している。

富士山も、歴史的に何度も噴火しており、最後の本格的な噴火は1707（宝永４）年の「宝永大噴火」である。広範囲にわたって火山灰を堆積させ、周辺には甚大な被害をもたらしている。この大噴火の49日前には南海トラフ全域を震源域とする宝永大地震が起きており、富士山噴火との関連性が指摘されている。以来300年以上が経過しており、注意深い観測が続けられている。

かつては、「富士山噴火」というと週刊誌が読者の関心を引くために時おり取り上げることはあったが、普通の報道機関は慎重な姿勢が一般的だった。「いたずらに恐怖心を煽るのはいかがなものか」という自制心の現れで、必要に応じて記事に書くことはあっても地味な扱いにするような雰囲気があったことを、筆者も記憶している。

主な気象災害

（昭和以降。犠牲者１０００人以上）

発生年月	台風・豪雨名	犠牲者（行方不明含む）
1934.9	室戸台風	3036 人
1945.9	枕崎台風	3756 人
1947.9	カスリーン台風	1930 人
1953.7	南紀豪雨	1124 人
1954.9	洞爺丸台風	1761 人
1958.9	狩野川台風	1269 人
1959.9	伊勢湾台風	5098 人

「理科年表 2019」（国立天文台編、丸善出版）を元に作成

■表2.14

しかし、阪神・淡路大震災と東日本大震災を契機に事情は大きく変わった。特に東日本大震災は、日本の地震観測史上最大のM（マグニチュード）9.0という千年に一度クラスの巨大地震で、こうした頻度の少ない大災害も実際に起きることを見せつけた。「恐怖心を煽る」という懸念は払しょくされ、ありのままに書くことが当たり前になった。火山噴火に限らず、巨大地震なども含めて、科学面や特集面で研究や観測の現状などを詳しく紹介し、注意喚起するのが日常の作業になっている。

気象災害

人命にかかわる気象災害の代表例は、台風、洪水、集中豪雨などだが、近年では猛暑によっても犠牲者が出るなど、様相が異なってきた。その多くに地球温暖化が関係するとみられるため、気候変動全般については第３章であつかう。

昭和以降の主な台風・洪水被害の状況を表2.14にまとめたが、戦後の復興期に犠牲者1000人を超えるような台風被害が続発しているのが分かる。最も激甚だったのが伊勢湾台風（1959年９月）で、愛知、三重県を中心に5000人以上の犠牲者を出している。台風による暴風雨だけでなく、高潮によって低湿地域が水没し、空前の被害となった。

この台風の衝撃は大きく、1961年には災害対策基本法が公布され、全国で河川改修や護岸の整備などの防災対策が進められた。その効果もあってか、

全国の１時間降水量50mm以上の年間発生回数の経年変化（1976～2018年）

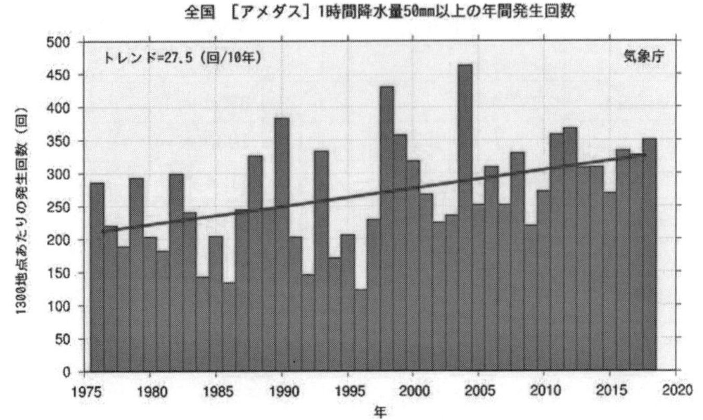

■図2.15　出典：気象庁資料

その後は甚大な被害を出す台風や洪水は減ってきた。気象衛星の登場や地上観測網の整備、スーパーコンピューターを駆使した気象予測の精度向上も、災害の拡大防止に役立っているとみられる。

しかし近年、豪雨被害が毎年のように発生しており、豪雨の頻度が増加傾向にあることをデータが示している（図2.15）。気象庁が全国に設置している自動気象データ収集システム「アメダス」によると、１時間雨量50mm以上の豪雨観測回数が40年間にわたって増え続けている。

2018年７月の西日本豪雨では死者行方不明232人を出し、2019年10月の台風19号でも福島、宮城、神奈川県を中心に100人（不明者含む）が犠牲になった。家屋の浸水や農作物被害も広域にわたり、台風19号では全国の70以上の河川で堤防が決壊、がけ崩れなどの土砂災害も全国で800件以上に達した。

コラム

ラクイラ地震と予知問題

科学的な不確実性を伴う問題を、どう社会に適用するか。この難しいテーマを象徴する出来事が2009年、イタリアで起きた。同年４月６日に中部イタリアで発生した「ラクイラ地震」（M6.3、犠牲者300人以上）である。

この地域はユーラシアプレートとアフリカプレートの境界付近にあたり、歴史的に何度も大きな地震が起きてきた。2008年末ごろから、小地震や群発地震が続き、市民の不安が高まっていた。こうした中、市民地震研究家がラドンガス濃度などを基に近く大地震が起きるとネットを通して警告していた。

市民の不安を煽ると苛立ちを募らせていた政府の市民保護庁が地震学者らを招集して検討し、避難勧告を見送るとともに大地震が起きる根拠はないと「安全宣言」ともとれる記者発表を行ったのだ。地震が起きるわずか６日前のことだった。

安心して避難を控えたために犠牲になった市民もいたことから、翌2010年に検察当局が捜査に乗り出し、市民保護庁副長官や地震学者ら７人を過失致死罪で起訴した。このため、「地震予知失敗」、「刑事事件に」などとセンセーショナルに報道され、世界の地震関係者らの注目を集めた。

１審では７人全員が禁固６年の有罪判決。世界の地震学者らに衝撃を与えたが、2014年の２審では市民保護庁副長官（猶予付き禁固２年）を除き、地震学者全員が無罪になった。裁判経過などで明らかになったのは、地震学者は大地震発生の可能性を否定したわけではなく、群発地震が大地震の予兆と判断する根拠はないと主張しただけだった。市民保護庁側が学者の権威とマスコミの影響力を使って、“安全宣言”を演出したという構図が浮かび上がる。現在の地震学のレベルは、こうした地震の予知ができるほどの域には達していないということだ。

この問題を調査・研究した武蔵大学の小田原敏は、「多メディア環境下のメディアと社会的機能～ラクイラ地震におけるメディアと市民～」（武蔵大学社会学部「ソシオロジスト」、19, 1-18, 2017）で、当局の発表を鵜呑みにする発表ジャーナリズムに陥って有効な情報を流すことがなく、センセーショナルな報道にも走ったメディアの機能不全を、厳しく指摘している。日本のジャーナリズムにとっても他人事とはいえない。

2.6　科学技術政策

新聞社など組織に属する科学ジャーナリストにとって、日常的にフォローしなければならない重要な仕事のひとつが、科学技術政策である。明治以降の科学技術政策をたどると、欧米諸国がアジアの植民地化を進めるなか、近代化を進めて自国の存立を強固にしたいという「富国強兵」が根底にあった。太平洋戦争を前にして、戦争のために物的・人的資源などを集約する「科学動員」も行われた。それ自体大きなテーマだが、この項では戦後の混乱期から今に至る主要な動きをたどる。

サイクロトロンの破棄と理研解体

1945年8月、太平洋戦争での敗戦とともに、日本は連合国軍総司令部（GHQ）の統治下に置かれた。GHQは、日本の武装解除とともに二度と軍事強国とならないよう、矢継ぎ早に対策を打ち出す。新憲法の制定、財閥解体、教育改革などに加え、科学技術関係でも、航空機の製造・研究、原子力研究の禁止を指示した。旧帝国大学に設置されていた航空関係学科からは航空の名が消え、復活するのは7年後に日本が独立をとり戻してからだった。

原子力に関しては、米軍は日本の戦時下の研究状況を把握するため、占領直後に軍人や研究者からなる特別チームを日本に派遣して、理化学研究所の仁科芳雄（1890～1951）、京都帝大の荒勝文策（1890～1973）などから関連資料を出させたり、事情聴取を行ったりしている。仁科は陸軍から依頼されて「ニ号計画」、荒勝は海軍から依頼されて「F号計画」と呼ばれる原爆開発計画にそれぞれ参画していたためだ。しかし、いずれも初歩的な段階にとどまり、国を挙げて本格的に取り組む体制になかったことを米軍は確認している。

余波を受けたのは、原子核研究用の円形加速器「サイクロトロン」だった。米陸軍の命を受けたGHQが45年11月、理化学研究所の大小2基、京都帝大、大阪帝大のそれぞれ1基を破壊して、理研のものについては東京湾に沈めている。

原子爆弾の製造に直接関係するわけではない基礎研究用の装置だったため、アメリカの物理学者らも暴挙と驚いたが、後の祭りだった。

1917年に設置された財団法人・理化学研究所（理研）は、予算が限られた大学では手が出せないような本格的研究を行い、後にノーベル物理学賞を受賞する湯川秀樹、朝永振一郎らも育てている。そうした研究資金は傘下の企業から得られる利益を充てていた。GHQは、一大コンツェルンに成長し国策にも協力していた理研を財閥解体の一環として解体し、株式会社組織の「科学研究所」として細々と存続することだけは認める。理研が日本を代表する研究機関として復活するのは、かなり後になってからのことである。

占領時代に進められた改革のひとつに「日本学術会議」(総理府の機関)の設置(1949年)がある。戦前・戦中の科学軍事動員体制を解体して民主化するための方策の一環として、GHQが日本側と協議して骨格を決めた。全国の科学者の選挙で選ばれた会員らで構成し、政府に提言などを行う組織である。しかし、その勧告や提言が政府にとって受け入れがたい面もあって、政府との関係は次第に疎遠になっていく。

科学技術庁の発足

日本の科学技術行政体制が本格的に整備されるのは、サンフランシスコ講和条約が発効し、占領状態から脱した1952年4月以降のことである。科学技術政策を統括する官庁の必要性は政界や経済界などからかねて指摘されてきたが、1956年5月、ようやく「科学技術庁」(科技庁)が発足する。組織としては総理府の外局という扱いだが、長官は国務大臣として省に準じた位置づけにした。

科技庁は、当初から原子力開発のために設けられた官庁という性格が強く、半年ほど先だって設立されていた原子力委員会(総理府の付属機関)の事務局は科技庁が担い、委員長も科技庁長官(国務大臣)が兼務した。

原子力開発や宇宙開発に関しては別の項で詳述しているためここでは立ち入らないが、いずれにしても以後の科学技術行政はこの役所を中心に進められ、様々な研究開発機関が同庁のもとで設立されていく。代表的な組織を列記すると、日本原子力研究所(1956年)、金属材料技術研究所(同)、原子燃料公社(同)、放射線医学総合研究所(1957年)、理化学研究所(1958年、株式会社から科技庁所管の特殊法人に)、防災科学技術研究所(1963年)、宇宙開発事業団(1969年)、海洋科学技術センター(1971年)などである。

また、1959年には科学技術政策の司令塔を目指す「科学技術会議」が、総理府の付属機関として発足している。総理大臣を議長とし、議員として大蔵、文部大臣、科技庁長官や有識者らが加わり、事務局は科技庁が務める組織である。中央官庁のひとつにすぎない科技庁が科学技術政策を統括するのには無理があり、国の政策として何かを打ち出すためには政府全体のお墨付きが欠かせないとする、科技庁の思惑が背景にあった。先に述べた日本学術会議は科学技術会議の新設に対して、科学技術の国による統制につながると難色を示し、関係省庁も自らの権益を犯されると抵抗する中での発足だった。

科学技術政策を逐一解説するのは本書の目的ではないため概略を述べるにとどめるが、詳しくは『科学技術庁史』（科学技術広報財団、2001年）、平成26年度文部科学省委託調査『科学技術政策史　概論』（三菱総合研究所、2015年）などが参考になる。

科学技術基本法と文部科学省の誕生

今日の科学技術政策に大きな影響を与えたのが、1995年の「科学技術基本法」の制定だった。日本経済はバブル崩壊で往年の元気がなく、世紀の変わり目を目前に閉塞感が漂うなか、科学技術創造立国を目指すには、既存の体制では不十分とする機運が一部の政治家や産業界の中で高まっていた。時は自社さ（自民、社会、新党さきがけ）連立政権の時代で、政府提案では政府内の意思統一が難しいため議員立法で提案され、成立した法律である。

この基本法は、省庁の枠を超えて日本が目指すべき方向性を示すために、10年後を見据えて5年間の施策をまとめた「科学技術基本計画」を定期的に定めることを求めており、期間中（5年間）に投入する政府資金（研究開発投資）の総額まで示すという特徴をもっている。その具体案を策定するのが、総理を議長とする「科学技術会議」（2001年に総合科学技術会議に、2014年には総合科学技術・イノベーション会議に強化される）である。ここで決められたことは財政当局も尊重せざるを得ないため、研究開発要素の強い省庁にとっては、ありがたい計画となった。

科学技術基本計画は、第1期（1996～2000年）から始まり、現在は第5期（2016～2020年）の途中にある。その特徴と与えた影響については、後に扱うとして、もうひとつ大きな出来事を紹介する。それは、科学技術庁の終焉と文部科学省（文科省）発足である。

1996に発足した第二次橋本龍太郎内閣は、行政改革を最優先政策のひとつに掲げ、1年ほどかけてその基本方針をまとめた。その柱が環境庁の環境省への格上げと、学術・科学技術政策の一本化をはかるための「教育科学技術省」（仮称。2001年の発足時には文部科学省に名称変更）の新設であった。

それまで、文部省と科学技術庁の関係は微妙なものがあった。学問の自由を最重視する大学を抱える文部省と、国の支援で科学技術を振興しようとする科技庁では、その組織の気風が大きく違う。特に宇宙開発を巡っては、一足先に東大が生産技術研究所を拠点に固体ロケットの研究を進めており、後を追う形で設立された科技庁の宇宙開発事業団との間で、研究・開発のすみ分けを巡って対立した時代があった。

また、研究支援を巡っても、基礎研究を重視して浅く広く大学研究者を支援する文部省系の支援策に対して、科技庁系は有望分野を絞って多額の支援をする方式である。両方式はそれぞれ利点と欠点があるが、大学研究者が文部省系に気を使って科技庁系への助成申請を遠慮するといった時代もあったのである。

また、この省庁再編作業が行われたのは、原子力をめぐる事故や不祥事が続いた時期でもあった。動力炉核燃料開発事業団（動燃）アスファルト固化施設火災事故（茨城県東海村、1997年）、JCO臨界事故（同、1999年）などである。政府内での科技庁原子力部門に対する風当たりは強く、その影響もあってか、文部科学省への移行にあたり、それまで科技庁が所管していた原子力に関する所管事項の大半が経済産業省（通産省の後身）などに移った。科技庁生え抜きの官僚の中には、解体されて文部省に吸収されるという意識をもつ者も少なくなかった。こうして、省庁のなかでは珍しく技術官僚が主力を占めた科技庁は約45年の歴史を閉じた。

文科省の発足（2001年1月）と同時に、内閣府に設置されていた「科学技術会議」も機能が強化され「総合科学技術会議」に生まれ変わった。また、科学技術政策担当大臣（内閣府特命担当大臣の一人）も置かれることになり、現在につながる科学技術行政の骨格が出来上がった。

大学と研究機関の改革

行財政改革の一環として、省庁再編と並行して、国立大学の法人化や研究開発機関の独立行政法人化の動きも加速した。国立大学法人化は、競争的環境を整備することによって世界最高水準の大学を目指して1999年に検討が始まった。2004年4月に各国立大学は国立大学法人に移行したが、政府から各

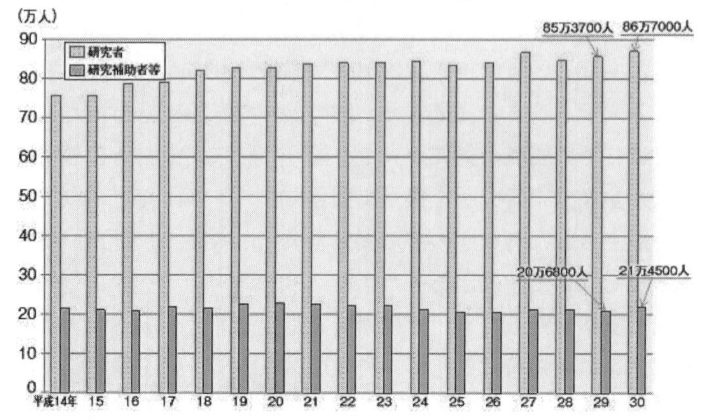

■図2.16　出典：「統計でみる日本の科学技術研究——H30年科学技術研究調査の結果から」（総務省統計局）

国立大学に支給される補助金「運営費交付金」は、毎年１％ずつ減額する方策がとられた。年を追って不足する教育・研究資金は競争的研究資金を獲得するなど自助努力で賄えというわけで、研究力の低下につながると研究者らの批判を浴びることになる。

大半が関係省庁の特殊法人だった研究機関の独立行政法人化（国立研究開発法人化）も進められ、統廃合も行われた。運営の効率化とともに、中期計画などで目標を明確にして、親方日の丸体質を是正するのが目的だった。代表的な組織改編は以下の通りである。

【2003年発足】

・科学技術振興機構（特殊法人・科学技術振興事業団が移行）
・日本学術振興会（特殊法人・日本学術振興会が移行）
・理化学研究所（特殊法人・理化学研究所が移行）
・宇宙航空研究開発機構（宇宙科学研究所、宇宙開発事業団、航空宇宙技術研究所が統合）
・海洋研究開発機構（海洋科学技術センターと東京大学海洋研究所の一部が統合）

【2005年発足】

・日本原子力研究開発機構（日本原子力研究所、核燃料サイクル開発機構が統合）

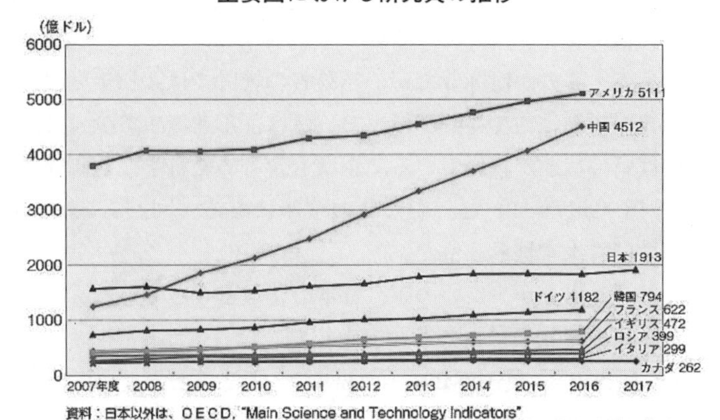

■図2.17　出典：「統計でみる日本の科学技術研究――H30年科学技術研究調査の結果から」（総務省統計局）

科学技術基本計画の推移

	第1期	第2期	第3期	第4期	第5期
期間	1996~2000年度	2001~2005年度	2006~2010年度	2011~2015年度	2016~2020年度
キャッチフレーズ	科学技術に関する学習の振興及び理解の増進と関心の喚起	社会のための、社会の中の科学技術	社会・国民に支持され、成果を還元する科学技術	社会とともに創り進める政策の展開	社会の多様なステークホルダーとの対話と協働
特徴	・研究者の任期制の導入 ・ポスドク等1万人計画 ・競争的研究資金の拡充	・科学技術の戦略的重点化（重点4分野） ・競争的資金の倍増と間接経費（30%）の導入	・科学技術の戦略的重点化（重点4分野の他に国家基幹技術など） ・競争的資金の拡充、競争的資金への間接経費30%の徹底	・重点課題の解決に向けた研究開発の推進 ・科学技術イノベーション政策の一体的展開 ・社会とともに創り進める科学技術	・協創的科学技術イノベーションの推進 ・研究の公正性の確保 ・世界に先駆けて超スマート社会「Society5.0」を目指す
投資目標	17兆円 （実績17.6兆円）	24兆円 （実績21.1兆円）	25兆円 （21.7兆円）	25兆円 （22.9兆円）	26兆円

（総合科学技術・イノベーション会議、文部科学省、科学技術振興機構などの資料をもとに作成）

■表2.18

日本の研究環境と若手研究者の苦境

科学技術を担う研究者は、どこにどれくらいいるのか。総務省統計局が毎年行っている科学技術統計調査によると、2018年度の研究者総数は全国で約86万7000人（前年度比1.6%増）、この他に研究をサポートする研究補助者・技能者が21万4500人（前年度比3.7%増）いる（図2.16）。部門別では、日本の場合企業に所属する研究者が一番多く約57％、次いで大学が38％、国や自治体などの公的研究機関４％となっている。

研究活動を支えるのが研究費だが、総務省の統計では2018年度の国の科学技術関係予算の総額は約４兆4700億円で、ほぼ前年並み。多少の増減はあるが、ほぼ横ばいの状態が続いている。企業も含めた科学技術研究費全体では19兆504億円（2017年度）と、かなりの金額になる。図2.17にあるように、アメリカ、中国に次ぐ世界３位だ。

しかし、国の支出分が少ないのが、日本の特徴となっている。総務省の資料によると、研究費総額に占める政府負担割合は日本が17.6％で、フランス34.6％、ドイツ28.8％、英国28.0％、アメリカ24.0％など先進各国と比べて最低レベルになっている。

こうしたなかで、科学技術基本計画はどのような施策を進めてきたのだろうか。その概要を表2.18に示したが、目立った動きをいくつか紹介しよう。

科学技術関係予算の大幅な増額が望めない状況のなか、研究現場の活性化を図るため第１次基本計画が打ち出したのが、競争的研究資金の拡充と「ポスドク１万人計画」である。ポスドクとは、博士号を取得した非常勤雇用の研究者のことで、人件費を抑えながら研究者数を増やそうという狙いもあったが、多くの問題を残すことになる。

少子化が進み大学の教員数が微減するなかポスドクを増やしても、若手研究者が教授など正規の教員職に就けるチャンスは大きくない。加えて競争的研究資金を獲得して決まった期間（３～５年の場合が多い）に研究業績をあげないと、次の展望が開けない。このため、結果を出しやすい研究テーマに人気が集まり、いつ花を開くかわからない革新的なテーマは敬遠されがちになる。

公的な研究機関も大学と同様に常勤の研究職数は限られ、ポスドクの研究者が昇進してその一角を占めるのは容易ではない。日本の場合、企業も博士号を持った研究者を積極的に採用しようという気風に乏しい。こうした環境下、ポスドクの人数は目標を超えるまでに増えたのだが、その多くは将来展望が持てないまま、低賃金で過酷な研究生活を強いられることになった。

競争的研究資金の増額も進められたが、多くの課題を抱えていた。日本の会計制度は単年度主義で、研究テーマが正式に採択されても、実際に支出されるのは年度が始まった何か月も後になる。また、年度内に使い切らないと返納を求められ、研究計画が甘かったと責められかねない。不自由な制度下で何とか工夫してプール資金を作る研究者も出てきて、研究不正の温床にもなっていた。

このため、競争的研究資金の供給元である「日本学術振興会」(旧文部省系)、「科学技術振興機構」(旧科技庁系) なども、研究現場の実態に合わせて柔軟な制度に改めてきたが、まだ改革途上といえよう。

研究領域の重点化も各基本計画の主題だったが、難しい問題をはらんでいる。科学技術の進展は将来の国力を左右するために、各国が激しい競争を繰り広げている。現在の先進各国の情勢を元に計画を作っても、後追いになりかねない。まして、軍事部門を含めて巨額の研究投資を行っているアメリカや中国などとどう伍していくのか……。現にAI (人工知能) 関連研究などは、「日本は一周遅れ」との批評もされている。

科学技術政策の一端を紹介してきたが、ジャーナリストの取材対象領域としては地味ではあっても、将来の日本の科学技術のありかたを大きく左右する世界でもある。先を見越して建設的批判を行うのは容易な作業ではないが、科学ジャーナリズムに期待される大きな仕事のひとつであろう。

コラム

ブダペスト宣言

世界の科学技術政策担当者らに影響を与えた規範類の一つとして「ブダペスト宣言」がある。21世紀の到来を間近に控えた1999年、国連教育科学文化機関 (UNESCO)、国際科学会議 (ICSU) の共催で、ハンガリーの首都ブダペストで開かれた「世界科学会議」で採択された「科学と科学的知識の利用に関する世界宣言」(1999年7月1日採択) ——通称「ブダペスト宣言」である。従来の、知識のための科学、科学者の自律的な研究を認めた上で、社会へのコミットメント (責任ある貢献) を重視するよう求めた内容になっている。その概要を以下に示す。

<前文>
科学は人類全体に奉仕するべきものであると同時に、個々人に対して自然や社会へのより深い理解や生活の質の向上をもたらし、さらには現在と未来の世代にとって、持続可能で健全な環境を提供することに貢献すべきものでなければならない。

今日、科学の分野における前例を見ないほどの進歩が予想されている折から、科学的知識の生産と利用について、活発で開かれた、民主的な議論が必要とされている。科学者の共同体と政策決定者はこのような議論を通じて、一般社会の科学に対する信用と支援を、さらに強化することを目指さなければならない。

本文は、次の4つの部分から構成されている。

（1）知識のための科学；進歩のための知識
・内発的な発展や進歩を促すためには、基礎的で問題に即した研究の推進が必要。
・公的部門と民間部門は、長期的な目的のための科学研究の助成を、密接に協力し、相互補完的に行うべきである。
（2）平和のための科学
・科学者の世界的な協力は、全世界的安全と異国間、異社会間、異文化間における平和的関係の発展に対して、貴重で建設的な貢献をする。
・紛争の根本的な原因に対処するためにこそ、自然科学や社会科学、さらにはその手段として技術を利用することが必要である。
（3）開発のための科学
・経済・社会・文化、さらに環境に配慮した開発にとって不可欠な基礎である、妥当かつバランスのとれた科学的・技術的能力の育成のために、個々の教育研究事業に対して、質の高い支援を行わなければならない。
・いかなる差別もない、あらゆる段階、あらゆる方法による広い意味での科学教育は、民主主義と持続可能な開発の追求にとって、基本的な必須要件である。
・科学的能力の構築は地域的、国際的協力によって支えていくべきであり、科学の進歩には、様々な協力形態が求められている。
・各国においては、国家戦略、制度上の取り決め、財政支援組織が設立され、あるいは、持続可能な開発における科学の役割が強化される必要がある。
・知的所有権の保護と科学的知識の普及の相互に支援する関係を高めるための対策がとられなければならない。
（4）社会における科学、社会のための科学
・科学研究の遂行と、それによって生じる知識の利用は、人類の福祉を目的とし、人間の尊厳と権利、世界的な環境を尊重するものでなければならない。
・科学の実践、科学的知識の利用や応用に関する倫理問題に対処するために、しかるべき枠組みが各国において創設されるべきである。
・すべての科学者は、高度な倫理基準を自らに課すべきである。
・科学への平等なアクセスは、社会的・倫理的要請ばかりでなく、科学者共同体の力を最大限に発揮させ、人類の必要に応じた科学の発展のためにも必要である。

出典：平成16年版「科学技術白書」

2.7　研究不正と科学者倫理

科学ジャーナリズムの世界で、必ずしも重要な問題として扱ってこなかったテーマに研究不正や科学者・技術者倫理がある。論文の捏造、データの改ざんなどが典型的な不正の例だが、研究をめぐる不正や不祥事はそれだけではない。研究費の不正使用やルールを逸脱した研究手法など、きわめて多様である。その概要を図2.19に示すが、これがすべてではなく、あくまで見取り図的なものと理解していただきたい。

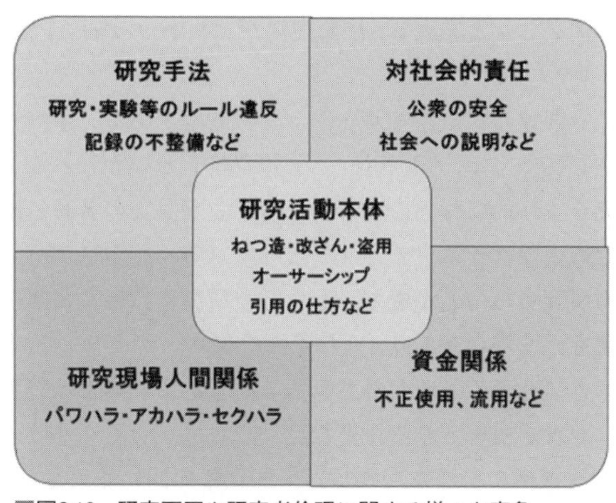

■図2.19　研究不正や研究者倫理に関する様々な事象

論文不正

研究活動本体に関する不正の代表的なものが、論文の「捏造」(Fabrication)、「改ざん」(Falsification)、「盗用」(Plagiarism) である。その英文頭文字をとって「FFP」とも称される。研究不正について、精力的にデーターベースを構築してインターネットで公表している、お茶の水女子大名誉教授の白楽ロックビルは、日本語の頭文字をとって「ネカト」と略称することを提案している。この3つは具体的にどのような行為なのか、文部科学省の「研究活動における不正行為への対応等に関するガイドライン」(2014年) は以下のように定義している。

① **捏造**：存在しない研究データ、研究結果等を作成すること

② **改ざん**：研究資料・機器・過程を変更する操作を行い、データ、研究活動によって得られた結果等を真正でないものに加工すること

③ **盗用**：他の研究者のアイデア、分析・解析方法、データ、研究結果、論文または用語を当該研究者の了解または適切な表示なく流用すること

この3不正のほか、どちらかに掲載してもらおうと、異なる論文誌に同じ内容の論文を投稿すること（二重投稿）も不正である。

こうした問題が発覚すると、ニュースでも報道され、論文の取り消しにとどまらず、研究資金の停止や研究者としての地位を失うことにもつながる。近年で大きな問題になったのは、理化学研究所の女性研究者が新型万能細胞

の作製方法を開発したと発表し、後に虚偽だとわかったSTAP細胞問題（2014年）がある（コラム参照）。

またFFPにも関連して、オーサーシップの問題がある。オーサーシップとは日本語に訳しにくいが、「著者権」「著作資格」といわれることもある。たとえば、研究を主体的に行い、主導した研究者が論文の著者名欄では最初に記載されるため、ファーストオーサーと呼ばれる。そのファーストの後に研究に参画した研究者らの名が並ぶ。しかし、研究にほとんど関係しなかったのに著者に名を記す場合があり、それがギフトオーサーシップである。また、本来載せるべき研究者の名前が外されることもある。本来は著者になる権利があるのに、それが侵害される行為だ。

科学技術振興機構の松澤孝明が1977〜2012年の間に報道された114件の不正を分析した結果によると、盗用（56%）が一番多く、捏造（16%）、改ざん（7%）、流用・使いまわし（6%）、二重投稿（4%）と続いている。また、不正の多い研究分野は医学・歯学・薬学系で、全体の約3割を占めていた。端的な例では、「論文172本の捏造認定　元東邦大准教授」（2012. 6. 30毎日新聞朝刊）や2012年に問題化した東大分子細胞生物学研究所の研究室ぐるみの捏造、改ざん問題などがある。

なぜこのようなことが起きるのか。論文の質はもちろん、その数も研究者としての業績に深くかかわるからだ。

論文至上主義

現代の研究現場において、研究成果を示すのは論文であるが、そのことが様々な弊害を生み出しているのも事実である。背景を知るため、いったん現在を離れて歴史を振り返る。

自然のからくりを解明し、知の地平を切り開くという科学の素朴な営みは、かつては個人の活動として行われてきたが、19世紀ころから急速に変化する。産業への応用など経済的な利益や国力にも大きな影響があることが明らかになり、先進国では大学などの高等教育機関で科学・技術研究が重視されるようになった。また、研究分野が細分化された反映として、様々な学問分野ごとに学会（学協会）も次々と誕生した。「科学者」という言葉が生れ（それまでは自然哲学者）、研究活動が職業になったのも19世紀中盤である。

科学的な成果を発表し、評価を与えるために各学会が発行するようになっ

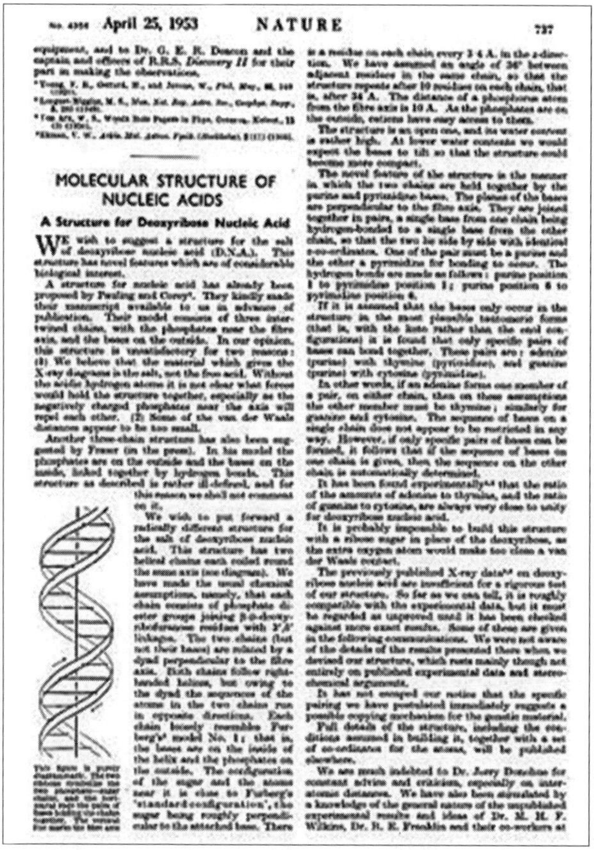

No. 4356 April 25, 1953 NATURE 737

equipment, and to Dr. G. E. R. Deacon and the captain and officers of R.R.S. *Discovery II* for their part in making the observations.

[1] Young, F. B., Gerrard, H., and Jevons, W., *Phil. Mag.*, [illegible]

[2] Longuet-Higgins, M. S., *Mon. Not. Roy. Astro. Soc.*, *Geophys. Supp.*, [illegible]

[3] Von Arx, W. S., Woods Hole Papers in Phys. Oceanog. Meteor., [illegible]

[4] Ekman, V. W., *Arkiv. Mat. Astron. Fysik.* [illegible]

MOLECULAR STRUCTURE OF NUCLEIC ACIDS

A Structure for Deoxyribose Nucleic Acid

WE wish to suggest a structure for the salt of deoxyribose nucleic acid (D.N.A.). This structure has novel features which are of considerable biological interest.

A structure for nucleic acid has already been proposed by Pauling and Corey[1]. They kindly made their manuscript available to us in advance of publication. Their model consists of three intertwined chains, with the phosphates near the fibre axis, and the bases on the outside. In our opinion, this structure is unsatisfactory for two reasons: (1) We believe that the material which gives the X-ray diagrams is the salt, not the free acid. Without the acidic hydrogen atoms it is not clear what forces would hold the structure together, especially as the negatively charged phosphates near the axis will repel each other. (2) Some of the van der Waals distances appear to be too small.

Another three-chain structure has also been suggested by Fraser (in the press). In his model the phosphates are on the outside and the bases on the inside, linked together by hydrogen bonds. This structure as described is rather ill-defined, and for this reason we shall not comment on it.

We wish to put forward a radically different structure for the salt of deoxyribose nucleic acid. This structure has two helical chains each coiled round the same axis (see diagram). We have made the usual chemical assumptions, namely, that each chain consists of phosphate diester groups joining β-D-deoxyribofuranose residues with 3',5' linkages. The two chains (but not their bases) are related by a dyad perpendicular to the fibre axis. Both chains follow right-handed helices, but owing to the dyad the sequences of the atoms in the two chains run in opposite directions. Each chain loosely resembles Furberg's[2] model No. 1; that is, the bases are on the inside of the helix and the phosphates on the outside. The configuration of the sugar and the atoms near it is close to Furberg's 'standard configuration', the sugar being roughly perpendicular to the attached base. There is a residue on each chain every 3·4 A. in the z-direction. We have assumed an angle of 36° between adjacent residues in the same chain, so that the structure repeats after 10 residues on each chain, that is, after 34 A. The distance of a phosphorus atom from the fibre axis is 10 A. As the phosphates are on the outside, cations have easy access to them.

This figure is purely diagrammatic. [illegible]

The structure is an open one, and its water content is rather high. At lower water contents we would expect the bases to tilt so that the structure could become more compact.

The novel feature of the structure is the manner in which the two chains are held together by the purine and pyrimidine bases. The planes of the bases are perpendicular to the fibre axis. They are joined together in pairs, a single base from one chain being hydrogen-bonded to a single base from the other chain, so that the two lie side by side with identical z-co-ordinates. One of the pair must be a purine and the other a pyrimidine for bonding to occur. The hydrogen bonds are made as follows: purine position 1 to pyrimidine position 1; purine position 6 to pyrimidine position 6.

If it is assumed that the bases only occur in the structure in the most plausible tautomeric forms (that is, with the keto rather than the enol configurations) it is found that only specific pairs of bases can bond together. These pairs are: adenine (purine) with thymine (pyrimidine), and guanine (purine) with cytosine (pyrimidine).

In other words, if an adenine forms one member of a pair, on either chain, then on these assumptions the other member must be thymine; similarly for guanine and cytosine. The sequence of bases on a single chain does not appear to be restricted in any way. However, if only specific pairs of bases can be formed, it follows that if the sequence of bases on one chain is given, then the sequence on the other chain is automatically determined.

It has been found experimentally[3,4] that the ratio of the amounts of adenine to thymine, and the ratio of guanine to cytosine, are always very close to unity for deoxyribose nucleic acid.

It is probably impossible to build this structure with a ribose sugar in place of the deoxyribose, as the extra oxygen atom would make too close a van der Waals contact.

The previously published X-ray data[5,6] on deoxyribose nucleic acid are insufficient for a rigorous test of our structure. So far as we can tell, it is roughly compatible with the experimental data, but it must be regarded as unproved until it has been checked against more exact results. Some of these are given in the following communications. We were not aware of the details of the results presented there when we devised our structure, which rests mainly though not entirely on published experimental data and stereochemical arguments.

It has not escaped our notice that the specific pairing we have postulated immediately suggests a possible copying mechanism for the genetic material.

Full details of the structure, including the conditions assumed in building it, together with a set of co-ordinates for the atoms, will be published elsewhere.

We are much indebted to Dr. Jerry Donohue for constant advice and criticism, especially on interatomic distances. We have also been stimulated by a knowledge of the general nature of the unpublished experimental results and ideas of Dr. M. H. F. Wilkins, Dr. R. E. Franklin and their co-workers at

■図2.20　DNAの二重らせん構造についての論文（ネイチャー誌）

たのが学会誌であり、分野横断的な総合誌「ネイチャー」（イギリス、1869年創刊）、「サイエンス」（アメリカ、1880年創刊）などの学術誌も生まれた。これら学会誌・学術誌（ジャーナル）に論文が掲載されることが、研究者にとっての一番の成果で、名声だけでなく、様々な恩恵を得ることができるようになっていった。

それまでは、科学上の偉大な成果も、書籍の形で公表されてきた。アイザック・ニュートンが古典力学を完成させた『プリンキピア（自然哲学の数学的諸原理）』（1687年初刊）は全３巻の大著で、チャールズ・ダーウィンが進化論を世に問うた『種の起源』（1859年初刊）も分厚い書籍である。これに対して20世紀に入ると論文誌が主な舞台となり、ジェームズ・ワトソン、フランシス・クリックがDNAの二重らせん構造を解明したネイチャー誌掲載の論文「核酸の分子構造」(1953年)は、わずか2ページにすぎない。(図2.20)

学術誌への論文掲載が成果とはいっても、査読付き論文誌でないと、成果としての価値は低い。研究成果は本人が主張するだけでは意味がなく、同業者によって審査され、新規性や独創性が認められて初めて、その学問分野で成果として認められる。この手続きが仲間(ピア)による審査(レビュー)であり、「査読」(ピアレビュー)と呼ばれる。

科学の世界では「一番乗り」に価値があり、同じように価値ある研究を進めていても、論文としての発表が1日でも遅れると、栄誉に浴することはできない。タッチの差でノーベル賞受賞を逃した科学者らの例は、少なくない。

厳しい研究競争を勝ち抜くと、個人として(あるいはグループとして)の名誉欲を満たせるだけでなく、実際的な利益もついてくる。大学や研究機関での出世につながるだけでなく、競争的研究資金をはじめとして研究資金や研究スタッフにも恵まれ、さらなる研究競争において優位に立てる。

このような先取者の優位は、「マタイ効果」とよばれる。持てる者はますます富み、持たざる者は貧しいままという状況を、キリスト教・新約聖書の「マタイによる福音書」が述べていることから、この名称が付けられた。ノーベル賞受賞が、マタイ効果の最たるものである。

こうした競争環境が論文不正を生み出す土壌になり、日本だけでなく各国で不正が続発している。前述のギフトオーサーシップも、論文数を水増しするための“相互扶助”の意味合いがある。また、一流論文誌に論文を掲載するのが無理な研究者のために、「ハゲタカジャーナル」と呼ばれる粗悪論文誌(ネット上の電子ジャーナル)もはびこりつつある。高額の掲載料さえ出せば、無審査で論文を掲載してくれるが、もちろん何の権威もない。実力の伴わない業績欲しさの研究者が絶えないことが、こうした悪質ビジネスのはびこる原因になっている。

研究資金の不正

研究資金を巡る不正も後を絶たない。競争的競争資金など公的資金を私的な遊興に使ったりするのは犯罪行為だが、そこまでいかなくても不正な行為は多い。申請内容と異なる用途に資金を使ったり、複数の研究資金をどんぶり勘定的に使ったり、年度内に使い切れなかった資金を裏口座に貯めておくなどの事例だ。
「阪大教授　研究費不正4100万円　うち450万円私的流用」(2011. 2. 11朝日新聞朝刊)、「帯広畜産大　不正経理４億9000万円　02〜10年度　業者への預け金など」(2011. 8. 6毎日新聞朝刊)、「京大汚職　元教授を再逮捕　回数券など収賄容疑」(2012. 8. 22読売新聞朝刊）など、毎年のように金がらみの不正、不祥事が起きている。

研究者と業界の癒着も、特に医学界では問題視されてきた。製薬メーカーは新薬開発に膨大な資金を必要とし、開発を完了して販路を拡大するには医学者の協力が欠かせない。医療機器メーカーも自社製品を大病院に採用されるようアプローチする。医学系の学会が開かれると、研究者らの旅費を製薬メーカーが肩代わりするようなことも行われてきた。

2013年10月22日の読売新聞朝刊は、製薬業界から医師や医療機関に研究費などとして年間4700億円もの資金が提供されていたことを報じている。

2013年から14年にかけて問題化した「ディオバン事件」では、販売元のノバルティスファーマの社員が、自社の降圧剤の効果を調べる大学（５大学が関係）の臨床研究に参加して、その身分を隠して論文が公表されるなど、癒着が厳しく批判された。自社の利益を目指すことと、第三者として客観的に評価することは両立しないので、こうした事例は「利益相反」問題といわれ

直近23年間（1987〜2009）の「事件簿」ランキング：件数順

順位	事件種	件数	割合（%）	研究者特有度
1	セクハラ	218	20.7	○ 17.1
2	研究費	96	9.1	◎ 65.6
3	改ざん	78	7.4	△ 4.9
4	わいせつ	71	6.7	2.1
5	試験	53	5.0	△ 9.1
6	贈収賄	49	4.6	△ 4.0
7	自殺	37	3.5	2.2
7	交通違反	37	3.5	0.7
9	薬物	35	3.3	3.1
10	アカハラ	29	2.8	◎ 76.2
	全部	1,054	100	1.5

■表2.21　出典：『科学研究者の事件と倫理』（白楽ロックビル著、講談社）

る。この事件では、逮捕者まで出ている。

研究活動の周辺

逸脱した研究方法なども、問題化することがある。生命科学の研究などでは、遺伝子組み換え生物の厳重管理や、放射性物質の扱いなど、研究上のルールが厳しく定められている分野があるが、これらのルールを守らないずさんな研究が行われることもある。臨床研究では適正な手続きで被験者の同意を得る必要があるが、ルーズな取り扱いが、時折問題化する。研究資料の厳格な管理や、実験経過や結果の厳正な記録・保管も、研究不正を招かないための基盤である。

研究現場で起きる不適切な出来事は多様である。表2.21は新聞で報道された事例を白楽ロックビルが分析したものだが、研究費不正、改ざんなどを上回ってセクハラが1位になっている。わいせつ行為や試験に関する不正（問題漏洩など）もかなりの頻度で起きている。

パワハラの研究世界版といえるのがアカハラ（アカデミック・ハラスメント）である。研究室の指導者が若手研究者の論文指導を意図的に怠ったり、無視したりするのが典型例だが、その形態は多様だ。時には傷害事件に発展し、まれには殺人事件に至ることもある。

社会的責任

なぜ研究不正を防がなければならないのか。大半の研究には何らかの形で税金が投入されており、不正は納税者に対する裏切りである。だが、これは問題の一面に過ぎない。

そもそも科学は、先人の業績の上に立って先に進むものだが、その根底が崩れてしまう。注目される研究成果については、同分野の研究者が追試を行ってその真偽を確かめ、ようやく優れた業績として定着する。虚偽の論文に基づく追試活動は研究者らの貴重な労力と資金を無駄に使わせることになり、学術界に対する裏切りである。研究活動が社会から見放されれば、投入される資金も減って、やがて科学の衰退を招く。

また、研究活動は人の生死や健康にかかわることも多く、不正な研究が人命を危険に陥れることもある。研究者の内輪の出来事といってすむ問題ではない。

研究不正の対策として近年、ルールの明確化や競争的研究資金の申請資格停止などの厳罰化、内部告発者が不利益を被らないような仕組み作り、研究現場での倫理教育の強化などが進められてはきた。しかし、まだ不十分との指摘も根強い。そもそも、各大学や研究機関に、名目上ではなく実質的に研究不正を所管する部署や人材が乏しい。アメリカには、健康福祉省の傘下に「研究公正局（ORI）」（1992年発足）が設けられており、専属スタッフが活動している例もあるなか、日本ではまだ対策が緒に就いたばかりという観が強いからだ。

研究不正以外に、より大きいテーマもある。そもそも研究活動自体が何を目指すのか、社会に対してどのような責任を果たすのかという問題だ。（コラム「ブダペスト宣言参照」）

日本学術会議は東日本大震災後の2013年に、「科学者の行動規範 －改訂版－」をまとめた。その冒頭の「科学者の責務」の項目で以下のような事項を掲げている。

1．科学者の基本的責任　科学者は、自らが生み出す専門知識や技術の質を担保する責任を有し、さらに自らの専門知識、技術、経験を活かして、人類の健康と福祉、社会の安全と安寧、そして地球環境の持続性に貢献するという責任を有する。

2．科学者の姿勢　科学者は、常に正直、誠実に判断、行動し、自らの専門知識・能力・技芸の維持向上に努め、科学研究によって生み出される知の正確さや正当性を科学的に示す最善の努力を払う。

3．社会の中の科学者　科学者は、科学の自律性が社会からの信頼と負託の上に成り立つことを自覚し、科学・技術と社会・自然環境の関係を広い視野から理解し、適切に行動する。（以下略）

研究不正は突如発覚することが多く、必ずしも科学ジャーナリストのみが関係する問題でもない。東京、大阪などの大都市では社会部記者の仕事になることも多く、犯罪ともなればなおさらである。地方での不祥事は、その地域の記者の仕事になることが多い。

だが、研究不正の背景にあるのは、科学技術研究の構造的問題である。競争的資金は国力に比べてその額が十分でないうえに、予算の単年度主義や、支給開始時期が遅いなど様々な使い勝手の悪さが、不正の誘因になっている面がある。単なる不心得者の不正として済ませるわけにはいかず、様々な問題点を指摘して改善を促すのも科学ジャーナリストの重要な仕事といえる。

【関係サイト】
・研究不正行為への対応（内閣府）https：//www8.cao.go.jp/cstp/fusei/index.html
・研究活動における不正行為への対応等（文部科学省）
　http：//www.mext.go.jp/a_menu/jinzai/fusei/index.htm
・研究公正ポータル（科学技術振興機構）https：//www.jst.go.jp/kousei_p/
・研究公正サイト（日本学術振興会）https：//www.jsps.go.jp/j-kousei/madoguchi.html
・研究者倫理（白楽ロックビル）https：//haklak.com/

コラム

STAP細胞不正問題

2014年１月、理化学研究所発生・再生科学総合研究センター（神戸市）の小保方晴子・研究ユニットリーダー（当時）らが発表した「STAP細胞作製に成功」というニュースは、ノーベル賞級の業績として各メディアで大きく取り上げられた。マウスの脾臓から採取したリンパ球細胞に、弱酸性の溶液に漬けるなどの刺激を与えると初期化され、さまざまな組織・臓器に変化できる多能性が獲得されたとする画期的な「成果」だった。STAP細胞（刺激惹起性多能性獲得細胞）はiPS細胞（人工多能性幹細胞）より手法が簡単で、がん化の恐れも低いとされ、再生医療を一気に進展させるものと期待された。

話題性も十分だった。一線級の研究者らが名を連ねた論文。掲載先は権威ある英科学誌「ネイチャー」。国際研究グループに加わるのは名門ハーバード大学。颯爽とリーダーを務めるリケジョ（当時30歳）が研究室で着るのは割烹着――。新聞の社会面やテレビのワイドショー、週刊誌などが彼女の人物像やユニークな研究生活などをこぞって取り上げた。

だがこの研究に不正疑惑が持ち上がる。理研は２月、調査委員会を設置して論文、細胞作製の検証をスタートし、4月には不正があったと公表。7月には論文が撤回された。

調査委は最終的に、重要な図表に計4件の捏造、改ざんがあり、これらの行為は小保方リーダーが単独で行ったと認定した。小保方リーダーは「STAP細胞は200回以上作製した」と主張していたが、検証実験でも作製できず、同委は既知の多能性細胞であるES細胞（胚性幹細胞）が混入したと結論づけた(2014年12月)。STAP細胞の存在は事実上否定され、10か月に及ぶ「騒動」は幕引きとなった。

問題はどこにあったのか。①若手研究者が論文作成ルールを厳格に守っていなかった②ベテランの共同研究者が研究内容をチェックする体制が整っていなかった——という2点がまず指摘される。今回の論文不正では、研究者が実験の詳細を記録すべき「実験ノート」の記載・保存がずさんだった。3年間の研究でノートは2冊しかなく、実験経過を検証するうえでも支障をきたすほどだった。経験豊かな共同研究者がいたが、論文発表前に生データまでさかのぼって確認したり、実験ノートをチェックしたりするなどの作業は行われていなかった。

生命科学などのように競争の激しい最先端分野では、複数の研究者・研究機関がそれぞれ得意な技術や知識を提供し合って共同研究するのは日常的なことで、まだ経験の浅い若手研究者がリーダーに抜擢されることも珍しくない。実験の中心は若手であっても、グループ内での実験データ管理、論文のファクトチェックなどの作業では中堅・ベテラン研究者が慎重なチェック役を果たすべきだった。科学者倫理の問題に詳しい科学史家の村上陽一郎・東京大学名誉教授は、「『自由な空気』『実力重視』は理研の良き伝統だが、最低限の管理・支援の体制は必要だった」と理研の組織的責任を指摘した。

「一度は持ち上げておいて、事情が変わると手のひらを返して批判に回る」との、マスメディアへの批判もあった。割烹着姿など研究外の話題で必要以上に盛り上げたのは科学ジャーナリストではなかったとはいうものの、問題はなかったのか。この研究成果で、当初から発表内容を疑って取り組むというのは現実には困難だったとは思うが、考えさせられることの多い「騒動」だった。

2.8　生命倫理

科学ジャーナリズムを含むジャーナリストの仕事は、複雑な背景を持つ物事の是非を自ら判断して提示するというよりは、判断の材料を多角的に提供することを期待されることが多い。明確な主張を求められるのは、新聞においては論説委員であり、社説という形で社としての考えを述べる。テレビ局の解説委員もこうした仕事に近い。

だが、それ以外のジャーナリストが是非を全く判断しないというわけではもちろんない。ストレートニュースではあまり目立つことはないが、新聞では解説的記事、特集面、テレビにおいては特集番組などで、おのずとジャーナリスト側の視点や価値観がにじみ出る。テーマによっては、方向性の提示を期待されることもある。価値観の強引な押し付けは控えなければならないが、現実的には様々な価値観を持ったジャーナリストたちが、報道や表現活動を行っている。

そうした中で、最も悩ましい取材分野のひとつが、生命倫理の関係する問題である。簡単には是非を判断できない事象が、時代を経るとともに増えてきた。

科学技術の進展と倫理問題

生命倫理といえば、たとえば脳死臓器移植、出生前診断、安楽死・尊厳死などが思い浮かぶが、これらはすべて科学技術が生み出した問題である。生命維持装置の発明が脳死状態を生み出し、免疫抑制剤の進歩が、脳死臓器移植を可能にした。遺伝子と病気の関係を解明する研究の進展と遺伝子解析技術の一般化が、遺伝子診断を可能にした。

長い間人間は、事故や戦乱、飢えなどを除けば病死や自然死という形でその生涯を終えてきたが、医療技術の進展は、人為的な延命を可能にした。どのように人生を終えるかを、技術との関係を踏まえて決めなければならない時代になったのだ。

「生老病死」という言葉は、元々は仏教が説く四苦八苦の「四苦」の内容を示すものだったが、一般化して人生そのものを表現する言葉としても使われている。図2.22で、生老病死の各局面に、いかに医療技術が関係しているか

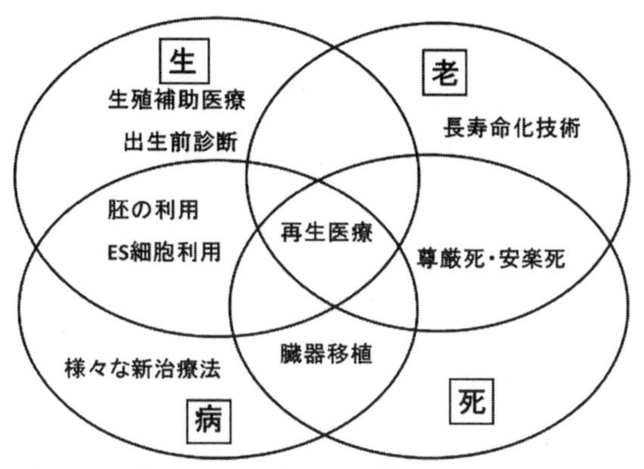

■図2.22　生涯の様々な局面に生命倫理が関係

の概略を示した。その多くに倫理的な問題が関係している。

現在の問題に入る前に、生命倫理の概念が広がる前の医療倫理がどのように進展してきたのかを簡単にたどる。さかのぼれば古代ギリシャの「ヒポクラテスの誓い」（コラム参照）に行きつくが、時代が下った19世紀から20世紀中盤にかけて、進化論の影響も受けて優生学が世界に広がった時期がある。ドイツのナチス政権による人種純化政策が端的な例で、合わせて人体実験も行われた。日本でも旧満州（中国東北部）を拠点とした陸軍731部隊によって人体実験が行われた。戦後になっても、アメリカでプルトニウムの毒性を調べるための人体実験などが行われている。

このような事態に対応するため、世界医師会が1964年にフィンランドの首都ヘルシンキで開いた総会で、人体実験に関する倫理規範を定めた「ヘルシンキ宣言」を採択している。この宣言はその後、何度も改訂され、医学界を代表する倫理規定のひとつになっている。こうした時代背景のなかで、医学のことは専門家に任せればよいという「パターナリズム」（父権主義）を脱して、患者の意志を尊重して、選択肢を与えるために「インフォームド・コンセント」（十分な説明に基づく同意）を重視すべきとする人権重視の方向性が出てきた。いまや、世界の医学界の常識になっている。

クローン人間問題

1970年代以降、医療倫理に加えてより広範な概念の生命倫理が一般化するようになるが、1990年代に入って、この生命倫理に関する出来事が相次ぐ。

生命倫理を巡る近年の出来事

1996.7	英国でクローン羊ドリー誕生（2003年2月死亡）
1997.6	日本で臓器移植法成立（10月施行）
1998.11	米ウィスコンシン大がヒトES細胞の樹立に初成功
1999.2	臓器移植法に基づく日本で初の脳死臓器移植
2000.8	イタリアの医師がクローン人間産生計画を発表
2001.6	日本でクローン技術規制法施行
2001.9	文科省がヒトES細胞指針を制定
2001.12	国連委員会がクローン人間禁止の検討始める
2003.5	京大がヒトES細胞の作製に国内で初成功
2005.3	国連総会「クローン人間禁止宣言」採択
2004.7	総合科学技術会議、ヒト胚の研究を条件付きで容認
2008.3	日本学術会議が代理出産を禁止すべきと報告書
2009.7	臓器移植法改正（子供の移植を可能に）

■表2.23

その代表的な例を表2.23に示す。

まず1996年にイギリスのロスリン研究所が、クローン羊「ドリー」を産み出すことに成功する。成体の羊の体細胞から採取した核を、別の羊の核を取り除いた未受精卵に移植し、それを代理母の子宮で育てて産ませたのだった。親と全く同じ遺伝情報を持った子を、体細胞の遺伝情報を元に産み出すことは、ほ乳類などの高等動物では無理と考えられていたので、世界に大きな刺激を与える。牛など、他の動物を使った実験が次々と行われた。

たちまちにして問題になったのは、この技術をヒトに応用すれば「クローン人間」が出来てしまうという強い懸念だった。優れた資質の人間を増やすことを目指すなど優生思想とも結びつきかねず、SFの世界の出来事が、現実の悪夢になりかねない。日本の科学ジャーナリストらも、ストレートニュースだけでなく、科学面、特集面、特集番組などを使って盛んに報じた。やがて、クローン人間作りに着手するという医師らも現れ、世界的な問題になる。日本を含めた主要国が規制に乗り出すほか、国連も禁止に向けて動き出す。

万能細胞と倫理　ほぼ同時期に注目されたのが、ES細胞（胚性幹細胞）の研究である。受精卵が分割、成長する過程で胚盤胞と呼ばれる時期があるが、この時に細胞塊を取り出して特殊な技術で培養すると、様々な組織や臓器などに成長する可能性をもつ「万能細胞」（多能性細胞）が得られる。1998年にアメリカの研究者が、初めて人間のES細胞の作製に成功した。

臓器などに重大な疾患を持つ患者にとって、臓器移植が救いだったが、これは他の人の死や、そうでなくても臓器の一部の移譲を前提としており、大きな倫理的問題を抱えている。万能細胞技術が実現すれば、その患者に合った（拒絶反応のない）臓器などが培養で得られる可能性があるため、「再生医療」に道を開くと、大きな期待がかかった。

しかし一方で、この技術は受精卵を扱う技術であり、生命の萌芽とされる受精卵をモノのように扱ってよいのかという、別の倫理的問題を生み出す。ヒトに関しては研究自体を禁止すべきか、あるいは認めるにしても、どこまで研究を許すべきか様々な議論が行われてきた。条件付で研究を認める国、基本的に禁止する国に分かれ、現在においても倫理的問題が決着しているわけではない。

生命の萌芽（受精卵）を扱わず、体細胞から作るという点では、山中伸弥・京大教授が2006～2007年に開発に成功したiPS細胞（人工多能性幹細胞）は、倫理的問題の少ない技術として脚光を浴びた。実際に様々な応用に向けて研究や臨床治験が行われている。

日本では1990年代から2000年代にかけて、懸案だった脳死臓器移植について法が整備され、実際の移植が始まったが、これについては第４章で扱う。

生殖補助医療

不妊に悩む夫婦（あるいはカップル）の願いをかなえる技術「生殖補助医療」が20世紀後半に次々と生まれた。当事者にとっては朗報ともいえるが、様々な倫理的問題も生み出している。（表2.24）

まず人工授精が普及した。夫の精液を人工的に妻の子宮に注入する方法だが、動物では以前から行われていた。人に対して行われるようになったのは、日本では戦後になってからである。1949年に慶応大で始められ、広がった。夫の精液を使う場合（配偶者間）と、それがかなわない場合は第三者の精子を使う方法（非配偶者間）もある。非配偶者間では、生まれた子供の出自（遺伝上の父）を知る権利などの、倫理的問題が生じる。

次に出現したのが、体外受精である。1978年にイギリスで第１号の女児が生まれた。体外で卵子を精子によって受精させて培養してから女性の子宮内に戻す（胚移植）ため、「試験管ベビー」と呼ばれた。この技術は世界に広

主な生殖補助医療

種　類		概　　要
人工授精		精液を注入器を用いて直接子宮腔に注入し、妊娠を図る方法。（1）配偶者間人工授精（AIH）（2）非配偶者間人工授精（AID）
体外受精（広義）	体外受精・胚移植	人為的に卵巣から取り出した卵子を培養器の中で精子と受精させて培養し、子宮内に戻して（胚移植）妊娠を期待する方法
	配偶子卵管内移植	培養器内で精子卵子を混ぜ合わせ、受精前に女性の卵管に戻す。受精は自然の場合と同じように卵管内で起こる。
	顕微授精	顕微鏡下において精子を直接卵子に注入して授精させる。
代理懐胎	代理母	妻が卵巣と子宮を摘出したことなどで卵子を使用できない場合に、夫の精子を妻以外の子宮に医学的に注入し、妊娠・出産してもらうこと。
	借り腹	夫の精子と妻の卵子が使用できるが、子宮摘出などで妻が妊娠できない場合に、夫の精子と妻の卵子を体外受精してできた受精卵を妻以外の女性の子宮に入れて、妊娠・出産してもらうこと。

厚生労働省の資料などを基に作成

■表2.24

がり、日本では1983年に東北大で初めて成功した。

体外受精にもいろいろな手法があり、夫の精子数などに問題がある場合は、顕微鏡下で精子を直接、卵子に注入する「顕微授精」も行われるようになった。配偶者間の体外受精は倫理的問題が少ないが、第三者の精子を使うなど非配偶者間の体外受精では、やはり問題が生じる。

日本においても様々な議論を呼んでいるのが、「代理出産（代理懐胎）」の問題である。歴史的には、不妊に悩む夫婦が、第三者の女性に子供を産んでもらうことは、様々な文化圏で昔から行われてきた。だが、受精、授精技術なども使いながら行う近代的な代理出産は20世紀後半に盛んになった。特に個人の自由意志と自己責任を重視するアメリカにおいては、1970年代から一般的に行われるようになった。卵子提供者を紹介するインターネットのホームページまであり、望みの人種なども選べるなど、ビジネス化している。

代理出産には、夫婦の受精卵を元に第三者の女性に産んでもらう方法のほか、夫の精子と第三者の女性の卵子で受精卵をつくり、この女性に産んでもらうなどの方法がある。日本における実態は明らかでないが、諏訪マタニティークリニック（長野県）が、2001年から2014年の間に21例を実施し、14例で計16人が出生していることをホームページで公表している。すべて、不妊女性の親族（母や妹）が、代理母になっている。

これは明らかになった数少ない例だが、多くの不妊夫婦が海外で代理出産を行っていることが知られており、渡航先はアメリカやインド、タイ、台湾などが多いとされる。

代理出産について、考慮すべき倫理上の事項がいくつかある。まず、旧来の社会が想定していなかった親子関係が生れてしまう。極端な場合、卵子を提供してくれた「遺伝上の母」、受精卵を体内で育み出産してくれた「生みの母」、さらに引き取って自分の子供として育てる「育ての母」と、３人の母が存在しうる。３者の関係が円滑な時は良いが、障害をもった子供が生まれてきたら。あるいは生んだ母が、かわいさのあまり自分の子供だと主張したら……。

現に、1986年から87年にかけて「ベビーM事件」と呼ばれる出来事がアメリカで起きた。代理母契約で子供を産んだ女性が依頼夫婦への子供の引き渡しを拒否し、裁判沙汰になっている。2014年には、オーストラリア人夫妻の依頼で双子の子供を産んだタイ人女性が、産んだ子供のうちダウン症だった子供の引き取りを依頼主に拒否される事件も起きている。

商業利用の問題もある。卵子提供者や受精卵を使って生んでくれる代理母は報酬を受け取るが、貧しい女性らが多い。お金のために自分の身を危険にさらすわけだ。医学の進歩で先進国では、以前とくらべて出産時の事故は減ってきたとはいえ、出産のリスクが皆無になってはいない。自分の望みをかなえるために、第三者を危険にさらしてよいのかという問題だ。しかも貧しい階層に負担を押し付けるという……。国際間の貧富の差が、この問題をより複雑にしている。代理母を提供する側の国では、外国人に対する代理出産を禁止する動きも出ている。

代理出産の問題について、日本はルールが定まっていない。日本産科婦人科学会では代理出産に反対する会告を定めており、日本学術会議も2008年に、「原則禁止すべき」とする意見書をまとめている。各種世論調査では、容認する意見も多く、政党も多様な意見を集約できていないのが現状だ。法制化が期待されながら、2019年現在、目途はたっていない。

出生への介入

出来るなら健康な子供を産みたい。どの親にも共通する願いだが、技術の進歩が新たな状況を生み出している。

以前から超音波診断で胎児の画像をみたり、妊婦の子宮内の羊水を調べて染色体異常や遺伝性の疾患の有無を確認する「出生前診断」が行われてきたりした。2010年代になって、さらに進んだ診断法が開発され「新型出生前診断」と呼ばれるようになった。妊婦の血液中には妊婦自身のDNAのほか1割ほど胎児由来のDNAが含まれており、妊婦の血液を採取することで胎児の遺伝情報を得ることが出来ることが分かった。母体の体内から羊水を採取するより簡便で、母親に対する負担が少ない。しかも得られる情報が多く、染色体異常のほか様々な遺伝病に関する遺伝子の有無が調べられる。

日本では2013年から、認定を受けた医療機関でダウン症など遺伝性の3疾患に対する新型出生前診断が行われるようになり、2018年までの5年間で5万8000人が受診している。(2018年8月17日、日経新聞など)

重篤な遺伝疾患を持った子供が生まれると親子ともに負担が大きく、妊娠中絶を行うこともやむを得ない面がある。そもそも母体保護法でも、経済的理由による中絶を認めているほどだ。しかし問題がないわけではない。診断結果が100%正しいわけではなく、多少の誤判断があるほか、遺伝カウンセラーが充実していない医療機関から結果だけ聞かされても、診断を依頼した側はとまどうばかりである。

より問題なのは診断だけでなく、遺伝情報を改変した胎児を産み出すことが、技術的には可能になったことである。中国広東省の医師が2018年11月、エイズウイルス(HIV)感染者の夫婦の受精卵をゲノム編集技術で遺伝子改変し、双子の女児を出産させたと発表した。エイズに感染しない子供が生まれるよう、遺伝子を改変したという。人間の出生以前の段階にまで人為的な介入をしてよいのか、世界の医学界で厳しい批判の声が上がった。

現在生きている個人の体細胞を対象に遺伝子操作を行っても、それが医療行為のためなら条件付で認められる。だが生殖細胞まで操作して新しい生命を産み出すと、その子供が成人してさらに子孫へと改変した遺伝情報が伝わってしまう。人類進化への介入であり、一線を越えてはならないとするのが、科学者らの暗黙の了解事項だった。

ゲノム編集は農産物の品種改良にも活用され、すでに実用化されている。しかし、人間に応用するとなると話は別である。デザイナーベビーが実現可能な時代になったのだ。

日本でも文部科学省と厚生労働省が2019年4月から、人間の受精卵を対象にしたゲノム編集技術は、医療に役立つ基礎研究に限って認め、改変受精卵を人間や動物の子宮へ戻すことを禁じる指針を公表して、規制を始めた。

安楽死・尊厳死

終末期医療と呼ばれる分野がある。高齢になって身体能力が衰え、いくつかの病気にも罹患した。やがて、自ら食事もできなくなり、静脈に栄養液を流しこんだり、生命維持装置をつけたりして……。医療技術は、様々な形で延命を図ることができるが、患者本人がそれを望まない場合はどうすればよいか。「安楽死」や「尊厳死」の問題である。

富山県射水市の市民病院で2006年、末期状態の患者７人が人工呼吸器を外されて亡くなっていたことが明らかになった。富山県警は医師を殺人容疑で書類送検し、全国的なニュースとして、議論を巻き起こした。回復の見込みのない末期患者ばかりで、患者遺族に被害感情はなく、感謝の気持ちすらあった。文書による延命中止の確認はとっていなかったが、家族と医師のあうんの呼吸とでもいえる処置だった。やむなく富山地検は、不起訴処分にした。「安楽死」と「尊厳死」には差がある。尊厳死が、過剰な延命治療をやめて尊厳ある死を目指すのに対し、安楽死は、激しい苦痛を避けるためなど本人の希望で薬物投与など積極的な処置で命を終える。射水市の例は、尊厳死に近い措置だったといえるだろう。2014年11月、アメリカのオレゴン州で、末期がんで余命半年と宣告された29歳の女性が、家族や医師らと相談して、医師の処方した薬で息を引き取った。日本でもニュースで報じられたが、これは安楽死である。

この問題についても日本にはルールがない。法整備により、医師が殺人罪に問われることを心配することもなく終末期医療に臨むことが出来るのだが、現場の判断に任せているような状態である。価値観によって判断が異なる問題について、何らかの共通ルールを作ることが苦手な国のままでよいのか。これは、政府や議会、学術界だけの問題ではなく、ジャーナリズムも無関係とはいえないだろう。

治療と欲望

様々な生命倫理上の問題を整理すると、まず個人の幸福追求を優先するのか、それとも社会の秩序維持を重視するのかという判断の問題がある。国情は様々だが、アメリカはどちらかというと前者の傾向が強く、ヨーロッパは後者の指向が強い。日本はその間で悩んでいるように筆者にはみえる。

さらに国を超えて、どこまでが治療の領域なのか、どこからが健康回復を超えた欲望充足の領域なのかという、難しい領域にいたる。こうした悩ましい判断を迫られるテーマは、医学の領域を超えて「線引き問題」と呼ばれる。

たとえば、重大な火傷を負った患者の顔に皮膚移植を行って健康な時の顔に近づけることは、「治療の領域」といってよいだろう。健康な人がより美しくなりたいと美容整形手術を受けることはどうだろうか。「快適を求める領域」として、自己責任と自己負担で行ってもよいとする文化もあるが、そうでない文化もありうるだろう。では、遺伝子操作で国際競技に悠々と勝てるような選手を生み出すことはどうか。もはや快適を求める領域も超えて「欲望の暴走領域」と、とらえることもできる。

話は簡単なようにみえるが、そうではない。足を失った人に超強化型の義足を装着するのはどうか。受精卵を調べて、疾病の可能性を除く操作とともに、大幅な能力向上の操作を行うのはどうか。あるいは脳の思考機能を強化させるのは。人間強化技術（ヒューマン・エンハンスメント・テクノロジー）と呼ばれる技術である。これを認めるかどうか。線引きは意外と難しいことがわかる。しかもこうした判断には、現代に生きる我々の嗜好性や価値観が反映されているが、その判断に時代を超えた普遍性があるかどうかは分からない。

コラム

ヒポクラテスの誓い

世界最古の医学上の倫理宣言と呼ばれるのが「ヒポクラテスの誓い」である。ヒポクラテス（B.C460ころ-370ころ）は古代ギリシャの医師で、「医学の父」と呼ばれる。それまでの呪術的な医療を脱し、臨床経験を重視するなど、科学的な手法を医学の世界に持ち込んだ。

そのヒポクラテスがギリシャの神々に誓った言葉が、弟子らによって残されている。その要旨は以下の通りである。

■能力と判断の限り患者に利益するとおもう養生法をとり、有害と知る方法

を決してとらない

■頼まれても死に導くような薬を与えない

■同様に婦人を流産に導く道具を与えない

■いかなる患者を訪れるときも病者を益するためであり、あらゆる勝手な戯れや堕落の行いを避ける

■男と女、自由人と奴隷の違いを考慮しない

■医に関すると否とにかかわらず、他人の生活について秘密を守る

患者の利益優先や守秘義務、誠心誠意医療に尽くすことなど、今日においても通用する医師の職業倫理の原点となる内容が述べられている。奴隷を差別しないことを盛り込んでいるのは、当時のギリシャ世界では奴隷制がとれれていたからだ。

ヒポクラテスの誓いはヨーロッパ社会で引き継がれ、16世紀にドイツの大学の医学部で教育に採用されて以来、各国の医学教育の場に広がっていった。医学系大学で社会に出るにあたっての心構えとして卒業式の宣誓などに使われるようになり、日本でも同様である。その内容に、時代や地域を超えた普遍性があったためだろう。

第3章
環境問題と人類の行方

公害対応や自然保護を通して意識されるようになった環境問題は、20世紀後半から国や地域という狭い範囲を超えて、全世界的な問題に浮上した。そもそもの起源をたどれば、人間が霊長類の一員としてのありかたを離れて道具や火を使い、言語を生み出し、農業を始めるなど、特異な進化を遂げてきたことに関係する。後に科学技術が人間活動を強力に後押しして、現在にいたる人類の大繁栄をもたらした。世界人口は長い間、微増の状態が続き、人類の大成功も地球の容量のなかで、許容範囲に入っていた。だが、人類はこれまで思いもしなかった領域に到達してしまった。それが、地球環境問題である。科学技術分野に限らず、ジャーナリズム全般にとっても重要な課題であり、この問題の広がりを様々な角度から紹介する。

3.1　公害の時代

科学ジャーナリズムが対象とする様々な分野の中で、最も広範な広がりをもつもののひとつが、環境問題であろう。長い射程でみると、人類史、文明史にも深く関係し、とても科学ジャーナリズムが担いきれる領域ではない。報道機関の組織論でいえば、社会部、政治部、国際部（社によっては外信部、外報部)、経済部等々、多くの部が関係する大きなテーマである。

しかし、科学部などの科学技術セクションが深く関係する分野であるのも事実である。その比重が時代とともに高まってきたため、新聞社の中には科学部を「科学環境部」と改名したところもある。1章の「科学ジャーナリズムの歴史」の項で一端を紹介したが、この項ではまず、グローバルな「地球環境問題」が意識される前の時代にまでさかのぼって、科学ジャーナリズムとの関係を紹介する。

高度成長期と公害

産業活動の活発化の過程で、企業活動などの結果として煤煙や有毒ガスによる大気汚染や排水、廃液による河川や地下水の汚濁、地下水の過剰くみ上げによる地盤沈下、騒音、悪臭などの環境災害――いわゆる「公害」が深刻化した時代があった。今でも、こうした被害が深刻な問題として存在する国々もあるが、日本において全国的な重要課題として浮上したのは、1950年代の戦後復興期からである。

とはいっても、それ以前に公害がなかったわけではない。古河鉱業足尾銅山（栃木県）で起きた「足尾鉱毒事件」は、富国強兵を急いだ明治時代からの問題で、その解決には長い年月を要した。「別子銅山煙害事件」（愛媛県）なども同様である。主な公害を表3.1に示す。

戦後に時代が下ると、1950年代前半に「水俣病」が深刻化の兆しを見せ始め、「イタイイタイ病」（富山県）などが続く。1960年代に入ると「四日市喘息」（三重県）（写真3.2）など大気汚染も深刻化、首都圏では「光化学スモッグ」の対応に追われた。高度経済成長期、国中が東京オリンピック（1964年）に沸くなかで、様々な形の公害が猛威を振るった。

水俣病、第二水俣病（新潟水俣病)、イタイイタイ病、四日市喘息は、高度

日本の代表的な公害被害

	時期	場所	概要
足尾鉱毒事件	明治から昭和にかけて	足尾銅山（栃木県）周辺と下流域	・古河鉱業足尾銅山（栃木県）の鉱毒による公害事件 ・廃山同然になっていた鉱山を1877年、明治政府が古河鉱業に払い下げ ・富国強兵策を背景に銅精錬量が急増し、精錬廃ガスの亜硫酸ガスにより、周辺の山林が荒廃。鉱山周辺を水源地とする渡良瀬川が氾濫して精錬廃棄物が川に流入し、流域農作物の被害が激化。地元選出衆院議員の田中正造が帝国議会で取り上げ、明治天皇に直訴しようとした（1901年）。 ・栃木県などは下流の谷中村を廃村にして水没させ、洪水の際の調整池として、事態の収拾をはかる（渡良瀬遊水地） ・1974年、住民と古河鉱業の間で調停が成立（15億5000万円の補償金）
水俣病	1953年ころから	熊本県水俣湾周辺	・新日本窒素肥料（現チッソ）水俣工場のアセトアルデヒド製造過程で出るメチル水銀が持続的に水俣湾に排出され、食物連鎖で魚介類に高濃度に蓄積。これを食べた漁民らが発症。慢性の神経系疾患。手足や口周辺のしびれで始まり、言語障害、視野狭窄、運動障害、聴力障害などの中枢神経系の障害が起きた。被災者は少なくとも1万4000人（2万人超えるという指摘も）。
第二水俣病	1965年ころから	新潟県・阿賀野川流域	新潟県阿賀野川流域でも、昭和電工鹿瀬工場の工場排液から、水俣と同様のメチル水銀が河川に流入。流域の川魚を常食していた住民らに、大きな被害が出た。原因や症状が似ていたことから、第二水俣病とも呼ばれる。
イタイイタイ病	1910年ころから	富山県・神通川流域	・1956～57年をピークに富山県・神通川流域で発生した奇病。激痛や病的骨折に襲われて運動不能状態となり、進行すると死にいたる ・三井金属鉱業神岡鉱山（岐阜県）の廃液中のカドミウムが河川から農地に流れ込んだりしたことが原因で、骨軟化症や腎機能障害などの慢性中毒を起こした。 ・1968年、厚生省も鉱山廃液とイタイイタイ病の因果関係を認め、政府によって認定された公害病の第1号になった。
四日市喘息	1959年ころから	三重県四日市市とその周辺	・四日市市に石油コンビナートが建設されて以来続出してきた喘息のような発作。老年層と10歳以下の若年層に患者が多く、眼の痛みとともに激しい咳（せき）や呼吸困難が続く ・工場から排出された亜硫酸ガスを吸引したのが原因とされる ・訴訟の結果1972年に、石油コンビナート6社に賠償を求める判決。 ・背景に、戦後の高度成長期に、経済性を最優先した企業活動と、それを容認してきた行政の姿勢があった

■表3.1

成長期の「4大公害病」と呼ばれた。いずれも1960年代後半に被害者らが提訴し、1970年代前半に勝訴している。当時の公害をめぐる動きは以下の通りである。

1870年代～　足尾鉱毒事件（栃木県）
1893年～　　別子銅山煙害事件（愛媛県）
1910年代～　神通川イタイイタイ病（富山県）

■写真3.2　マスク姿で登校する子供たち（1965年）出典：「四日市公害と環境未来館」展示

1937年～	安中亜鉛精錬所煙害（群馬県）カドミウムによる農地汚染
1956年～	水俣病（熊本県）
1960年～	四日市喘息（ぜんそく）被害（三重県）
	このころから他の工業地帯でも大気汚染が
1962年～	首都圏でスモッグ（高濃度の大気汚染）発生
1964年～	阿賀野川流域で第二水俣病（新潟県）
1970年～	首都圏で光化学スモッグ発生（工場排煙や自動車排ガスなど）

続発する問題に対応するため、1970年秋には「公害国会」と略称される臨時国会が開かれて、集中審議の結果、関連14法案を成立させた。厚生省、経産省など所管官庁が分散して統一的な政策が推進しにくい弊害を是正するために、環境庁（2001年に環境省）が発足するのは、翌71年７月のことである。

できるだけ少ない費用と労働力で最大の利潤を上げる、あるいはいかに安い資源で高い付加価値を付けるか。そうした資本の論理がむき出しで現れていた時代で、その活動によって外部に与える「負の外部効果」が顧みられることは少なかった。環境経済学でいうその負の効果は「公害」となって表れ、社会に大きな負荷を与えた。その代価はだれかが払わなければならないことにようやく気付かされた時代で、企業も外部に押し付けていた負の費用を内部化する方向に転じていく。

科学者の役割とは

科学者・研究者との関連では、原因企業側を擁護する専門家が少なくなかった。いわゆる御用学者と呼ばれる人たちだ。逆に、地道な調査・研究で原因を突き止める研究者らの活動が、原因究明と対策の進展を後押しした。水俣病では熊本大医学部教授の原田正純（1934～2012)、イタイイタイ病では地元の開業医・萩野昇や彼に協力した岡山大理学部教授の小林純（1909～2001）らであった。四日市公害では、科学者ではないが、地元の四日市海上保安部の海上保安官だった田尻宗昭（1928～1990）が、産業重視の国策に逆らいかねない決断をもって加害企業を工場排水規制法違反などで摘発し、対策強化の必要性を世間に強く印象付けた。

また、『苦海浄土』を著した石牟礼道子（1927～2018）や『谷中村滅亡史』の荒畑寒村（1887～1981）は、それぞれ水俣病と足尾鉱毒事件の悲惨と不条理を描き、公害関係の名著とされる。これは一例にすぎない。

海外に目を移すと、アメリカの生物学者レイチェル・カーソン（1907～1964）が『沈黙の春』を著したのが1962年。産業界などからの強い風圧のなか、農薬などの人工合成薬剤が人の健康ばかりか自然環境をも蝕むことに警鐘を鳴らした。農薬の規制強化だけでなく、その後の自然保護運動、環境運動に大きな影響を与えた。

イタリアの実業家アウレリオ・ペッチェイが設立したシンクタンク「ローマクラブ」が研究者らの協力で、人口増と人間活動の急拡大が遠くない将来に行きづまることを予言する報告書『成長の限界』を公表したのが1972年。その後本格化することになる地球環境問題を先取りする先見性が、後に高く評価されることになる。

この時代は、新聞社に科学部門が設けられて日が浅く、大手全国紙でも科学セクションの部員数はせいぜい10人余り。取材記者の面倒をみて原稿を完成させる先輩格のデスクと呼ばれる内勤記者を除けば、実働の取材記者は10人に満たないという陣容だったこともあり、科学系記者が公害対応で大活躍という時代状況ではなかった。どちらかといえば、社会部的テーマだったといえる。そのことを反省をもって回顧する科学記者OBも多い。

コラム

大気汚染とPM2.5

1960年代から1970年代にかけて、日本は深刻な公害問題に直面し、何とか克服してきた。そのうちの大気汚染についても同様で、日本では今や過去の問題と思われてきた。ところが2013年、PM2.5の問題が急浮上し、大きな社会的テーマになった。急成長をとげる中で深刻な大気汚染が頻発していた中国から、微小粒子状物質（PM2.5）が偏西風に乗って北九州や中国地方に飛来し、環境基準を超える地域が続出したためだ。中国以外にも、同じように深刻な状況のインドの汚染状況なども含めて、連日のように新聞やテレビで報道された。

PM2.5とは、粒径2.5μm（2.5mmの1000分の１）以下の粒子状物質で、髪の毛の直径の30分の１程度と形容される。微小なために呼吸器系の奥深くまで入りやすく、呼吸器系、循環器系の疾患や肺がんのリスクを高める危険性を指摘する研究結果も出ていた。日本では、大気中に浮遊する粒子状物質のうち、粒径10μm以下のものについて1973年に浮遊粒子状物質（SPM）と定義して、環境基準が定められた。これに基づきディーゼル車の規制や廃棄物焼却炉の規制強化などの対策が進められてきた。

しかし、SPMのうちでもより微小な粒子について別枠で規制する動きが海外でも広がり、日本でも2009年にPM2.5の環境基準（長期基準：１年平均値15$\mu g/m^3$、短期基準：日平均35$\mu g/m^3$）が定められた。それから間もないころのPM2.5騒ぎだった。

これらの微粒子は、物の燃焼などによって直接排出されるもののほか、硫黄酸化物（SOx）、窒素酸化物（NOx）、揮発性有機化合物（VOC）などのガス状大気汚染物質が大気中での化学反応により粒子化したものがある。発生源は、焼却炉やコークス炉、鉱物の堆積場など粉じんを発生する施設、自動車、船舶、航空機などの人為起源のほかに、土壌、海洋、火山など自然起源のものもある。（下図）

北京などの大都市では、世界的なPM2.5の環境基準の20倍を超える濃霧で先が見えないような状況に中国国民の不安が高まり、世界の厳しい目も注がれた。中国政府も国を挙げて対策を進めたために最悪の時期は終わったが、完全に正常化したわけではない。

日本も「対岸の火事が飛び火した」と、他人事のようにはいっていられない。環境基準を超えることはなくなったが、中国からの飛来がなくとも一定程度の国内発生はあり、2010年ころまでは低減傾向が続いたPM2.5濃度が、その後は横ばい状態にある。

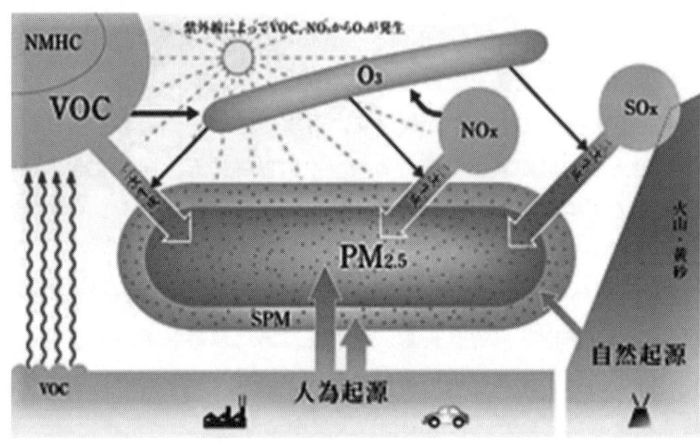

出典：環境省HP「微小粒子状物質（PM2.5）に関する情報」から

3.2 公害から地球環境問題へ

日本において公害対策が一応のヤマを越したころ、新なタイプの環境問題が浮上する。地球温暖化問題をはじめとする、いわゆる「地球環境問題」である。公害が、加害者と被害者が明確で被害地域も比較的限られ、因果関係が解明しやすいのに対して、地球環境問題ははるかに複雑な構造をもっている。加害者は広範で、極端にいえば文明的な生活を謳歌する人類そのもの、被害者も特定の地域に限られるわけではなく、人類以外の生態系にまで及ぶ。原因と被害の因果関係も複雑で、専門家による評価も分裂しかねない。地球温暖化懐疑論などがその最たる例だ。

オゾン層破壊問題

グローバルな地球環境問題の先駆けとしてまず浮上したのが、「オゾン層破壊問題」だった。南極上空（後には北極上空も）の成層圏のオゾン層が、９月から10月にかけて異常に減少する現象が「オゾンホール」で、米カリフォルニア大のフランク・ローランド（1927～）とマリオ・モリーナ（1943～）が1974年に、フロンによって上層大気のオゾン層が破壊されうることを指摘していた。実際にこの現象を発見したのは、日本の気象研究所から南極観測隊に派遣されていた忠鉢繁（1948～）で、1984年のことだった。

なぜ、オゾンホールが問題なのか。オゾン（酸素原子が３個つながった分子O_3）は、太陽から降り注ぐ有害な紫外線を遮る役割を果たしてくれており、陸上に生物が生存できるのはオゾン層のお陰なのである。地球史的にみても、25億年ほど前に海水中の光合成微生物・シアノバクテリアの増殖で大気中の酸素が急増しはじめ、この酸素の一部がオゾンに変わって紫外線を防ぐようになったため、それまで海中で生息していた植物や動物の陸上進出が可能になったという経緯がある。オゾンホールが極域にとどまらず拡大するようになれば、人類の健康ばかりか生態系に大打撃を与えかねない。

フロン類は、扱いやすく安定した冷媒として1920年代にアメリカで開発され、各種冷房装置や噴霧材、洗浄剤などに広く使われる便利な物質だったが、間接的にしろ思わぬ災厄をもたらすことがはっきりしてきたのだ。後にオゾン層破壊の原因物質であるばかりか、温室効果ガスとしても大きな効果を持っていることが判明する。

オゾン層破壊問題の前段としてヨーロッパの「酸性雨問題」が国境を超えた環境問題として国際交渉の対象になっていた（長距離越境大気汚染条約、1979年署名）が、これはヨーロッパという限定した地域の問題だった。オゾン層問題は実質的に初の国際環境問題として交渉が行われ、ウイーン条約（1985年、署名）で基本的な対応策が定められ、モントリオール議定書（1987年、署名）で規制の細目が規定された。まさに地球環境問題の時代に突入したのである。

地球温暖化問題

次に本格的な課題になったのが、「地球温暖化問題」である。気体の温室効果については、1820年代から指摘する声があったが、スウェーデンの物理化学者スヴァンテ・アレニウス（1859～1927）が1896年、より具体的に、大気中の二酸化炭素濃度が増えると、気温が上昇する可能性を指摘していた。ただ、このころはまだ大気中の二酸化炭素（CO_2）濃度はそれほど上昇していなかった。深刻な問題として意識されるようになったのは、観測上もCO_2濃度の上昇が目立つようになった1980年代になってからだった。

この問題でも、課題提起の先導役になったのは科学者らだった。観測が本格化し研究も進み始めた1985年、オーストリアのフィラッハで、温暖化に関する初の国際的な学術集会「フィラッハ会議」が開かれ、世界の気象学者、地球化学者らが問題意識を共有するようになる。世界気象機関（WMO）と国連環境計画（UNEP）が共同で、「気候変動に関する政府間パネル」（IPCC：Intergovernmental Panel on Climate Change）を設置したのは、その３年後の1988年だった。以降IPCCは、温暖化問題の進行状況や将来予測の評価を継続的に行い、数年間隔で報告書を公表するなど、一般人にもよく知られる存在になった。2007年には、ノーベル平和賞を受賞している。

環境問題が科学者らの関与でいかに国際政治の主要課題になっていったかは、米本昌平が『地球環境問題とは何か』（岩波新書、1994年）などで分析しているが、国際政治のテーマの推移をみても、このことはうかがわれる。1970年代のオイルショック（中東産油国が欧米から価格主導権をとり戻すために原油価格を一斉値上げした出来事）の対応策として先進国が始めたのが「先進国首脳会議（サミット）」だが、その主要議題のうち環境関連を下に列記した。毎回のようにテーマとして取り上げられている。米ソ両陣営が鋭く対立した「冷戦」が終結に向かうなか、ハードなテーマである安全保障問題の深刻さが和らいできたことも影響したのだろう。

先進国首脳会議の主要テーマ

①　1975年　仏ランブイエ
　　石油危機への対応
②～⑧　エネルギー問題、経済問題が中心
⑨　1983年　米ウイリアムズバーグ
　　初めて環境保全の重要性がテーマに
⑩　1984年　英ロンドン
　　環境問題での持続的協力を盛り込む

⑪　1985年　西独ボン
　　環境問題・科学技術協力を討議
⑮　1989年　仏グランド・アルシュ
　　環境問題についてグローバルな対応、科学知見の重要性共有
⑯　1990年　米ヒューストン
　　気候変動枠組み条約の1992年までの策定

こうして国際政治の主要課題になった地球環境問題にとって大きな節目となったのが、1992年6月に主要国の首脳らが参加してブラジルのリオデジャネイロで開かれた「環境と開発に関する国際連合会議」、いわゆる「地球サミット」である。直前に採択されたばかりの温室効果ガス削減のための「気候変動に関する国際連合枠組み条約」（地球温暖化防止条約）の署名が始まり、その後の国際交渉が加速していく。

この会議を支えた基本理念のひとつに「持続可能な開発」（Sustainable Development）がある。「将来の世代のニーズを満たす能力を損なうことなく、今日の世代のニーズを満たすような開発」を意味し、その後の環境問題交渉の基調概念になっていく。環境倫理において重視されるのが「世代間の公正」と「地域間の公正」だが、持続可能な開発はまさに、世代間の公正を求めた理念である。また、南北格差を是正する方向性も含んでおり、地域間の公正とも関係する。

もうひとつ忘れてはならない考え方が「予防原則」（precautionary principle）である。温暖化問題に限らず、将来予測に基く措置にはどうしても科学的な不確実性が伴う。科学者らがスーパーコンピューターなどを使って予測するが、多様な要因が関与する複雑な現象においては、唯一の正確な予測が成り立つわけではない。地球温暖化においてもいまだに懐疑論が後を絶たないほどだ。

しかし、何も対策を取らないと、重大な結果をまねきかねない。こうした問題で適用されるのが予防原則で、「深刻な、あるいは不可逆的な被害のおそれがある場合には、完全な科学的確実性の欠如が、環境悪化を防止するための費用対効果の大きな対策を延期する理由として使われてはならない」（「環境と開発に関するリオ宣言」第15原則）という内容だ。

かみ砕いていえば、費用対効果の高い対策があるのに、科学的な不確実性

を言い訳にして対策を渋ってはならないということだろう。この考えは、温暖化防止に限らず環境問題全般や他の分野でも取り入れられている。

京都議定書からパリ協定へ

地球温暖化防止条約の締約国が定期的に集まる会合は「気候変動枠組条約締約国会議（COP：Conference of the Parties）」とよばれるが、京都で開かれた3回目の会合COP 3では、先進国に温室効果ガスの削減数値目標を課す「京都議定書」が採択された。交渉は複雑な経緯をたどり、当時世界最大のCO_2排出国だったアメリカが途中で離脱するなど、波乱含みに推移した。本書では詳細に立ち入らず年表（表3.3）を示すにとどめる。

その後、中国やインドなどの途上国だった国々が急速な成長を見せ始め、温室効果ガスの排出量が急増したため（図3.4）、先進国だけでなくすべての国を対象とした対応が模索された。途上国には「温室効果ガスを増加させたのは先進国。これから成長しようとする国に足かせをはめるのは不公平」との思いが強く、先進国が途上国をいかに支援するかが課題となった。回を重ねた交渉の結果、2015年12月にパリで開かれたCOP21で「パリ協定」として実を結ぶ。その概要を表3.5に示す。

地球環境問題が国際交渉の主要テーマになるにつれて、科学ジャーナリストらも深く関与していくようになる。新聞社においては、主要な国際会議に社会部、国際部（社によっては外報部、外信部）に加えて科学部系記者が派遣され、交渉の課題や論点などを整理して読者に知らせる特集ページの作成に

地球温暖化問題の交渉推移

年月	出来事
1985年10月	**フィラハ会議（オーストリア）** 科学者による初めての温暖化に関する国際会議
1988年6月	**トロント会議（カナダ）** 2005年までにCO2を20％減らすことを目標に定める
1992年6月	**地球サミット（ブラジル・リオデジャネイロ）** 「気候変動に関する国際連合枠組条約」の採択
1994年3月	「気候変動枠組み条約」発効
1995年3月	**気候変動枠組条約 第1回締約国会議(COP1)** ドイツ・ベルリンで開催
1997年12月	**COP3（日本・京都）** 先進国の削減数値目標を定めた「**京都議定書**」採択
2015年12月	**COP21(仏・パリ)** 途上国も含めた削減目標「**パリ協定**」を採択

■表3.3

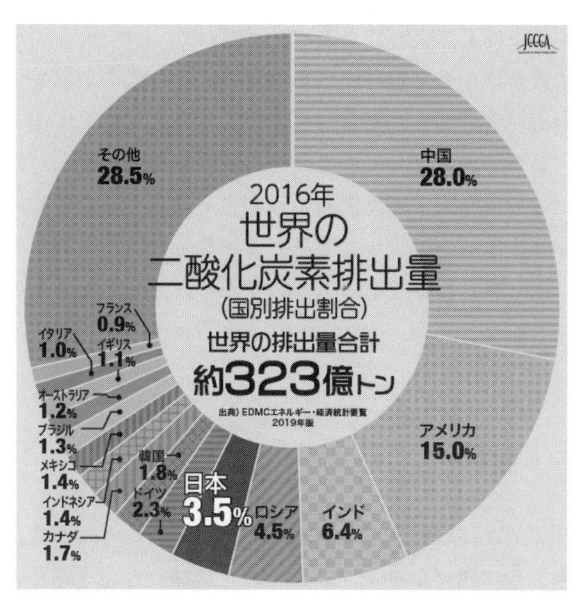

■図3.4　出典：EDMC／エネルギー・経済統計要覧2019年版（JCCCA：全国地球温暖化防止活動推進センターHPから）

パリ協定の概要

目的	世界共通の長期目標として、産業革命前からの平均気温の上昇を2℃より十分下方に保持。1.5℃に抑える努力を追求。
目標	上記の目的を達するため、今世紀後半に温室効果ガスの人為的な排出と吸収のバランスを達成できるよう、排出ピークをできるだけ早期に抑え、最新の科学に従って急激に削減。
各国の目標	各国は、貢献（削減目標）を作成・提出・維持する。各国の貢献（削減目標）の目的を達成するための国内対策をとる。各国の貢献（削減目標）は、5年ごとに提出・更新し、従来より前進を示す。
長期低排出発展戦略	全ての国が長期低排出発展戦略を策定・提出するよう努めるべき。（COP決定で、2020年までの提出を招請）
グローバル・ストックテイク（世界全体での棚卸ろし）	5年ごとに全体進捗を評価するため、協定の実施状況を定期的に検討する。世界全体としての実施状況の検討結果は、各国が行動及び支援を更新する際の情報となる。

資料：環境省作成

■表3.5　出典：平成29年版「環境白書」

おいても、主役を演じるようになる。

日本の環境政策の中核を担うのは環境省で、この省の取材を中心になって行うのは社会部記者である。科学部系の記者は必要に応じて出入りして取材してきたが、いつしか常駐して環境問題に取り組むようになった。行政や研究者の取材だけではなく、環境問題の深刻さを知らせるために、その影響を端的に示す極域や氷河地帯を現地取材して連載したり、テレビの特集番組作りに精力的に取り組んだりするのも、科学系のジャーナリストの仕事となった。

3.3　地球生命圏

ここで、具体的な環境問題をやや離れて、空間的にも時間的にも視点を相当に広げてみよう。我々が生きているこの「地球」という惑星の特質と、数百万年、あるいはそれ以上かけて今に至る「人間」という動物の特質を抜きに地球環境問題は論じられないからだ。

異星人へのメッセージ

40年以上も前、アメリカの惑星探査機「パイオニア」10号と11号に搭載されたアルミ合金製のプレート（縦15.2cm、横22.9cm）の図案を図3.6に示す。2機の探査機は1972年（10号）と1973年（11号）にそれぞれ打ち上げられ、木星や土星を観測した後、太陽系の果てを今も飛行し続けている。1970年代前半といえば、日本ではまだ公害問題が深刻だった時代で、ローマクラブの『成長の限界』が公表されたのが1972年である。

このプレートの内容は、アメリカの天文学者、SF作家のカール・セーガン（1934～1996）らが考案したが、太陽系の第三惑星「地球」を飛び立った探査機がどのような軌道を経て太陽系外を目指しているのか、探査機の外形、第三惑星に住む男女の姿、宇宙に普遍的に存在する水素原子の性質などが描かれている。はるか遠い未来に、この探査機を発見するかもしれない知的生命に向けての地球からのメッセージである。

「パイオニア」の5年ほど後の1977年に相次いで打ち上げられた惑星探査機「ボイジャー」1号、2号には、地球や人間に関するさらに多様な情報を盛

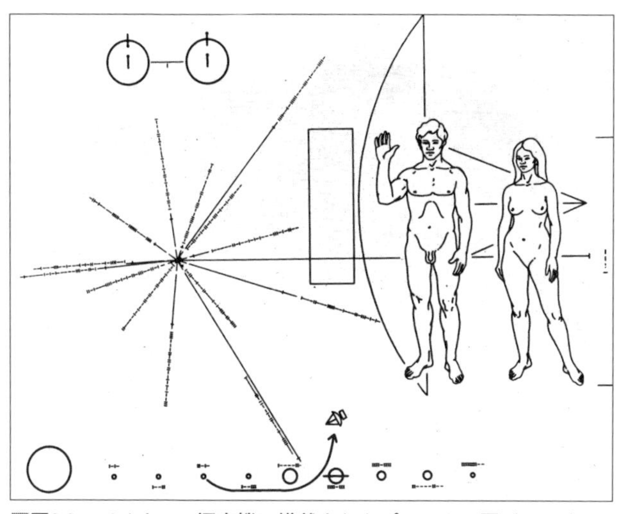

■図3.6　パイオニア探査機に搭載されたプレートの図（NASA）

り込んだ「ゴールデンレコード」(金メッキされた銅製レコード) が搭載された。科学的な内容だけでなく、主要言語による音楽なども収録されている。そのレコードには当時のアメリカ大統領ジミー・カーターの次のようなメッセージが収められている。

「これは小さな、遠い世界からのプレゼントです。私たちの音、科学、画像、音楽、思考、感情を表したものです。私たちはいつの日にか、現在直面している課題を解消し、銀河文明の一員となることを願っています。このレコードは、広大で荘厳な宇宙で、私たちの希望、決意、友好の念を象徴するものです」

これら探査機は今も飛行を続けており、ボイジャー1、2号機は太陽系を離脱してさらに遠くへと離れつつあるが、今も通信機能が生きている。ただし、知的生命が存在するかもしれない他の惑星系近傍に探査機がたどり着けるのは、何十万年以上も将来のことであり、そのころに人類が存続しているのかどうかの方が、我々にとっては大きな問題である。

太陽系第三惑星

太陽系には、水星、金星、地球、火星、木星、土星、天王星、海王星の8

つの惑星がある。冥王星も含めて9惑星といわれた時代があったが、冥王星は2006年の国際天文学連合総会で惑星の定義に合わないとして「準惑星」と格落ちした形になった。この騒ぎは一般の関心も高く、科学ジャーナリズムにとっても、格好の話題となった。

この8惑星のうち、生命の存在が確認されているのは「地球」だけである。火星や、木星の衛星エウロパ、土星の衛星タイタン、エンケラドスに生命が存在する可能性があるとして、様々な探査が行われつつあるが、まだ手がかりは得られていない。

惑星系において「生命」が存在するには、液体状の水や気体状の酸素、これらが宇宙に飛び去ってしまわない適度の重力、適度な気温などいろいろな条件が考えられるが、これらを満たす惑星はそう多くはない。恒星（太陽系においては太陽）との適度な距離や惑星の大きさなどが関係するが、生命の存在が可能な領域を「ハビタブルゾーン」（生命居住可能領域）という。太陽系においては金星の外側から火星付近までがハビタブルゾーンで、地球はその中でも最適のゾーンに存在している。

太陽系外に目を移すと、惑星を伴った恒星系が多数見つかっている。アメリカは2009年に地球系外惑星を観測するための宇宙探査機「ケプラー」を打ち上げ、2018年まで運用した。この間、50万個におよぶ恒星を観測した。この結果、2600個の惑星を発見し、この中には地球と似たタイプの惑星もかなり含まれていた。しかし、いくら近い恒星系といえども光速で数年以上、いかに高速の探査機でも数十万年かそれ以上かかる遠距離である。

生命の誕生・地球との共進化

銀河系の片隅で太陽系が誕生したのは約46億年前ころ。太陽周回軌道を巡っていた微惑星群が衝突を繰り返しながら約45億年前には地球が誕生したと推測されている。しかし、地球は最初から生命が存在できるような星ではなかった。高温のマグマが溶けた海（マグマオーシャン）に覆われていたが、温度が下がると地殻が出来始め、激しい火山活動が続いた。当時の大気は二酸化炭素やアンモニア、窒素、水蒸気などで満たされていたらしい。気温の低下とともに水蒸気が雨となって降り注ぎ、海が出来上がった。

細菌や古細菌などの生命の誕生は38億年前とされるが、原始生命体はこれよりやや前には生まれていたとも考えられている。地球生命は深海底の熱水噴出孔の周辺など海中や水中で生まれたとする説が有力だが、宇宙から生命の種が地球に飛来したという「パンスペルミア説」もある。隕石の中からアミノ酸などの有機物が発見され、電波望遠鏡を使った観測でも宇宙空間にタンパク質の基になるアミノ酸が存在することが確認されており、この問題はまだまだ謎に包まれている。

生命の誕生で地球そのものの姿も変わっていった。32億年ほど前、光合成細菌のシアノバクテリア（藍藻）が海中で繁殖しはじめ、海中や空気中に酸素を放出し始める。何億年もかけて空気中の酸素濃度は上昇し、これが生命の在り方に大きな影響を与える。大気中の酸素分子（O_2）は太陽光のエネルギーで酸素原子（O）に分離され、酸素原子と酸素原子が結びついてオゾン（O_3）が発生する。

このオゾンが太陽からの紫外線を防いで地表まで紫外線が届くのを抑制してくれる。紫外線はDNAを傷つけるため、紫外線にさらされる環境では生物は生きていけず、それまでは海水中にしか存在できなかった。オゾン層のおかげで、生物が陸上に進出する条件が次第に整ったのだった。

生物の歴史において重要な出来事だったために、各地の自然史系博物館にはたいていシアノバクテリアの個体群が化石化した「ストロマトライト」の標本が展示されている。はるか後の時代（20世紀）に、人間が生み出した物質がオゾン層を破壊し、環境上の大きな問題になったことはすでに述べた。

その後の地球史を簡単にたどると、植物の陸上への進出が約４億2000万年前、両生類が上陸したのが約３億6000万年前。他の惑星には見られない緑に覆われた地球の姿は、地球上の生命と無機物としての地球が共に作り上げた共進化の賜物だった。この間、小天体の激突や火山の巨大噴火、寒冷化による全球凍結（スノーボールアース）など過酷な現象で多くの生物種が絶滅しながらも、そのたびに多様化を果たし、一度も途切れることなく今に生命をつないできた。

我々が属する哺乳類の登場は約２億2500万年前。ほぼ同じころに恐竜も生まれ、約6550万年前に小天体の衝突によるとみられる大絶滅で姿を消すまで、繁栄を続けた。この大絶滅のころに生まれたばかりの霊長類はかろうじて生き延び、やがてその一つの系統が人類へと進化する。

人類の短い歴史

地球上に人類が誕生したのは約700万年前とされる。人類とチンパンジーの共通祖先が、枝分かれして別の道を歩み始めたのが700万年前のアフリカ大陸だった。その後、人類は長い間アフリカを中心に、猿人から原人、旧人・・・と進化を遂げ、新人――現生人類（ホモサピエンス）が誕生したのもアフリカ大陸だった。約20万年前のこととされる。（図3.7）

最近のDNA研究で、誕生したばかりのころに急激な寒冷化によってアフリカ大陸のホモサピエンスは１万人以上いた人口が激減し、生殖可能人口が数百人程度に細った時期があったという説が出されている。こうした人口減などによる遺伝子の多様性減少は、ビンの細い首になぞらえて「ボトルネック効果」とよばれる。ホモサピエンスはその危機を何とか生き延びたものの、それが現代人の遺伝的多様性が極端に少ない理由だという。

人類は原人段階の180万年前ころに一度、アフリカからユーラシア大陸に進出した（その後も小規模な進出はあったらしい）。しかし、全世界にまで拡大することはなく、アジアなど一部の地域で進化をとげたものの、それぞれ滅んでいった。本格的な世界拡散は現生人類（ホモサピエンス）が約６万

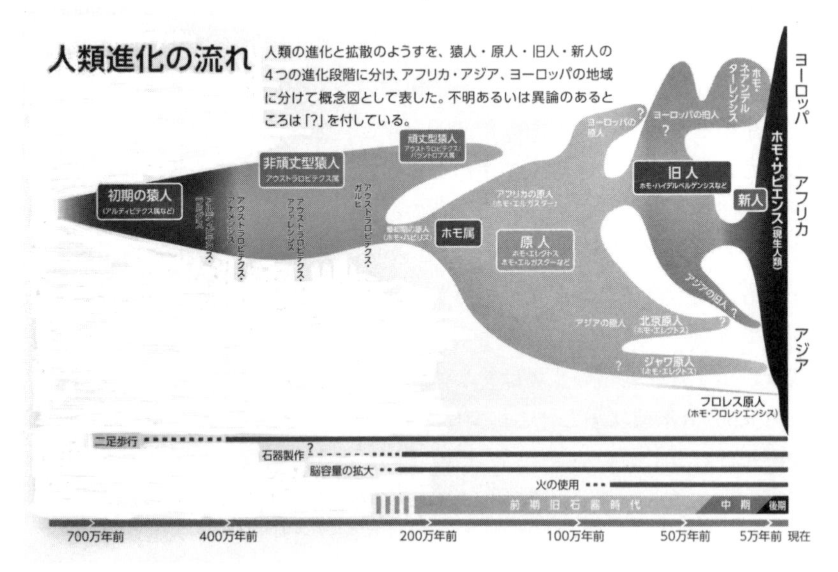

■図3.7　出典：国立歴史民俗博物館展示資料

ホモサピエンスの世界への拡散ルート（推定）

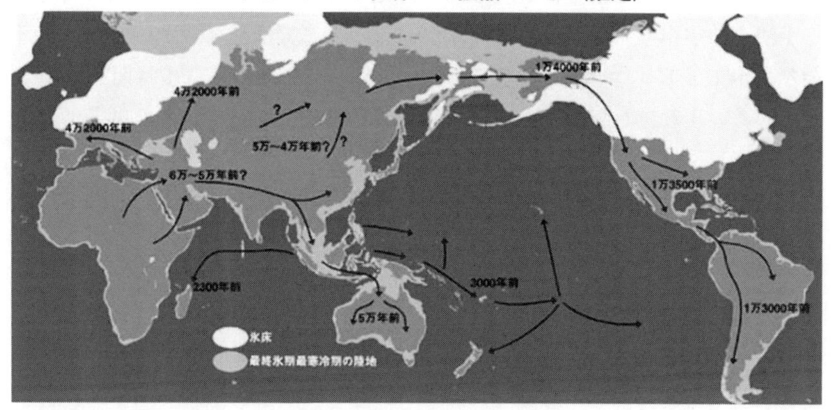

■図3.8　出典：国立科学博物館HP（研究室紹介・海部陽介氏の項）

年前に、二度目の本格的な出アフリカを果たしてからである。（図3.8）

このころヨーロッパや西アジアには旧人のネアンデルタール人が生存しており、ホモサピエンスと共存しながらも、やがてネアンデルタール人は滅んでゆく（約3万年前）。ホモサピエンスがネアンデルタール人を絶滅させたという説もあるが、過酷な環境変化にも適応力のあるホモサピエンスの方が結果として生き延びたという考えが今では一般的である。10年ほど前に、DNA解析によって両者が交雑した痕跡があることがわかり、こうした研究も後者の説を支持している。

ホモサピエンスの世界拡散は速かった。アジアの南部を東進して約5万年前にはオーストラリアまで、到達している。今と違ってインドネシアを含む東南アジアはスンダランドと呼ばれる大陸になっており、その東のオーストラリアを含むサフルランドとは現在ほどの距離はなかった。

氷に覆われたユーラシア大陸北東端と北米大陸西北端は最後の難関だったが、氷が解けて回廊状態が出来た1万5000年ほど前には北米大陸に渡り、たちまちのうちに南下して1万3000年ほど前には南米の南端まで達している。アフリカから南米までの約5万kmにおよぶ人類拡散の旅は「グレートジャーニー」とも呼ばれる。

地球上で栄華を誇った恐竜の繁栄期間は約1億6000万年間。今や地球上で最も繁栄している人類（ホモサピエンス）は誕生してからわずか20万年。138

億年の宇宙の歴史を１年に短縮して宇宙史・地球史をカレンダー風に表現する手法を「宇宙カレンダー」と呼ぶが、この方法では恐竜の生存期間は４日余り、ホモサピエンスはわずか7.6分、猿人時代を含めても４時間25分にすぎない。いずれにしても、大晦日の12月31日の夜になってからの出来事である。

上品な比喩とはいえないが、新参者の人類が幅を利かせすぎた結果が、地球環境問題であるといえる。

特異な動物

人類の成功が今の環境問題を引き起こしているが、動物としてのヒトの特徴を考えると、強靭な生き物とはとてもいえない。肉食動物と闘う強靭な牙や爪、筋力があるわけではなく、俊敏性でも大したことはない。ただ、長距離走だけは、哺乳動物の中では優れているようだ。しかし、「地球上で最も凶暴な動物」ともいわれるように、決して非力な動物ではない。人間が進化の過程で身に付けた特徴はいくつもあるが、主なものを以下に列記してみよう。（年代については様々な説があり、今後も変わる可能性がある）

・直立二足歩行（700万年前～）
・石器の作成（250万年前、340万年前という説も）
・脳の肥大化（250万年前ころ～）
・火の使用（80万年前）
・言葉の使用（７万5000年前）
・衣服を着るようになる（７万年前）
・芸術の広がり（３万5000年前）
・農業を始める（１万年前）

石器の使用は、人類がホモサピエンスに進化する前の猿人の時代に始まったことである。最初は肉食動物の食べ残しの獣骨から肉をそぎ落としたり、骨髄を割ったり切ったりして中の栄養豊富な成分を食べていたと推測されている。石器は次第に使用目的が増え、洗練されていったが、尖らせるよう加工して槍の刃先に使うのはネアンデルタール人など旧人になってからだと考えられている。弓矢の矢の先に石器を付けるようになるのは、ホモサピエンスになってからである。これによって、接近戦の危険を冒すことなく、獲物を仕留めることができるようになった。

火の使用は原人になってからで、生肉を焼いて食べれば消化がよく、植物の根なども加熱で食べやすくなる。火は食べ物の幅を広げただけでなく、寒冷地への進出でも威力を発揮する。暖をとるための火がなければ、低温の中で生命を維持できない。毛皮などを使った衣服を着るようになったことも、寒冷地適応に大きな役割を果たした。

ホモサピエンスが最強の動物として世界を覆うようになったのは、動物としての肉体能力というより、道具や協力行動など文化的な能力の高さによる。遺伝子で規定された能力の範囲で生涯を過ごす動物の一員から脱して、文化の伝達で生存能力を高める特異な動物へと踏み出すきっかけは、その認知能力の高さによることが、認知考古学や進化心理学などの研究の進展によって明らかになりつつある。

人類の世界拡散の過程で、その進出地域で大型の野生動物の多くが激減、あるいは絶滅していることが、化石などの調査・研究から明らかになっている。気候変動など他の要因というより、人類の狩猟活動の結果であるという見方が強い。

ウクライナのメジリチ遺跡では、マンモスの骨を枠組みに使った旧石器時代（約1万8000年前）の住居跡が発掘されている。1基の住居に400本もの骨を使っていることから、自然死したマンモスの骨を拾い集めたとはとても思えず、狩猟の副産物を使ったとみられている。写真3.9は、メジリチ遺跡の住居を復元した国立科学博物館（東京・上野）の展示である。

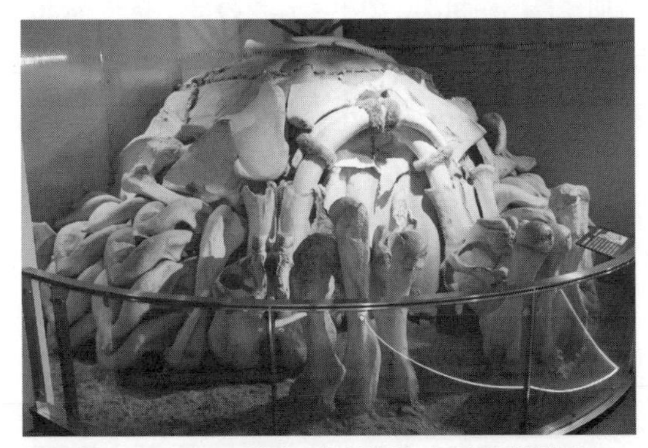

■写真3.9　メジリチ遺跡の復元住居（国立科学博物館）

3.4　農業の誕生と文明

人類の歴史をたどる場合にいくつかの「画期」があり、①道具の利用②火の利用③言語の獲得と認知革命④定住開始――を挙げることが多い。その次に来るのが「農業の開始」である。「農業革命」とも呼ばれる。特に「人類文明」を論じる場合に、「文明の母」といわれるのが「農業」であり、その後の人間社会の形成に大きな影響を与えた。

経済的にみれば、狩猟採取経済から生産経済への転換、自然環境との関係でいえば自然の一員としてその恵みのなかで生きる存在から、自然に能動的に関与して収奪へと一歩を踏み出す段階への飛躍といえる。その意味で、今日の環境問題とも深く関係する。

気候変動と農業

世界で農業が始まったのは、約1万年前とされる。地域により差はあるものの、地中海東岸からその北部にかけての「肥沃な三日月地帯」と呼ばれる地域でまず、オオムギ類の野生種が作物化されたという。1万2000年ほど前のことである。

やや遅れてエジプトのナイル川流域やインドなどでも農業が始まっている。いずれも麦類を中心にした作物の栽培である。米は中国の長江中・下流域で8000年以上前に栽培化されたことが分かってきた。中南米ではこれらより遅れたものの、トウモロコシやジャガイモなどが、栽培化されている。

似たような時期に農業が相次いで生まれたのはなぜか。人類は最終氷期（約7万年前～1万年前）の寒冷な時代に世界に拡散して狩猟採取技術を磨いてきたが、この氷期の最終盤で温暖化が進みかけたものの、急激な短期的寒冷化が起きた時期があった。「ヤンガードリアス期」と呼ばれ、この過酷な環境を生き抜くために考え出されてのが、野生植物の栽培化だったとみられている。認知能力の向上で、周辺の環境観察や自然の摂理への理解が進んだことも影響したようだ。

農業といえば、穀類を中心とした農作物の栽培がまず思い浮かぶが、野生動物の家畜化もほぼ同じ時期に進んだ。選ばれたのは草食動物で、なかでも攻撃性の少ない集団飼育に向いた野生種だった。豚、牛、羊、馬、ラクダ、リャマなどである。肉食動物を飼うには動物性の餌を与えねばならず、自分たちにとっても貴重な肉類を家畜に与えているゆとりはない。

例外ともいえるのが肉食であるオオカミを家畜化した犬だが、これは狩猟のための無二のパートナーという意味合いがあり、食料源、動力源としての家畜とは別に考える必要があろう。

いずれにしても農業の開始は、食料入手の安定化をもたらした。穀類は保存がきいたことから短期の気候変動にも耐えられるようになった。、家畜は食肉源としてだけでなく、乳製品も食料に加わった。その獣毛は織物として衣服に活用され、毛皮も様々な利用法があった。さらに、大地を耕す農耕の動力源ともなり、物資を運ぶ運搬役も果たしてくれた。

農業の高度化と文明

野生植物の栽培化から始まった農業は、素朴な段階から次第に高度化していった。自然の雨水（天水）頼りから、河川から農地に水を引いたり、ため池を作ったりするような灌漑を行うようにもなった。自分たちに都合のよい作物を選んでその種をまくことで、品種改良も覚えていった。

大きかったのは余剰食糧を得られるようになったことである。農業に直接携わらない人々も養えるようになり、職業の分化が進んだ。農地を開墾して敵対者から守り、大規模な灌漑施設を整備するには、権力機構を必用とする。ムラやクニが生れ、統治者階級や、交易に携る人々、農機具を作る職人、呪術などで集団を鼓舞して守る聖職者、あるいは兵士らが生れていく。

紀元前5000年ころ、世界的に寒冷化が進むなかで住みにくくなった故地から新たな農地を求めて大河の流域に多くの人々が集まり、古代の「都市」と呼べる地域が生れる。南西アジアのチグリス、ユーフラテス川流域やエジプトのナイル川流域、インド北西部のインダス川流域などだ。古代文明の誕生である。

様々な地域で文明が生れ、やがて滅ぶなど盛衰を繰り返すが、その多くに農業の失敗や環境の収奪が関係している。過剰な農業は農地の地力を使い尽くして収量を落とし、乾燥地での過剰灌漑は土地の塩害をも招く。農地開墾などのための森林伐採は、土地の乾燥化や砂漠化をもたらし、文明の衰退につながる。特に文明の地では、鉄、銅、銀などの精錬のために大量の木材が使用された。地中海周辺の地域はかつて豊かな森林に覆われていたが、たちまちのうちに森林が消えていった。
広大な大陸部での文明の盛衰は構造が複雑で分かりにくいが、スケールが小さく分かりやすい端的な例として、コラムで「イースター島の悲劇」を紹介する。

農業の工業化

農業と文明の関係は遠大なテーマだが、先を急いで現代の農業に目を移そう。農業技術の進展に科学技術力、工業力が関係するようになったのは、18世紀以降のことである。
まず肥料である。農業の開始以来、農地を使い続けると、収穫量が落ちることは知られており、様々な工夫が重ねられてきた。枯草を農地にすき込み、家畜の糞(ふん)を農地に与えることなどで、農地の地力が回復することが経験的に知られていた。山間部で行う焼畑も同様である。いわゆる「肥料」の効用であり、日本でも人糞や家畜の糞のほか、干した小魚なども肥料として与えてきた。
こうした効用がなぜ生まれるのか、解明が進んだのは18世紀以降である。ヨーロッパで、作物に必要な栄養として土の粒が重要とする「土粒栄養説」や腐った植物などが生育を促すという「腐食栄養説」などが生れたが、決定的な説明には至らなかった。
光合成の解明　18世紀後半には、植物の生育に決定的な役割を果たす光合成の解明が進んだ。まず、植物の生育に二酸化炭素が必要なことがわかり、次は二酸化炭素が根を通して土中から取り込まれるのか、それとも葉を通して空気中から取り込まれるのかが議論された。光合成は複雑な機構のため、解明には年月を要した。19世紀後半になって、植物は日光が当たると空気中の二酸化炭素を取り込んで葉緑体のなかでデンプンを作り、それによって成長することが分かった。光合成の過程で副産物として酸素を放出する。
無機栄養説　二酸化炭素と水と日光さえあれば植物が生育するかといえば、それだけでは足りない。やはり他の栄養分は必要である。1840年、独の化学者ユストゥス・フォン・リービッヒ（1803～1873）は、植物は無機栄養で生育するという「無機栄養説」を唱えた。枯草や植物の腐敗物など有機物がそのまま栄養になるのではなく、二酸化炭素、アンモニア、リン酸、硫酸、ケイ酸、カルシウム、マグネシウム、カリウムなどの無機物が栄養となるという考えで、その正しさは間もなく証明される。有機肥料が無駄なわけではなく、巨大分子の有機物がそのまま植物に取り込まれるわけではなく、分解されて無機物として取り入れられるということだ。

農業の世界に化学的な考えを持ち込んだことから、リービッヒは「農芸化学の祖」とされる。間もなく「窒素」、「リン酸」、「カリ」が、「肥料の３大要素」と呼ばれるようになり、人工肥料の時代が訪れる。

アンモニアの人工合成　1843年には、イギリスで肥料用として過リン酸石灰の工場生産が始まるが、現代の農業にさらに大きな影響を与えたのが、窒素肥料として役立つアンモニアの人工合成が実現したことだ。1913年のことで、「ハーバー・ボッシュ法」と呼ばれる。ハーバーとは、２章のコラムで紹介した化学兵器の開発に取り組んだドイツの物理化学者フリッツ・ハーバーのことである。空気中に大量に含まれながらそれまでは活用することが出来なかった窒素を、工場で固定することで、人工肥料の拡大に大きな役割を果たした。

『食糧の帝国——食物が決定づけた文明の勃興と崩壊』（太田出版、2013年）の著者らは、その様相を次のように描いている。

「中国は、世界の窒素肥料の約３分の１を使用しており、2006年には小麦畑を中心に3100万トンの窒素肥料を畑に施した。一方、アメリカは毎年1200万トンの窒素肥料を畑に使っている（中略）今日、地球の人口の約40％がハーバー・ボッシュ法によって産出されたたんぱく質に依存して生きている。言い換えれば、30億人が人工的に固定された窒素に頼って存在している。人間の細胞そのものが、緑の大地ではなく、アンモニアを合成する灰色に広がる工場群の産物なのである」

図3.10に、世界の肥料消費量の推移を示す。20世紀後半に人工肥料の消費が急拡大していることがわかる。1990年ころをピークに消費量が頭打ちになっているが、その後も減っているわけではなく、横ばい状態が続いている。肥料——なかでも窒素肥料やリン酸肥料の過剰使用が環境に悪影響を及ぼしていることが世界で問題化しており、抑制気運が広がっていることも影響している。

肥料のなかでも特に使用量の多い窒素肥料は、大地に蓄積されて土壌を酸

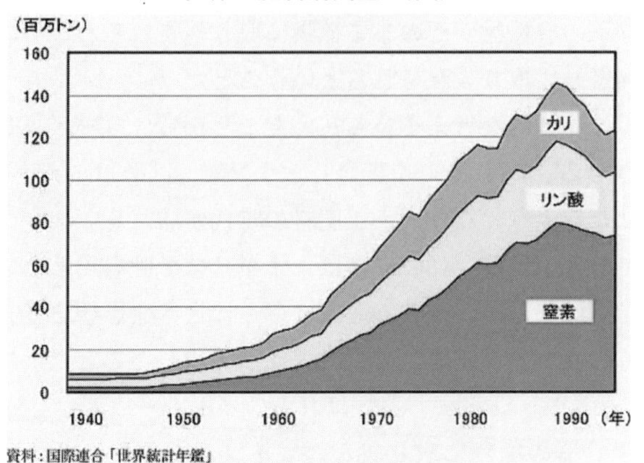

■図3.10　出典：平成12年版「科学技術白書」

性化させるばかりでなく河川や湖沼に流れ出して富栄養化を招き、海洋にまで流れ出す。さらに食料として輸入した肉類などの食品からも排泄物などとして窒素が環境に放出され、地球規模の窒素循環を大きく変えている。窒素酸化物は大気汚染の原因であるだけでなく、地球温暖化の原因物質でもある。こうしたことから、人工肥料の使用抑制が、環境配慮型農業の重要な課題になっている。

フード・マイレージと仮想水

農業の工業化は肥料だけに留まらない。農薬も工業製品であり、それぞれかなりのエネルギーを使って製造される。農業機械は言うに及ばず、灌漑用の動力装置や、温室栽培における保温にもエネルギーが使われる。

図3.11に、温室栽培の野菜と露地栽培の野菜の使用エネルギーの差を示す。温室栽培では露地栽培に比べて、なすで4.5倍、トマトだと10倍のエネルギーが投入されていることが分かる。

これは生産段階におけるエネルギーだが、人の口に入るまでに、さらに大量のエネルギーが投入される。その大きな要素が輸送である。農産物や水産物は長い間、地産地消が当たり前だったが、海運の発達でまず穀類など保存のきく品目が主要な貿易品になった。保冷技術の進展で肉類なども輸出入さ

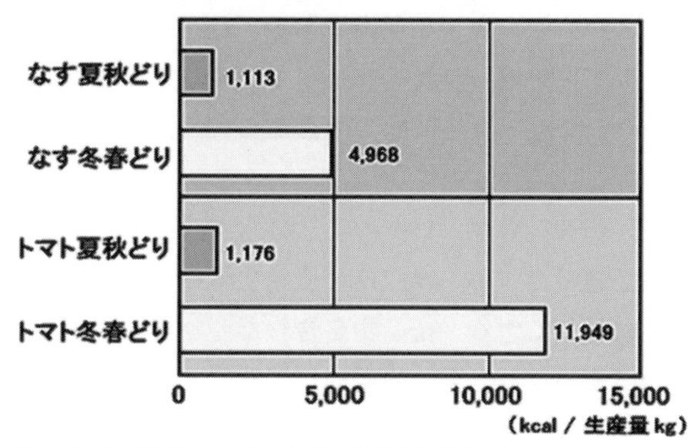

■図3.11　出典：平成10年版「環境白書」（「家庭生活のライフサイクルエネルギー」の項）

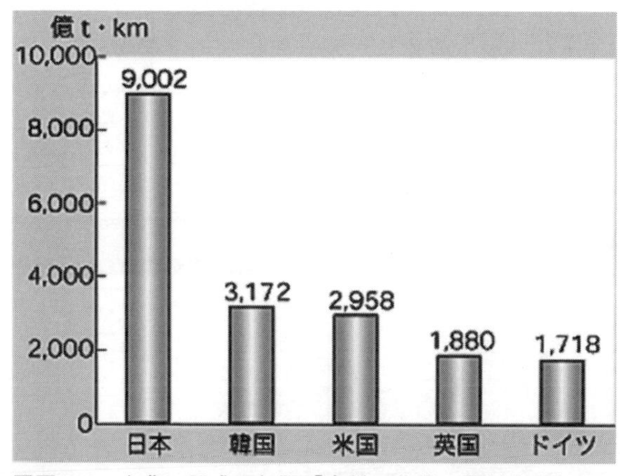

■図3.12　出典：平成19年版「食料・農業・農村白書」（「農林水産分野における地球温暖化対策の総合的な推進」の項）

れるようになり、航空輸送の発達は野菜類などの遠隔輸送も可能にした。

輸入食品がどれほどの輸送エネルギーを使っているのかを、簡潔に表現する指標に「フード・マイレージ」がある。輸送される食料の量（t）と、輸送距離（km）を掛け合わせた値（t・km）で示す。主要国のフード・マイレージが図3.12である。日本は年間9002億t・kmと圧倒的な量で、世界１位である。

人口規模がかなり大きい上に、食料品の輸入依存度が高く、しかも輸入先が遠隔地であることが、その大きな理由である。輸送まで含めると、日本人は世界で最もエネルギーを使った食品を食べていることになる。農山村の地域振興のためばかりでなく、環境問題の観点からも「地産地消」が期待されるわけだ。

農業には水が欠かせないが、日本のように水に恵まれた国はまれで、多くの国々が水問題で悩んでいる。人口増と農業生産拡大のなかで、水不足が21世紀の大問題といわれている。畜産物を含む農産物を輸入することは、その産物を得るために使われた水を、間接的に消費しているともいえる。これが「仮想水」（バーチャル・ウオーター）の考え方である。もし自国でそれら農畜産物を生産していれば、それに必要な水は自国で賄わなければならなかったからだ。

環境省などによると、1kgのトウモロコシを生産するには灌漑用水として1,800リットルの水が必要で、これらを飼料として育つ牛からの肉（牛肉）は1kgあたり20tもの水を消費した末に肉になる。日本はアメリカやオーストラリアなどからの牛肉輸入国であるため、アメリカからの年間輸入仮想水

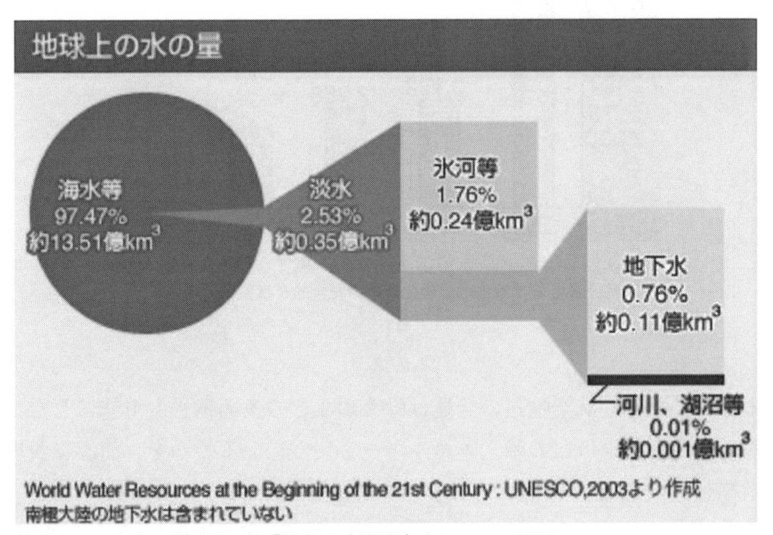

■図3.13　出典：国交省HP「世界の水資源」（2019.12.14閲覧）
http://www.mlit.go.jp/mizukokudo/mizsei/mizukokudo_mizsei_tk 2 _000020.html

は約2005年のデータで400億t、オーストラリアからは約140億tに達する。全世界からの日本への食料品を合計すると、年間831億tもの仮想水を消費する水の輸入大国ということになる。この量は日本国内で農業の灌漑用水として利用される年間総量を上回る。（東大生産技術研究所・沖大幹教授の研究室）

地球上の水の総量は約14億km^3。多いように感じられるかもしれないが、その97.5％が海水である（図3.13）。残りの淡水の大半が氷河や地下水として存在し、人間が活用できる河川や湖沼の水として存在するのはわずか0.01％にすぎない。いかに水資源が貴重かわかる。農業の収量維持・拡大のために、地下深くの「化石水」と呼ばれる深層地下水にまで手を出す国も出ている。一度汲み出してしまえば、その水が回復するのにあまりにも長大な年月を必要とするため、使えば無くなるのは化石燃料と変わらない。

食品ロス（フードロス）

日本の食料品がいかに多くのエネルギーや水資源によって作られているかを述べてきたが、さらに深刻なのは、その食料品がまだ食べられるにもかかわらず廃棄される「食品ロス」（フードロス）の問題である。

農林水産省などの推計によると、日本全体で年間に供給される全食品の約３分の１が食べられるにも関わらず廃棄されている。同省の資料「食品ロス及びリサイクルをめぐる情勢」（2019年11月）によると、日本の年間の食品ロス量は643万tにおよび、食品関係廃棄物全体（2759万t）の23％を占めている（図3.14）。全食品ロスのうち45％が家庭からの廃棄で、食品製造業や外食産業からの廃棄を上回っている。家庭からの食品関係廃棄物のうち37％がまだ食べられる食品ロス分だ。

これはただ「食べ物がもったいない」というレベルの話ではなく、捨てられる食品のために多量のエネルギーが消費されてしまったことになり、地球温暖化の大きな要因になっている。また廃棄物処理のためにもエネルギーや労力が使われるが、食品ロスを減らせばその分の処理エネルギー節約になる。様々な分野で省エネの努力が続けられているが、改善余地の大きいのが食品ロス問題である。

日本だけでなく、食品ロスは世界的な問題である。世界で年間に生産される食品約40億tの３分の１にあたる13億tが食品ロスとして捨てられている。

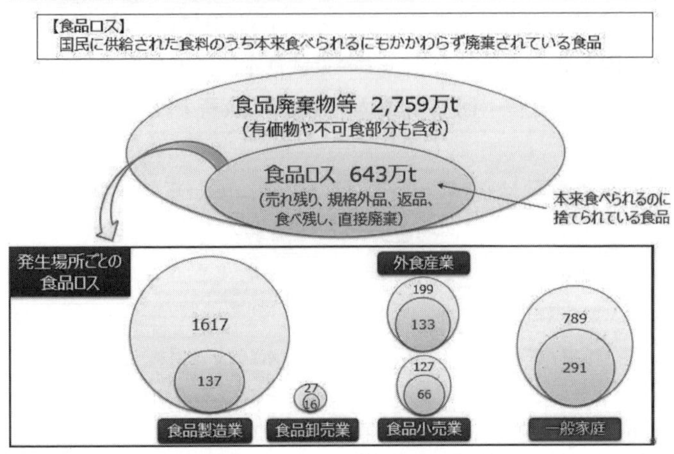

■図3.14　出典：令和元年11月時点版「食品ロス及びリサイクルをめぐる情勢」（農水省食料産業局）

世界で8億人以上が飢餓に苦しんでいるが、生産食品が無駄なく配分されれば飢餓は解消される。

食品ロスが発生する原因は国情によって差がある。低所得国における食料ロスの原因は、主に収穫技術や貯蔵、冷却施設、輸送などの不備に起因しており、家庭段階での廃棄は極めて少ない。中・高所得国では、生産、加工、輸送段階というより、販売、消費段階の廃棄が圧倒的に多い。日本の場合は、食べ残しや消費、賞味期限切れに関する廃棄が多くを占めている。

それぞれの国に改善の余地が大きく、後述する世界的な環境対策の指針である「持続可能な開発目標」（SDGs）でも、改善目標のひとつに挙げられている。

3.5　産業・資源・エネルギー

農業の開始が人類文明の始まりとなったことを前項で扱った。それに続く都市文明の登場、さらに産業文明への過程で、様々な資源やエネルギーを徐々に使うようになった。図3.15に世界人口の推移、図3.16にエネルギー利用の

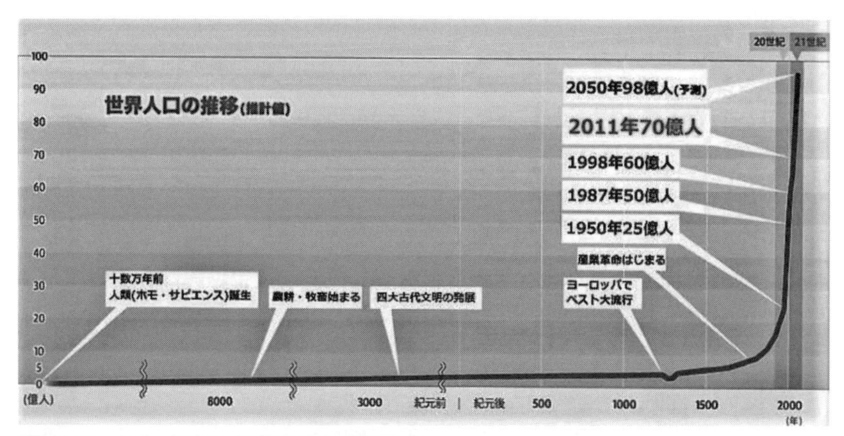

■図3.15　出典：国連人口基金東京事務所HP

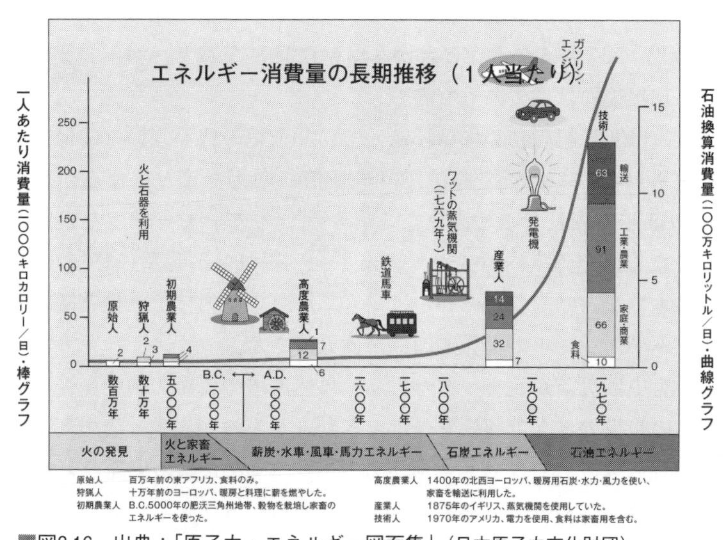

■図3.16　出典：「原子力・エネルギー図面集」（日本原子力文化財団）

長期推移を示す。ともに同じようなカーブを描きながら19世紀以降に急激に増加していることが分かる。

現代人が一人当たりに使うエネルギーはゾウ１頭分と形容されることがあるが、そのうち動物として生きてゆくための食料エネルギーは微々たるもので——とはいっても農業の工業化で触れたように昔と比べるとエネルギーの塊を食べているが——住居から衣類から職場への移動、さらに旅行や趣味の世界、快適な社会を維持するためのインフラ、医療などあらゆるものがエネルギーの利用で成り立っている。

現代人は、自らのための快適な環境を作り上げた「恒環境動物」と指摘したのは生物学者の本川達雄だが、現代人はエネルギーによって寿命を延ばしているともいえる。こうした過程でエネルギーばかりか、様々な資源も収奪してきた。地球に余裕のあるうちはよかったが、20世紀以降はその領域をはるかに超えている。

成長の恐怖

現代社会は経済に限らず様々な面で成長を至上の価値とする志向性が強いが、ここで成長を考えてみよう。年率１％の成長といえば大したことはないように思えるが、この成長が続くとどうなるか。41年で元の５割増、70年で２倍、100年で2.7倍になる。これが３％の成長になると、24年で２倍、37年で３倍、78年後には10倍にもなる。

世界人口は20世紀の初めには16億人で、20世紀の終わりには60億人を超えたと推定されている。この間、人口が3.8倍に増えたことになるが、わずか年率1.3％ほどの成長でこのようなことが起こるのである。ただ人口が増えただけでなく、その生活様式がエネルギー・資源多消費型に移行したので、いくら省エネなど効率利用を心がけても、成長の圧力はそれほど緩和されない。ちなみに、2019年の世界人口は77億人である。

人類の歴史は農業が始まってからも、自然環境や資源の制約を受けて、人口増などの規模の拡大は制約を受けてきた。ところが産業社会の到来とともに成長過程に入り、科学技術の強力な後押しで、「人類の暴発」とも呼べる急拡大をとげたのだった。このようなことが続くはずがないのは自明のことで、ローマクラブが『成長の限界』（1972年）で警告を発したのは、今となっては遅すぎたのかもしれない。

成長を至上とするようになったのは、そう遠い昔のことではない。宗教を始めとして様々な社会規範が、欲望や富の過剰な追究を抑制してきたが、それが急速に希薄になってしまったのが、現代社会である。市場経済の急進展、資本主義の爛熟など、その要因について様々な議論がなされているが、話は簡単なものではない。しかし、成長至上、物質的豊かさ追究に、科学技術が無関係とはいえない。科学は価値中立で、使い方次第という考えがあるが、科学や技術抜きに人類は暴走のしようがなかったのも事実である。

エネルギー・地下資源

人類はどのようなエネルギーに依存しているのか、図3.17に世界の一次エネルギー消費量の推移を示す。1965年からわずか半世紀の間に消費総量は3倍以上になり、その大半が石炭、石油、天然ガスなどの化石燃料である。全体の85%をこれら再生が不可能なエネルギー資源に頼っており、水力を含めた再生可能エネルギーは10%ほどにすぎない。

化石エネルギーの可採埋蔵量は、2016年のデータでは、石油51年分、天然ガス53年分、石炭150年分ほどである。可採埋蔵量は経済的に採掘可能な量なので、技術の進展や埋蔵層の新発見などで伸びるにしろ、永遠に続くわけではない。原子力はこれらより長持ちしそうに感じられるかもしれないが、燃料となる天然ウランの可採埋蔵量は100年分ほどで、ウラン資源を使い捨てる「ワンス・スルー」と呼ばれる燃焼方式では、他の化石燃料と大差はない。

問題はエネルギー資源だけではない。金属用の鉱物資源は、エネルギー資源に劣らず人類文明の進展に大きな影響を与えてきた。まず使われるように

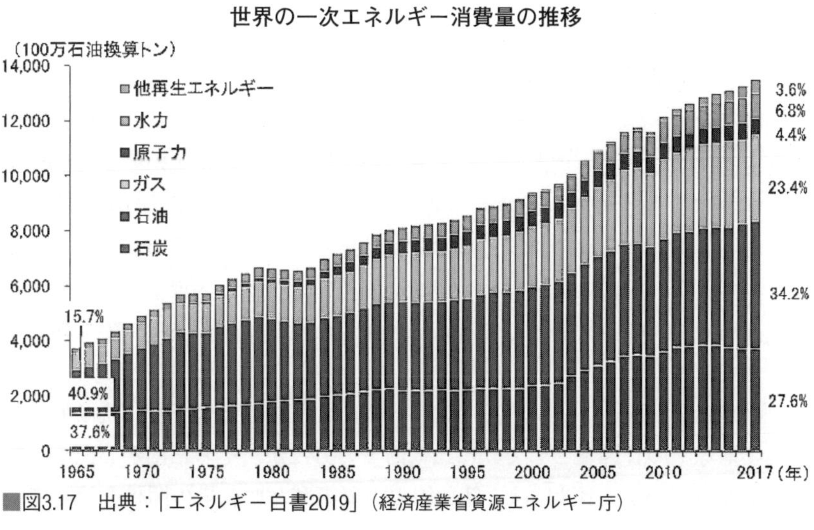

世界の一次エネルギー消費量の推移

図3.17　出典：「エネルギー白書2019」（経済産業省資源エネルギー庁）

なったのは銅である。金属状の露頭として入手できた自然銅は、農業の開始とほぼ同じ１万年ほど前にメソポタミア周辺で使われ始め、やがて火によって鉱石から精錬する方法を見出した。当初は権威や地位を示す威信財としての装飾品などに使われたが、やがてスズとの合金である青銅の作り方がやはりメソポタミアで開発される。約5500年前のことである。銅と比べて硬度が高いため、武器や農具などの利器としても使われ始める。石器時代に続く青銅器時代の始まりである。

銅にやや遅れて使われるようになったのが金や銀で、こちらの方も柔らかかったことに加えて希少な資源だったため、利器というより、もっぱら威信財や後には貨幣として使われた。古代文明の遺跡では地域を問わず、王や貴族らの副葬品として発掘される。これらの金属は比較的融点が低いため、精錬して金属塊にするのが容易だった。

それに比べて利用が遅れたのは鉄である。融点が1500度と高く、精錬するには特殊な技術を必要とする。まずこの方法を開発したのが、メソポタミアの北のアナトリア高原で栄えたヒッタイト王国で、約3500年前のことである。鉄の製法は極秘とされ、ヒッタイトはその武力で帝国を拡大したが、3200年ほど前にヒッタイトが滅びると周辺に鉄の製法が広がり、鉄器時代を迎える。

こうした金属利用は、人口も限られた時代においては地球規模の問題に発展することはなかったが、地域的には精錬のための木材を多用したため森林が消失し、文明の盛衰にも影響した。

産業革命と鉄の時代

18世紀後半にイギリスで始まり世界に広がった「産業革命」が、鉄の時代を決定的にする。動力機関を始めとする精密機械には鉄が欠かせず、橋などの構造物にも強度の優れた鉄が多用されるようになり、大型船舶も鉄製になった。急拡大する鉄の精錬には木材では足りず、石炭が使われるようになり、エネルギー的には石炭の時代が始まる。18世紀から19世紀にかけて、石炭採掘用の坑道維持材料としても木材が使われたため、イギリスの森林はほぼ消えてしまった。

鉄の時代は現代にもおよび、都市を構成する様々な構造物に鉄は欠かせない。地球上の資源量として鉄は比較的多い方だが、その枯渇が心配されるようになっている。図3.18は、鉄と銅の需要予測と埋蔵量の関係を示してい

鉄・銅の需要予測と埋蔵量

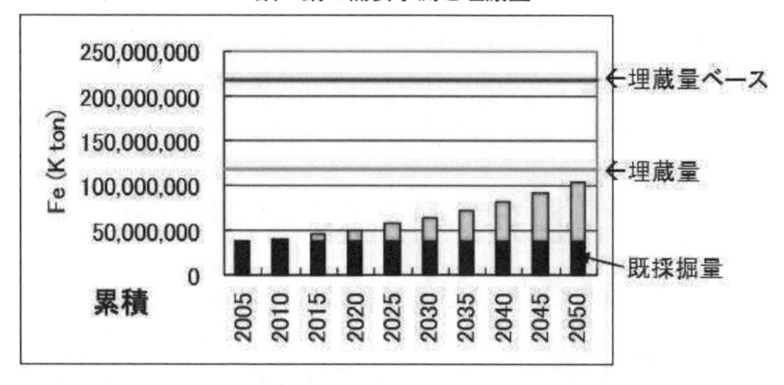

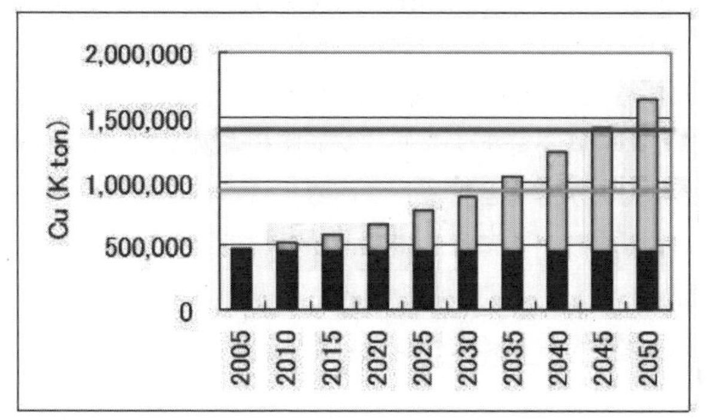

■図3.18　出典：物質・材料研究機構調査報告書「2050年までに世界的な資源制約の壁」（2007年２月）

る。図中の「埋蔵量ベース」とは、現状では経済的に見合わないために採掘されないが、供給がひっ迫したり、技術が発達したりすれば採掘可能な量である。

鉄（Fe）の場合、30年後には埋蔵量にかなり近づき、そのままの状態で需要が伸びれば、埋蔵量を超えるのも時間の問題の状況である。銅（Cu）の場合はもっと深刻で、15年後には埋蔵量を超え、30年後には埋蔵量ベースをも超えてしまう。当然、リサイクルなど対策が進められるだろうが、金属の場合、エネルギーのように代替手段（材料）がそうそう見つかるわけではないので、文明の行方にも陰を落とすだろう。

エコロジカル・フットプリント

人間活動がいかに地球環境に負荷をかけているかを示す指標に「エコロジカル・フットプリント」がある。資源の再生産や廃棄物の浄化などに必要な陸域、海域の面積で表し、人間活動が拡大するほどこの値が大きくなる。人間活動の地球生態系に対する需要量ともいえる。これに対しバイオキャパシティーは、生態系が再生産可能なまま維持できる環境容量である。図3.19に、エコロジカル・フットプリントの推移を示す。

これによると1970年ころに、人間活動が地球の環境容量を超えていることがわかる。WWF（世界自然保護基金）ジャパンの「日本のエコロジカル・フットプリント 2017 最新版」によると、世界の人々が今の暮らしをするには地球1.7個が必要で、すでに7割ほど環境容量を超過している。日本人並みの生活を世界の人々がすると、地球2.9個分が必要という。また、日本人の生活が環境に与える負荷の分野を分析すると、交通関係が21％、食に関わる負荷が27％、住宅・光熱関係が27％と指摘している。

エコロジカル・フットプリントに対しては、その統計手法やデータの正確性などに対して異論もあるが、人間活動の過剰さを分かりやすい指標として示し、多くの人の意識変革や教育に役立っている。

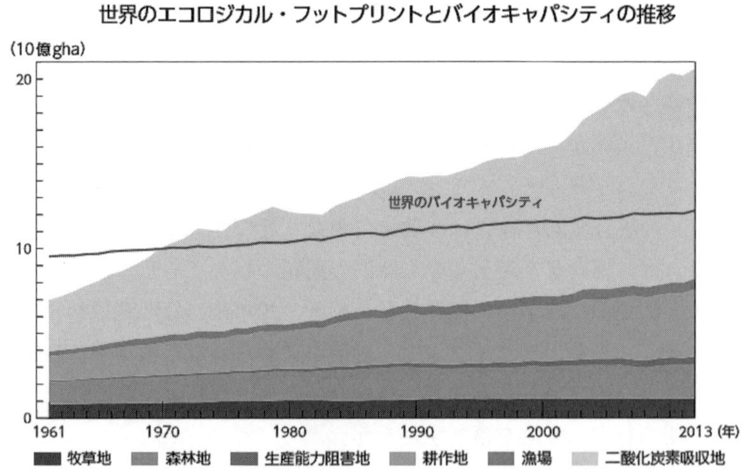

世界のエコロジカル・フットプリントとバイオキャパシティの推移

資料：グローバル・フットプリント・ネットワーク

■図3.19　出典：平成30年版「環境・循環型社会・生物多様性白書」

コラム

共有地の悲劇とイースター島

南米チリの西方沖3700kmの太平洋上に浮かぶ面積164km^{2}ほどの孤島「イースター島」は、巨大な石像「モアイ」が林立して観光地としても有名だが、人類史、文明史の書籍などでよく「イースター島の悲劇」として取り上げられる。進化生物学者ジャレド・ダイアモンドの『文明崩壊—滅亡と存続の命運を分けるもの（上・下）』（草思社,2005年）はその代表例だ。人間と自然の関わりは、地球規模では複雑だが、小さな島を例にとると分かりやすいためである。

今から1500年ほど前にこの島にポリネシア人が漂着して住み着く。亜熱帯のヤシ類が茂る豊かな島である。イモ類などを栽培するほか、海鳥を捕まえたりカヌーで近海の魚類を獲ったりして暮らせば、かなりの人口が養える。最盛期には1万5000人ほどが暮らしたと推測されている。

この島で7世紀ころからモアイ像を立てるための石の祭壇がいくつも作られ始めた。1基の台座の重さは300tから900tにも及ぶ巨大なものである。この台座に平均4mほどの高さの像が据えられ、最終的には台座が約300基、モアイ像の数も1000体に及んだ。

島は火山島で凝灰石に恵まれていた。これらの石を像などに加工して、採石場から何kmも離れた海に近い地域に運んだ。祖先崇拝の象徴として部族の安寧を祈ったと推測されている。だが、なぜこの島が「悲劇」なのか。巨大なモアイ像やその台座は重くて、容易には運べない。木を切ってコロのように並べ、樹皮を割いて編んだロープで人々が引いたとみられる。モアイ像が増えるにつれその木材量は膨大な量になるが、これに家屋やカヌー用の木材、煮炊きや火葬用の木材も加わる。

こうして15世紀ころには緑の島から樹木が消え、それにともなって土壌も荒れ、農作物も思うように収穫できなくなっていった。人間の活動が環境容量を超えてしまったのだ。近くに避難する島もなく、カヌーを作る木材にも事欠くなかで部族対立が激化し、敵対部族のモアイ像を倒すなど戦乱が常態化し、人口も激減していったと推測されている。

18世紀にオランダ人やイギリス人がこの島に上陸したころには、ほとんど樹木がなくなっていた。ヨーロッパ人が島民を奴隷として南米大陸に連れ去ったり、彼らの持ち込んだ天然痘で島民が倒れたりして、19世紀後半には人口がわずか100人余りになってしまったという。

多数の人々が共有の土地などを使う場合、それぞれが節度をもって使えば、その土地から継続的に恵みが得られる。だが、特定の人たちがより多くの収穫を望めば、収奪競争が起きて、共有地は崩壊してしまう。こうした状況を「共有地の悲劇」というが、イースター島で起きたことは、この種の悲劇だった。イースター島を地球に拡大して考えれば、同じことが今、地球で起きているという警告として、引き合いに出されるわけだ。

3.6　文明の転換期

生態学

環境重視の形容詞として「エコロジー」とか「エコな……」などの言葉が使われることが多いが、エコロジー（ecology）の本来の意味は「生態学」である。環境と生物の相互関係を様々な角度から研究する学問分野で、19世紀からエコロジーという用語が使われるようになった。

自然対人間という二項対立の考え方は近代の特徴であり、17世紀の科学革命の指導理念となったルネ・デカルトの「物心二元論」、「要素還元主義」、あるいは「自然の上に人間の王国をつくる」というフランシス・ベーコンの自然支配の理念が威力を発揮して、科学技術文明の隆盛を招いた。

生態学はこうした理念の対極ともいえる指向性があり、個別の生命を独立して究明するというより、相互関係、相互依存のなかでとらえようとする。環境保護と極めて親和性が高く、いつの間にか環境を象徴する言葉になった。

生態系　生態学と関係の深いのが、生態系（ecosystem）である。人間は、自分たちに有用な資源やエネルギーを与えてくれる“動脈系”ばかりに目が向くが、使った後の“静脈系”なくしてシステムは成り立たない。図3.20に、生産者→消費者→分解者からなる陸上生態系の仕組みを示す。太陽のエネルギーを使って植物が成長し、草食動物がその植物を食べ、肉食動物がそれを

陸上生態系のエネルギーの流れ

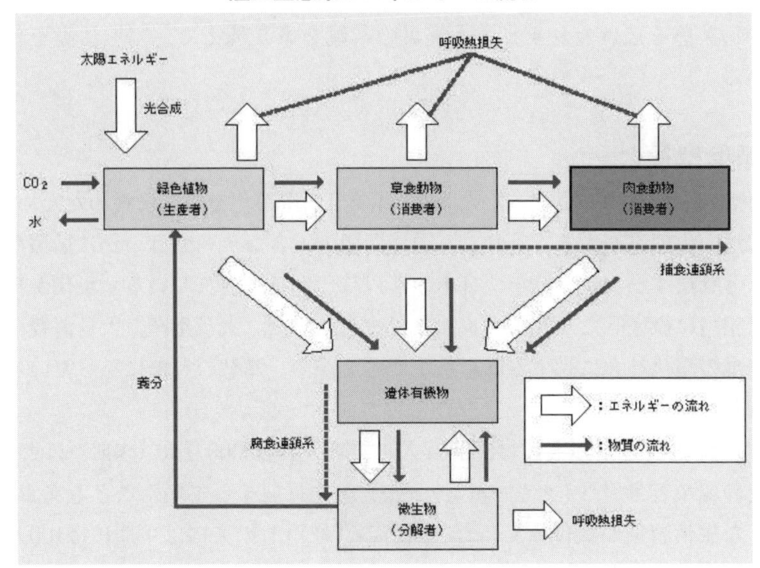

■図3.20　出典：平成19年版「環境白書」

食べ……というお馴染みの生産・捕食システムだが、それら生物の遺物・遺骸を分解して自然に戻してくれるのが、細菌類などの微生物である。細菌が有機物を分解して無機化してくれることで、その土地が豊かになり、植物の生育を保証してくれる。土壌１gには数億から10億個もの微生物が存在している。

土壌は農業にとって欠かせないが、土壌は単なる土ではない。元々は岩石だったものが、自然の風化作用で細分化され、さらに細菌類や地衣類、植物の作用で栄養分も豊富な豊かな土壌に変わっていく。地表の土壌の厚さは世界平均で18cmほどといわれ、一度失われると、その回復には長い年月がかかる。森林の減少で農地が劣化するのは、森林によって守られてきた貴重な土壌が飛散したり流失したりするからだ。

生態系は陸上だけでなく、海洋にも存在する。海は独立して存在するわけではなく、河川を通して上流の森ともつながる。森からの栄養分を河川が運んでくれるのだ。さらに、海浜を通して人間の生活とも深くかかわる。『森は海の恋人』（文春文庫、2006年）の著者・畠山重篤は、宮城県気仙沼でのカキの養殖を通して森と海の関係性を痛感し、1989年から上流域で植林活動を行い、共感を広げた。東日本大震災の苦難を乗り越えて、NPO活動を続けている。

循環型社会

自然の生態系の一員だった人間が、工業化、産業化を急速に進めたために、循環型の生態系が大きく乱れた。環境問題の大きなテーマはいかに循環型社会をとり戻すかだが、近年、日本の江戸時代が見直されている。現代からみれば相当に徹底したリサイクル社会だったためだ。大量生産、大量消費、大量廃棄の現代社会に対する倦怠感が増すなかで、郷愁の対象になっているのかもしれない。

江戸時代の日本の人口は2500万人（初期）から3000万人（末期）ほどで、国土の環境容量（バイオキャパシティー）の中に収まっていたこともあるが、様々な生活習慣が根付いていた。当時の「江戸」の人口は中期には100万に達する世界でも有数の大都市で、同時代の大都市である北京やロンドン、パリなどを上回っていた。しかし、もっとも清潔だった都市ともいわれている。

幕府によって神田上水、玉川上水などの上水網が整備され、清浄な水が提供された。糞尿は下肥として業者らによって買い取られ、周辺の農村地帯に肥料として売られた。窒素成分に富み、農作物の生産を支えた。写真3.21は、糞尿を回収した肥桶（こえおけ）と、都市部から近郊農村に運んだ船である。江戸時代だけでなく、場所によっては昭和の戦後期まで続いた。魚のアラや野菜のクズなども農地に戻された。煮炊きに使ったかまどの灰も買い取られ、灰市などで農民に売られ、農地を豊かにした。

生活用品も同様で、紙くず買いの業者が古紙を買い取り、漉き返し業者が再生紙を作った。ほうきや古傘、空き樽なども買い取られ、再生利用されたり、細かくしてかまどに火をつける際のつけ木として売られたりした。ろうそくが燃え尽きて、火元に残ったろうの塊さえ買い取られ、ろうそくに再生されたという。

循環型社会への３要素は「３R」―― Reduce（リデュース）、Reuse（リユース）、Recycle（リサイクル）といわれるが、必要な量だけ食材などを量り売りして無駄な廃棄を防ぐのはリデュース、傘や提灯の竹の骨を残して紙を張り替えて使い続けるのはリユース、回収した紙を再生紙にしたり、燃え残り

■写真3.21 下肥を収集した肥桶と運ぶ船（葛飾区郷土と天文の博物館展示）

ろうを新たなろうそく材料にしたりするのはリサイクルだろう。

食料事情は、もちろん地産地消が基本だった。冷蔵技術がなかった時代だけに、当然といえば当然だが、近海で獲れた魚は高速船（当時としては）で河岸まで運ばれて生のままあるいは干物として売りさばかれた。野菜類も近郊農村で栽培されたものが馬などで運ばれた。旬の食材を生かした様々なメニューも考案されている。

都市周辺には里山が広がっていた。きのこ類や山菜類、川魚などの貴重な供給源になり、農民は枯れ葉を集めて畑などの農地に漉き込み、肥料にした。里山生態系である。

こうした暮らしぶりが明治時代になって急に消えたわけではない。地域によっては、昭和時代まで残った。明治の開国後に訪れるようになったヨーロッパ人らは、里山地域や山村などで人々の暮らしや景観に触れ、様々な紀行文を残している。今で言うエコロジカルでゴミの少ない生活に感嘆したようだ。

生物多様性

地球規模の環境問題といえば、まず地球温暖化が思い浮かぶが、その陰に隠れがちな生物多様性も重要なテーマである。地球温暖化防止条約（気候変動枠組条約）と生物多様性条約は双子の条約ともいわれ、1992年6月にブラジルのリオデジャネイロで開かれた「環境と開発に関する国際連合会議」（UNCED、通称「地球サミット」）で、ともに採択・署名された。

生物多様性は、①生態系の多様性②種の多様性③遺伝子の多様性――の3種に分類される。①は、森林、里山、湿地、干潟、サンゴ礁など生物と自然が作り出す生態系が多様であることをさす。②は、大は動植物から小は細菌などの微生物まで、生物種が多様なことをいい、③は、同じ生物種のなかでも遺伝子の微妙な違いで多様な個性を持つ生物が豊富に存在することを意味する。

遺伝子の多様性が失われると、どうなるか。単一種ばかりが普及した農作物にいったん細菌、ウイルスなどによる疫病が広がると、壊滅的な打撃を受けるが、この作物に遺伝的多様性があれば、病害虫に強い性質を持つ品種もあるため、打撃は緩和される。1845年から5年ほど続いたアイルランドの「ジャガイモ飢饉」では、人口の20％以上が餓死、病死したとされ、多くがアメリカなどに避難民として脱出した。当時のアイルランドは主食に近いほどジャガイモに頼っていたが、単一の品種に依存していたため、被害が深刻になった。

生物多様性が形作る生態系は、人類にも多大な恩恵をもたらしてくれているが、そのことを強く意識することはなかった。生物多様性条約が発効し、多様性保全を検討するなかで、生態系の与えてくれるサービスの分類、評価が行われた。表3.22に、そのサービスの種類を示す。食料や資源など直接的な供給サービスのほか、災害の緩和機能、さらには景観を楽しみ、心の安らぎを得ることの出来る文化的サービスまで、極めて多様である。

ただ分類するだけでなく、保全のための動機づけとして、生態系サービスの経済的価値も試算されつつある。たとえば、世界の湿地（約3800か所）が生み出す調整サービスや供給サービスは、年間35億アメリカ・ドルに相当するという試算がある。また、昆虫による農作物への授粉サービスは年間1530億ユーロ、世界中の陸域保護地域が生み出す水質浄化やレクリエーションなどの価値は年間4兆400億～5兆2000億アメリカ・ドルという。（いずれも環境省の普及啓発パンフレット『価値ある自然』から）

生態系サービスの分類

供給サービス	
1	食料（例：魚、肉、果物、きのこ）
2	水（例：飲用、灌漑用、冷却用）
3	原材料（例：繊維、木材、燃料、飼料、肥料、鉱物）
4	遺伝資源（例：農作物の品種改良、医薬品開発）
5	薬用資源（例：薬、化粧品、染料、実験動物）
6	観賞資源（例：工芸品、観賞植物、ペット動物、ファッション）
調整サービス	
7	大気質調整（例：ヒートアイランド緩和、微粒塵・化学物質の捕捉）
8	気候調整（例：炭素固定、植生が降雨量に与える影響）
9	局所災害の緩和（例：暴風と洪水による被害の緩和）
10	水量調整（例：排水、灌漑、干ばつ防止）
11	水質浄化
12	土壌浸食の抑制
13	地力（土壌肥沃度）の維持（土壌形成を含む）
14	花粉媒介
15	生物学的コントロール（例：種子の散布、病害虫のコントロール）
生息・生育地サービス	
16	生息・生育環境の提供
17	遺伝的多様性の維持（特に遺伝子プールの保護）
文化的サービス	
18	自然景観の保全
19	レクリエーションや観光の場と機会
20	文化、芸術、デザインへのインスピレーション
21	神秘的体験
22	科学や教育に関する知識

■表3.22　出典：普及啓発用パンフレット『価値ある自然』（平成24年、環境省・生物多様性施策推進室）

愛知ターゲット

生物多様性対策で大きな節目となったのが、2010年10月に愛知県名古屋市で開催された「生物多様性条約第10回締約国会議」（COP10）である。「生物多様性を保全するための戦略計画2011-2020」が採択され、各国が取り組むべき20項目の行動目標が合意された。開催地にちなみ「愛知ターゲット（目標）」と名付けられた。表3.23に、その概要を示す。

2050年までの長期目標として、「2050年までに、生物多様性が評価され、

生物多様性戦略計画 2011-2020（愛知目標）

■ 長期目標 (Vision) <2050年>

○「自然と共生する（*Living in harmony with nature*）」世界
○「2050年までに、生物多様性が評価され、保全され、回復され、そして賢明に利用され、それによって生態系サービスが保持され、健全な地球が維持され、すべての人々に不可欠な恩恵が与えられる」世界

■ 短期目標 (Mission) <2020年>
生物多様性の損失を止めるために効果的かつ緊急な行動を実施する。

◇これは2020年までに、抵抗力のある生態系とその提供する基本的なサービスが継続されることを確保。その結果、地球の生命の多様性が確保され、人類の福利と貧困解消に貢献。

■ 個別目標 (Target)

目標1：人々が生物多様性の価値と行動を認識する。
目標2：生物多様性の価値が国と地方の計画などに統合され、適切な場合には国家勘定、報告制度に組込まれる。
目標3：生物多様性に有害な補助金を含む奨励措置が廃止、又は改革され、正の奨励措置が策定・適用される。
目標4：すべての関係者が持続可能な生産・消費のための計画を実施する。
目標5：森林を含む自然生息地の損失が少なくとも半減、可能な場合にはゼロに近づき、劣化・分断が 顕著に減少する。
目標6：水産資源が持続的に漁獲される。
目標7：農業・養殖業・林業が持続可能に管理される。
目標8：汚染が有害でない水準まで抑えられる。
目標9：侵略的外来種が制御され、根絶される。
目標10：サンゴ礁等気候変動や海洋酸性化に影響を受ける脆弱な生態系への悪影響を最小化する。

目標11：陸域の17%、海域の10%が保護地域等により保全される。
目標12：絶滅危惧種の絶滅・減少が防止される。
目標13：作物・家畜の遺伝子の多様性が維持され、損失が最小化される。
目標14：自然の恵みが提供され、回復・保全される。
目標15：劣化した生態系の少なくとも15%以上の回復を通じ気候変動の緩和と適応に貢献する。
目標16：ABSに関する名古屋議定書が施行、運用される。
目標17：締約国が効果的で参加型の国家戦略を策定し、実施する。
目標18：伝統的知識が尊重され、主流化される。
目標19：生物多様性に関連する知識・科学技術が改善される。
目標20：戦略計画の効果的実施のための資金資源が現在のレベルから顕著に増加する。

資料：環境省

■表3.23　出典：平成24年版「環境白書」

保全され、回復され、そして賢明に利用され、そのことによって生態系サービスが保持され、健全な地球が維持され、全ての人々に不可欠な恩恵が与えられる世界」を掲げ、より具体的な個別目標として、表にあるように20項目を列記している。

この個別目標の達成期限が2020年で、2019年には各国による評価を取りまとめる作業が進められている。全体の詳細はまだ明らかでないが、政策方針など一部の項目をのぞき、「目標に向けて進捗しているが、不十分な速度」、あるいは「変化なし」などが目立ち、先行きは明るくない。

愛知ターゲット以降の次期国際目標（ポスト2020目標）については、2020年に中国・北京で開かれる「生物多様性条約第15回締約国会議」（COP15）で決定される予定になっている。

「人新世」と「第6の大量絶滅」

地球の歴史を超長期でみるときに、時間の物差しとして使われるのが「地質年代」である。生物も含めた過去の地球環境の変遷の痕跡は地層に刻まれ、

地質年代と生物の大量絶滅

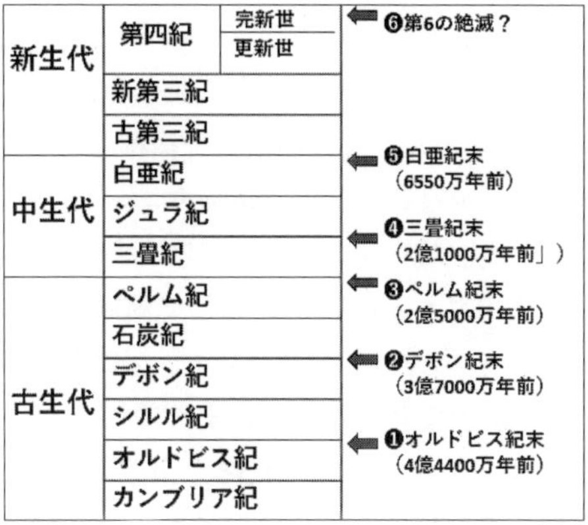

代	紀	世	大量絶滅
新生代	第四紀	完新世	⬅❻第6の絶滅？
		更新世	
	新第三紀		
	古第三紀		
中生代	白亜紀		⬅❺白亜紀末（6550万年前）
	ジュラ紀		
	三畳紀		⬅❹三畳紀末（2億1000万年前」）
古生代	ペルム紀		⬅❸ペルム紀末（2億5000万年前）
	石炭紀		
	デボン紀		⬅❷デボン紀末（3億7000万年前）
	シルル紀		
	オルドビス紀		⬅❶オルドビス紀末（4億4400万年前）
	カンブリア紀		

■図3.24

深い地層ほど太古の姿を物語ってくれる。地層中の物質の組成や生物化石、花粉などの分析・研究で、その時代の環境が分かるため、地質年代という言葉が使われるわけだ。

「カンブリア紀の大爆発」と呼ばれたころ（約5億4000万年前）に、海洋で生物の種類が爆発的に多様化した。この時代以降の地質年代表を図3.24に示す。大きな区分では、古い順に古生代⇒中生代⇒新生代と今に近づく。それぞれの「生代」は、さらに細かい「紀」に分かれ、カンブリア紀、オルドビス紀、シルル紀……と続く。我々が生きる現代は新生代の第四紀。さらに第四紀は「更新世」と「完新世」に分かれるため、今の地質年代は「新生代第四紀完新世」ということになる。

ところが近年、「完新世」はすでに終わっており、「人新生（じんしんせい）」、英語でアントロポセン（Anthropocene）と呼ぶべきだという提案がなされ、徐々に現実味を帯びてきた。言い出したのは、オランダ生まれの大気化学者パウル・クルッツェン（1933～）で、2000年のことである。クルッツェンはオゾン層の研究でノーベル化学賞を受賞しており、環境問題との縁が深い。

なぜ人新世なのか。人間活動の急拡大が地球環境を大きく変え、その痕跡が地質や大気にも記録されるようになったためである。では、いつから人新世が始まったのか。その時期を巡っては議論が決着していない。古い方では「農業の開始」をもって始まりとする主張があり、「産業革命」の時代に始まったという説もある。さらに新しくは、大気中の核実験が行われるようになった1945年以降という考えもある。

農業開始では、農具や土器類などが地中に埋もれ、産業革命では大気中の二酸化炭素が増え始め、各地に様々な地下資源採掘のための坑道が掘られた。それらの痕跡が残る。ビルなどの都市構造物やコンクリート構造物も、廃墟となってもその痕跡を残すだろう。核実験では、それまで大気中になかった放射性物質が空中に放出され、それが沈降して湖底などに残る。近年では、マイクロプラスチック（コラム「海洋プラスチックごみ」参照）も分解に年月がかかるため、やはり土壌などに残る。いずれにしても、遠い未来に知的生物が地球の地質を調べれば、人間活動の痕跡を明確に知ることになるだろう。

もうひとつの環境への爪痕は「第6の大量絶滅」と呼ばれる。同じ図3.24の右側に、数字で番号がふられた生物の大量絶滅が起きた時期の一覧が記してある。化石などの調査が進み、当時の生物種の75％以上が絶滅した出来事が過去に何度も起きていることが分かってきた。最も有名で原因もはっきりしているのが、「白亜紀末の大量絶滅」である。メキシコのユカタン半島沖に直径10kmほどもある小天体が激突し、その衝撃で大量の地殻物質が大気中に巻き上げられ、地球全体を雲のように長期にわたって覆った。この影響で、長年栄えた恐竜も姿を消した。

他の4つの絶滅については、まだ原因がはっきりしない部分があるが、3番目の「シルル紀末の大量絶滅」は、超大陸の分裂を契機に地殻の下のプリュームの活動が活発になって桁外れの火山活動が続くなど厚い噴煙が地球を覆い、極度の寒冷化を招いたなどの説が出されている。

そして、6番目の大量絶滅が今起きているという警告が、環境関係の研究者や文明史家、あるいは環境団体などから発せられている。農地の拡大や森林の激減、都市化の急進展などで、野生生物が減り続けており、このまま続けば大量絶滅が避けられないというわけだ。

SDGs（持続可能な開発目標）

環境問題への対応は文明を作り変えることでもあるため、関係する分野は多岐にわたる。その当面の指針となるのが「持続可能な開発目標」（SDGs）である。2015年9月の国連総会で採択された「持続可能な開発のための2030アジェンダ」の主要な柱で、日本では「エスディージーズ」と略称される。

持続可能な開発目標（SDGs）の17のゴール

ゴール1	貧困	あらゆる場所のあらゆる形態の貧困を終わらせる
ゴール2	飢餓	飢餓を終わらせ、食糧安全保障及び栄養改善を実現し、持続可能な農業を促進する
ゴール3	健康な生活	あらゆる年齢の全ての人々の健康的な生活を確保し、福祉を促進する
ゴール4	教育	全ての人々への包摂的かつ公平な質の高い教育を提供し、生涯教育の機会を促進する
ゴール5	ジェンダー平等	ジェンダー平等を達成し、全ての女性及び女子のエンパワーメントを行う
ゴール6	水	全ての人々の水と衛生の利用可能性と持続可能な管理を確保する
ゴール7	エネルギー	全ての人々の、安価かつ信頼できる持続可能な現代的エネルギーへのアクセスを確保する
ゴール8	雇用	包摂的かつ持続可能な経済成長及び全ての人々の完全かつ生産的な雇用とディーセント・ワーク（適切な雇用）を促進する
ゴール9	インフラ	レジリエントなインフラ構築、包摂的かつ持続可能な産業化の促進及びイノベーションの拡大を図る
ゴール10	不平等の是正	各国内及び各国間の不平等を是正する
ゴール11	安全な都市	包摂的で安全かつレジリエントで持続可能な都市及び人間居住を実現する
ゴール12	持続可能な生産・消費	持続可能な生産消費形態を確保する
ゴール13	気候変動	気候変動及びその影響を軽減するための緊急対策を講じる
ゴール14	海洋	持続可能な開発のために海洋資源を保全し、持続的に利用する
ゴール15	生態系・森林	陸域生態系の保護・回復・持続可能な利用の推進、森林の持続可能な管理、砂漠化への対処、並びに土地の劣化の阻止・防止及び生物多様性の損失の阻止を促進する
ゴール16	法の支配等	持続可能な開発のための平和で包摂的な社会の促進、全ての人々への司法へのアクセス提供及びあらゆるレベルにおいて効果的で説明責任のある包摂的な制度の構築を図る
ゴール17	パートナーシップ	持続可能な開発のための実施手段を強化し、グローバル・パートナーシップを活性化する

資料：公益財団法人地球環境戦略研究機関（IGES）仮訳より環境省作成

■図3.25　出典：平成30年版「環境白書」

持続可能な開発目標（SDGs）実施指針の８つの優先課題

①あらゆる人々の活躍の推進
■一億総活躍社会の実現　■女性活躍の推進　■子供の貧困対策
■障害者の自立と社会参加支援　■教育の充実

②健康・長寿の達成
■薬剤耐性対策　■途上国の感染症対策や保健システム強化、公衆衛生危機への対応　■アジアの高齢化への対応

③成長市場の創出、地域活性化、科学技術イノベーション
■有望市場の創出　■農山漁村の振興　■生産性向上
■科学技術イノベーション　■持続可能な都市

④持続可能で強靭な国土と質の高いインフラの整備
■国土強靭化の推進・防災　■水資源開発・水循環の取組
■質の高いインフラ投資の推進

⑤省・再生可能エネルギー、気候変動対策、循環型社会
■省・再生可能エネルギーの導入・国際展開の推進
■気候変動対策　■循環型社会の構築

⑥生物多様性、森林、海洋等の環境の保全
■環境汚染への対応　■生物多様性の保全
■持続可能な森林・海洋・陸上資源

⑦平和と安全・安心社会の実現
■組織犯罪・人身取引・児童虐待等の対策推進
■平和構築・復興支援　■法の支配の促進

⑧SDGs実施推進の体制と手段
■マルチステークホルダーパートナーシップ　■国際協力におけるSDGsの主流化　■途上国のSDGs実施体制支援

資料：持続可能な開発目標（SDGs）推進本部

■図3.26　出典：平成30年版「環境白書」

2016年から2030年までの国際目標であり、持続可能な世界を実現するための17のゴールと169のターゲットから構成されている。図3.25に17のゴールの概要を、図3.26に日本が目指す８つの優先課題を示す。

「地球上の誰一人として取り残さない（leave no one behind）」ことを標ぼうしているだけに、先進国の市民にとっては「何をいまさら……」といった内容も含まれている。「法の支配」や「教育」などである。

　政府も、2016年５月に総理大臣を本部長、官房長官、外務大臣を副本部長とし、全閣僚を構成員とする「SDGs推進本部」を設置。2019年には、全国

の自治体から公募して31都市を「SDGs未来都市」に選定するなど、取り組みを強化している。こうしたこともあって、SDGsという言葉が、徐々に定着しつつある。

自然支配と人間中心主義

これまでみてきたように、人間と自然の付き合い方は、人間による自然の支配、あるいは収奪という傾向を強めてきた。特にここ200年ほどは、地球をまるで人間の所有物であるかのように扱う振る舞いが目立ち、生物の絶滅までが懸念されるようになった。「人間中心主義」が行き着くところまで来てしまったといえよう。

人間が自然をいかに所有物として扱うようになったかの推移の概略を、図3.27に示す。国や地域によって差があり、細かな歴史的経緯も違うが、これはあくまで概念的な図である。農業開始前の狩猟採取時代は、土地、森林などの自然は他の動物たちとの共有物で、人間が所有するという意識はなかっただろう。動物の狩場などを巡って多少のいざこざはあったかもしれないが、人口が少なく、移動すれば別の好猟場も見つけられた。

農業の始まりとともに、まず土地(農地)の所有が始まった。定住化が進み、農地に近接して人々が暮らすようになると、富をめぐる戦乱が生じるようになる。日本でも、本格農業が始まる前の縄文時代には、殺傷人骨や武器用に

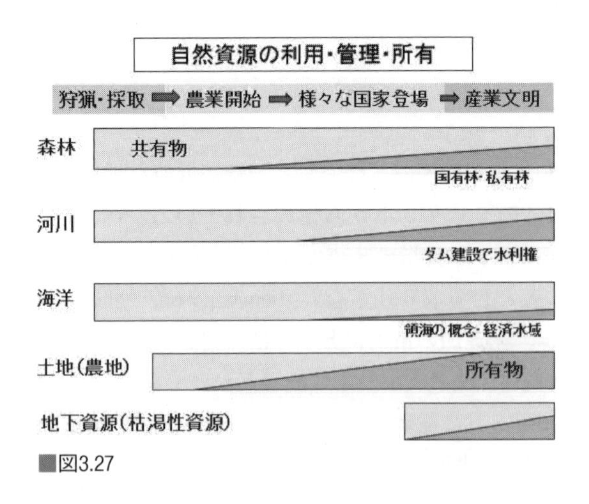

■図3.27

加工された石器がほとんど発掘されないのに対し、農業が本格化した弥生時代になると刀剣によって刺されたり、切られたりした人骨が大量に見つかるようになる。遺跡も、環濠や柵などで厳重に防備したものが増えてくる。

土地は、当初は部族長や首長、領主、豪族らが所有して農民に耕作を委ね、やがて国王らが広大な領地を所有するようにもなる。農民個人が農地を所有できるようになるのは、国によって差はあるだろうが、多くの国ではここ100年程度のことだろう。

土地に次いで所有が始まるのが森林である。これは農地と同じように領主、王族などの統治者が所有し、農民らはこれら領主らの森林を共有林として一部使わせてもらった。日本においても幕府や藩主や有力寺社らが所有し、庶民が森林資源を勝手に伐採することは許されなかった。

河川は所有者のいない共有物にみえるかもしれないが、そうとばかりはいえない。ため池や農業用水の整備などで、所有の概念が生まれはじめ、「水争い」を防ぐために様々な慣習的調整が重ねられてきた。日本の場合、近代的なダムが作られるようになると使える水の量が自然状態より増え、水利権が生れた。巨額のダム建設資金を負担した事業主体が、その負担に応じて工業用水や上水道用の水資源として水利権を得て、取水が行われるようになった。それでは、その河川水を遠い昔から農業に使ってきた農民はどうするのか。これは慣例的に使ってきたということで、「慣行水利権」として、特別に利用が認められている。

海洋も長い間、だれかの所有物ではなかったが、近代になって沿岸漁師らに漁獲を認める漁業権が生れ、さらに国レベルでは領海や排他的経済水域という所有概念が生まれた。最後に本格化するのが、地下資源である。油田や鉱脈発見者らに採掘権を与えるなどの形で、化石燃料や鉱物資源が急速に採掘され、すでに述べたように枯渇の時代を迎えようとしている。元々は多様な生物の「共有地」だった自然の人間による所有化は、他の生物の立場にたてば、人間の傲慢としかいえないだろう。

自然支配の行き過ぎが環境問題を産み出し、生物多様性条約や地球温暖化防止条約を始めとした諸条約や枠組みによって、是正を図ろうというのが、前述の様々な施策である。

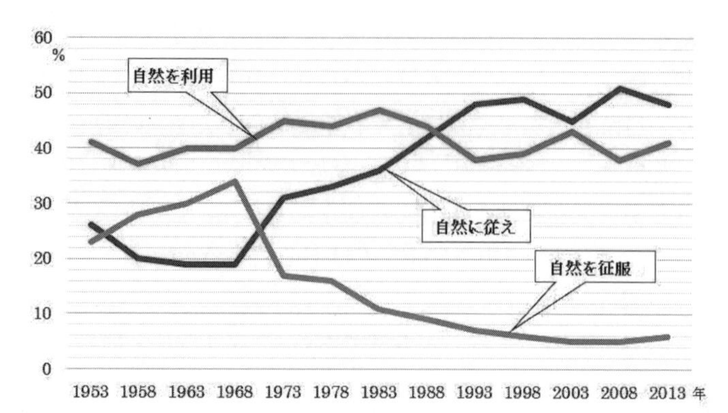

■図3.28 「国民性の研究第13次全国調査」(2015年、統計数理研究所)のデータを元に著者作成

自然への回帰

環境問題の解決へ向けて様々な取り組みが進むなか、大きな関門は人々の意識——より詳しくは自然観や生命観、価値観である。数年の単位でみれば、人々の意識はそれほど変わらないようにみえるが、30年、40年とやや長いスパンでみると、確実に変わりつつある。

図3.28は、大学共同利用機関法人「統計数理研究所」が戦後間もなくのころから5年ごとに行ってきた「国民性の研究調査」の結果から、自然に対する意識の変化をグラフ化したものである。

この調査では、自然は「征服すべき」ものか、「利用すべき」ものか、あるいは「従うべき」ものかを継続して聞いてきたが、この60年ほどの間、あまり変わらないのが「自然を利用する」である。40%から45%ほどの間を行き来している。劇的な変化をみせるのが「自然を征服すべき」という意見である。戦後復興期から東京オリンピック(1964年)を過ぎるころまでは、右肩上がりで増えてきたものの、1968年をピークに下降を続けている。1980年代には10%を切り、その状態が続いている。

これと対照的なのが「自然に従う」である。1968年以降、一貫して増え続け、多少の増減はあるものの、50%程度を維持している。「自然を征服」と「自然に従う」が逆転した1968年から1973年にかけては丁度、高度経済成長期の終焉の時期に当たり、公害問題がピークを迎えていたころでもある。その後、大量生産、大量消費の生活習慣が急に改まったわけではないが、気持ちはすでに自然回帰に向かっていたといえそうだ。

内閣府では毎年「国民生活に関する世論調査」を行い、その中で「物質的な豊かさを重視するか」、「心の豊かさを重視するか」という質問を続けてきた。その推移は、1980年ころまでは「物質的豊かさ」と「心の豊かさ」が拮抗していたが、それ以降は「心の豊かさが」上昇を続け、「物質的豊かさ」が、逆に下降を続けている。

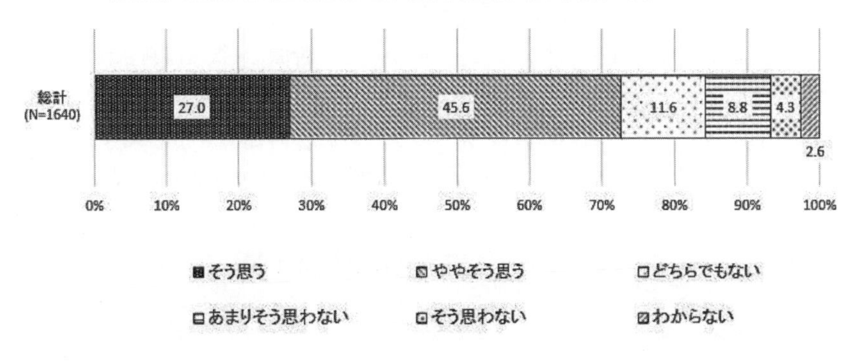

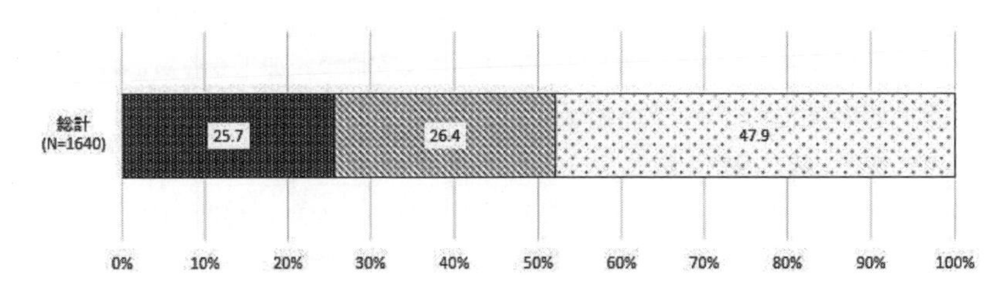

■図3.29 出典：「環境意識に関する世論調査報告書2016」(2016年、国立環境研究所)

それでは環境問題についてはどうか。国立研究開発法人「国立環境研究所」が2016年にまとめた「環境意識に関する世論調査報告書 2016」のデータを図3.29に示す。「気候変動や温暖化を緩和するために自分自身の生活や習慣を変えなければならないと思うか」という質問に約72.6%が「そう思う」「ややそう思う」と答え、「あまりそう思わない」「そう思わない」の20.4%を大きく上回っている。

しかし、環境と経済成長の関係を問われた質問では「経済成長が遅くなり、失業が起きても環境を守るべき」(25.7%)と、「環境がある程度悪化しても、経済成長を優先し雇用を確保すべき」(26.4%)が拮抗している。理念は尊重するが、現実問題となると……といったところだろうか。

ただこの調査では、環境問題に関する情報の入手先についても質問しており(3つまでの複数回答)、「テレビ」が90.9%、「新聞」(紙に印刷されたもののみ)が65.2%と、「新聞電子版、ニュースサイト」の16.5%、「SNS」の10.3%を大きく上回っている。既存メディアの影響力はまだまだ大きいといえ、環境適合型文明に向けて、科学系、環境系ジャーナリズムの役割も重い。

コラム

海洋プラスチックごみ

産業活動や個人の生活で様々な廃棄物が発生するが、近年、急速に関心が高まっているのが、海洋プラスチックごみ問題である。人間が作り出したプラスチック類は極めて便利な物質で、腐りにくく安価で、加工も容易という様々な特質を持っている。その裏返しで、分解されにくいために環境中に長く残り、様々な害悪を生み出す。

特に問題となっているのが、海洋に流れ出したプラスチック類が劣化、細分化され、目に見えないほどの微粒子になったマイクロプラスチックである。魚介類が大小のプラスチック類を体内に取りこんでも消化されないために消化不良などで死にいたるなど、海洋生態系に大きな影響を与えると懸念されている。

レジ袋やペットボトルなどが発生源であるばかりでなく、工業用研磨剤や化粧品、洗顔料、歯磨き粉などの一部にも使われており、合成繊維の衣服を洗濯する過程で微細な小片が脱落して、下水を通して環境中に排出されることもある。微細化したマイクロプラスチックは大気中にも浮遊しているという研究結果も出ているが、どのような人体影響を与えるのかはまだ研究途上である。

このため、プラスチック製品を生分解性のある材料に置き換えたり、プラスチックの製造・消費を抑制したりする動きも始まっているが、まだ緒についたばかりである。

2019年６月に大阪に主要国首脳が集まって開かれた「G20大阪サミット」では、2050年までに新たな海洋プラスチックごみの排出を世界でゼロにするという「大阪ブルー・オーシャン・ビジョン」が採択・共有された。

海洋へ投棄されたごみの分解にかかる年数

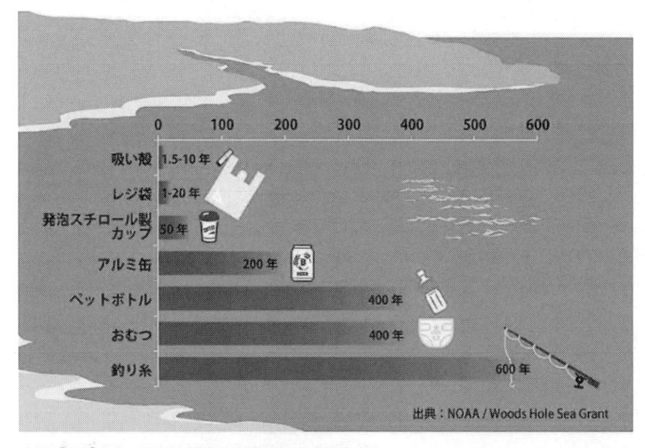

海洋ごみが完全に自然分解されるまでに要する年数。
上記の内、アルミ缶以外は全てプラスチックが主成分の「海洋プラスチックごみ」
出典：WWFジャパンHP「海洋プラスチック問題について」から
https://www.wwf.or.jp/activities/basicinfo/3776.html（2019.12.12閲覧）

第4章
科学報道の現場

科学報道にたずさわる記者は幅広く深い専門知識を持つことが求められる。人工知能（AI）や量子論、ゲノム編集といった最先端の科学・技術が社会のさまざまなシステム、局面に組み込まれるようになり、科学記者の「守備範囲」が急速に拡大していることが背景にある。同時に、原発事故や天災などの緊急事態に即応して事態を解説・検証できる瞬発力もますます期待されるようになっている。科学取材の現場にはどんな問題が潜んでいるのか、科学記者はどのような課題に直面しているのか、そこからどんな教訓を得ることができるのだろうか。この章では具体的な現場を描きながら、問題を実践的、多角的に考えてみたい。

4.1　東日本大震災――巨大地震・大津波・原発事故

マグニチュード9.0

2011年3月11日（金）午後2時46分、東日本の広い地域が観測史上最大となるマグニチュード9.0の巨大地震（東北地方太平洋沖地震）に襲われた。その約50分後には岩手、宮城、福島県などの沿岸に高さ10～15メートルの大津波が押し寄せ、2万人近い住民が犠牲となった。地震、津波による被害で電源を失い、炉心を冷却できなくなった東京電力福島第一原子力発電所（福島県大熊町・双葉町）1～3号機では、後に国際原子力事象評価尺度（INES）で最悪の「レベル7」と認定される深刻な炉心溶融（メルトダウン）事故が起きた。広い地域が放射性物質で汚染され、今も多くの住民が故郷に帰還できない状況が続いている。

科学記者が大きな事件事故に直面することは珍しくない。科学とは一見無関係に思えた2001年9月11日のアメリカ同時テロの際にも科学部は、崩壊した世界貿易センタービルの構造や強度に関する取材をするなど関わった。皇族関係の事柄であっても医学・医療に関するものでは情報収集にあたる。もはや科学部が絡まずにすむニュースのほうが少ないと言えるほどだ。

この30年を振り返っただけで科学部が取材にあたった重大事故、緊急事態には次のようなものがある。

▽原子力＝高速増殖炉「もんじゅ」ナトリウム漏れ事故（1995年）、JCO臨界事故（1999）
▽地震・天災＝阪神・淡路大震災（1995）、新潟中越沖地震（2007）、御嶽山噴火（2014）
▽宇宙開発＝米スペースシャトル「コロンビア」空中分解・爆発事故（2003）
▽感染症＝国内初のBSE（牛海綿状脳症）感染牛を確認（2001）、新型インフルエンザ騒動（2009）
▽生命科学＝STAP細胞論文で不正（2014）

これらのできごとは、混乱状態が1か月を超えて継続した点でどれも大変な取材経験だったが、しかし、その規模や継続期間の長さ、社会への影響の深刻さなどあらゆる面で、福島原発事故を含む東日本大震災関連の取材は未曽有の体験、試練だったと言える。ここからは、筆者（柴田）が所属していた読売新聞東京本社編集局科学部の動きを追う形で書き進めていくことにしよう。

当時、読売新聞は千代田区大手町に新ビルを建設中で、仮社屋は中央区銀座にあった。科学部は、原子力班（原子力・エネルギーなど）、宇宙班（宇宙開発・宇宙論・天文など）、医学班（基礎医学・臨床医療・バイオなど）、天変地異班（地震・火山・防災・気象など）などに分かれた計二十数人の専門記者集団だった。編集局フロアのレイアウトは大手町の旧本社でも、大きなニュースがあった時に他部署もその熱気を共有できるようにと、壁のない大部屋方式となっていたが、仮社屋も同様なコンセプトでオープンに設えてあった。科学部が割り当てられた場所は編集幹部から最も遠い一隅で、大きな事件事故にしばしば直面してきた中堅・ベテランの科学記者たちは、仮住まいの間は平穏であってくれれば良いのだがと思っていた。そこへ1000年に１度ともいわれる東日本大震災が起こる。地震、津波、原発事故はいずれも科学部「ど真ん中」の取材対象、責任分野だった。混乱につぐ混乱、無我夢中の30日間が始まった。

原発は緊急停止したが…

３月11日の発災直後、科学部がまず行ったのは原子力発電所の安全確認だった。当時、大きな揺れに襲われた太平洋沿岸には東北電力の東通（青森県）、女川（宮城県）、東京電力の福島第一、福島第二（福島県）、そして日本原子力発電の東海第二（茨城県）の５原発15基が立地していて、このうち女川１～３号機、福島第一１～３号機と福島第二１～４号機、東海第二の11基が稼働していた。福島第一の４～６号機は定期点検で停止中。動いていた１～３号機は、ほかの稼働中の原子炉と同様に、自動的にスクラム（緊急停止）したことが電力会社や原子力安全・保安院への取材で確認できた。

福島第一原発は沸騰水型軽水炉（BWR）という炉型の原発だった。炉心の核燃料（４％程度に濃縮したウラン）の核分裂から発生する熱で軽水（普通の水）を沸騰させ、水蒸気でタービンを回し発電するタイプだ。ウランの原子核にぶつかって核分裂を起こす「弾丸」は中性子だから、これを吸収する制御棒を炉心に入れれば核分裂反応は収まり、原子炉は安全に停止する。制御棒を一気に全挿入する措置がスクラムだ。

「原発は安全に止まった」。科学部にはホッとした空気が流れた。デスクや記者たちは「締め切りが繰り上がっている。地震、津波が起きたメカニズムを解説する原稿に集中しよう」と作業を急いだ。ところが、夕方過ぎから雲行きが怪しくなる。福島第一原発の原子炉が冷却できない事態に陥っているとの情報が出先の記者から入る。夜7時、政府から原子力緊急事態宣言が出された。

緊急時、原発では「止める」「冷やす」「閉じ込める」の安全3原則が遂行・維持されなければならない。スクラムで「止める」はできた、だが「冷やす」ことができないという。この熱源は崩壊熱というものだ。炉内の核分裂反応が止まっても、核燃料に含まれる放射性の核分裂生成物からは崩壊熱が出続ける。停止直後だと稼働中の7％もの熱が放出されている。1979年にはアメリカのスリーマイル島原発で、冷却不能から炉心が溶融する事故が起き、放射性物質が環境中に漏れ出して付近の住民を避難させる事態となっていた。

全電源喪失で冷却不能に

原発には緊急冷却用のシステムが多重に備わっている。停電などで外部電源（交流電源）を喪失しても、巨大な非常用ディーゼル発電機が複数設置されていて復旧までしのげるとされていた。福島第一原発は周辺の広域停電や機器・設備の損傷などによって東北電力から受電不能となり、スクラムした1～3号機は交流電源喪失（ステーション・ブラック・アウト、SBO）に陥った。非常用ディーゼル発電機（DG）が動くはずだったが、頼みのDG、配電盤などの設備は津波で水没・水損してしまい、1、2号機は全電源喪失に。かろうじて冷却装置が動いていた3号機も13日未明にはバッテリーが消耗、全ての電源を喪失した。

所員たちは明かりの消えた中央制御室で、冷却水の温度や水位などの正確なデータを得ようと奮闘し、命懸けで冷却作業に取り組んだ。だがほとんどの緊急冷却システムは、電気が来ているとの前提で操作、作動確認できるよう設計されており、緊急時マニュアルも、すべて手動で操作しなければならないという「想定外」の状況では役に立たなかった。のちにわかることだが、1号機は津波襲来の3時間後には炉心が2800℃もの高温となりメルトダウンが始まっていた。14日夜までには2、3号機も炉心溶融が進んでいた。福島第一原発に13基設置されたDGのうち唯一動いたのが、6号機に接続された空冷式（密閉式）のDGだった。この6号機と、電気系統が6号機にリンクしていた5号機は冷却が継続でき、被災10日後の3月20日、安定した「冷温停止」状態にこぎつける。

「メルトダウンの可能性あり」

これまで述べた経緯は、その後判明した事実を整理したものだ。東電本店、東電福島支店、原子力安全・保安院、原子力安全委員会、原子力委員会などを担当した記者たちは不眠不休で取材にあたったが、欲しい情報が得られることは少なかった。炉心で何が起こっているのかリアルタイムで正確に知り得た者はなかった。それは原因者、当事者たる東電ですら同様だった。

事故直後には東電関係者が記者会見で「メルトダウンの可能性がある」という趣旨の発言もされた。東電幹部が「そう発言した」という点では事実であり、この重大なキーワードは当然記事になっている。しかし、「そう判断できる根拠、データはあるのか」と問い詰められた東電側は「あくまで推測だ」と発言のトーンを急激に弱め、やがてそうした推測は聞かれなくなった。

とにかく事実が、一次情報が欲しかった。これも後でわかるのだが、炉心の冷却水の水位計などは壊れていて誤った数値を指し続けていた。毎日発表されていた水位、温度のデータは信用に足るものではなかった。

	1号機	2号機	3号機	4号機
電気出力（万kw）	46.0	78.4	78.4	78.4
営業運転開始	1971年3月	1974年7月	1976年3月	1978月10月
事故時の状況	運転中	運転中	運転中	運転停止中
地震発生	2011年3月11日 14:46 1.2.3号機、直後に緊急停止（4号機は元から停止中）			
津波到達	2011年3月11日 15:27（第一波）、15:35（第二波） 直後に全交流電源喪失			
炉心の状況	炉心溶融	炉心溶融	炉心溶融	炉心に燃料無し
主な事象	12日15:36 水素爆発	15日午前中 汚染気体 機外に漏洩	14日11:01 水素爆発	15日06:14 水素爆発 （3号機からの漏洩水素か）

■表4.1　福島第一原発1～4号機の状況（東電の資料などから作成）

「東電は情報を隠しているのではないか」「東電とマスコミは事実の隠蔽を行ったのではないか」といった批判もあったが、現場では明確に「事実」といえる情報が極端に乏しかった、というのが実態だった。早朝に東電福島で出た情報が、昼には東電本社で否定され、夕方に原子力安全・保安院の会見では違ったデータが発表されるといった混乱が頻発した。前日発表した内容は誤りだった、と全面撤回されることもあった。

原子力安全委員会（班目春樹委員長）と原子力安全・保安院は原子力安全行政の牙城であり、毅然たる態度で東電に正確な情報を出させ、事故収束に向けて主体的に動くべき組織だったが、そうした機能を発揮することはなかった。1999年に起きた東海村JCO臨界事故（第２章参照）では、２人の委員が現場に急行して「陣頭指揮」の一翼を担い、のちに権限逸脱ではなかったかと批判を受けるほど事態収束に向け果敢に立ち向かった安全委だったが、もはやそうした覇気は失われていた。

錯綜する情報

複数の発信元の情報が相互に食い違う場合、普通は、より信頼性の高い情報源にあてることで確認がとれるものだが、原発事故においては首相官邸発表との間でさらに齟齬が拡大するケースがあって、官邸取材にも人員を割かねばならない事態となった。

科学部は、東京本社の他セクションや地方支局、大阪・西部本社などから応援記者を派遣してもらい、常時30人を超える態勢となっていたが、人繰りは限界に近かった。東電本店、原子力安全・保安院などの会見取材に交代で10人近い記者を張り付けていた。会見はいったん始まると数時間に及ぶこともたびたび。締め切り間際では、情報を細切れに次々送らなければならず、１か所に３人程度配置する必要があった。官邸など取材先を広げても情報の精度は期待したほどには向上せず、デスク陣も原稿をまとめるのに苦労した。連日、深夜の朝刊締め切り時間ぎりぎりまで情報の確度チェック、表現の検討が行われた。

被災地の道路事情の悪化などで新聞輸送に時間がかかるため、締め切り時間は大幅に繰り上げられていた。朝刊最初の締め切り時刻が過ぎているのに原子力安全・保安院でも東電でも定例の会見が開かれず、情報枯渇状態という日もあった。当番デスクが心配して「どうしますか」と聞いてきた。当時、科学部長だった筆者は「焦って変な原稿を出してはいけない。仕方がないから堂々と遅れよう」と指示するのが精一杯だった。

毎朝毎夜、綱渡りが続く。前線の記者は会見場で夜明かしすることもあり、心身ともにタフであることが求められた。また原稿の品質に最終責任を負う当番デスク、原子力担当デスクの重圧も相当なものだった。一線記者が短時間にまとめた生原稿という「素材」を、デスク陣はどうさばき、「製品」に仕上げていたのだろう。

通常の取材であれば、入手した情報・データを、さらに別の信頼できる情報と突き合わせて検証を積み重ねていくことによって「事実」が見えてくるものだが、この取材では、複数の情報の食い違いが大きく、原稿の整合性を保つことが非常に難しかった。こうした場合、複数の情報に無理に重みを付けず、「東電本店は～と発表しているが、原子力安全・保安院では～としている。さらに官邸筋は～と述べた」と併記し、判断は読者に委ねようとするのが手堅い。だがこれも毎日続くと、「断片的な事実を羅列しているだけで、報道機関としての責任を果たしていないのではないか」とストレスが溜まってくる。読者の側も、どの情報を信じたらいいのか、と不満が募ったこともあったろうと思う。

情報戦の主戦場

可能な限り真実に近づくために、集めた情報を原子力工学、原子炉物理などの専門家に当てて、「どう解釈すべきか」を追加取材するのは当然だが、曖昧な情報を投げられて「さあ判断してください」と言われた専門家も、そんな無理難題に立ち往生してしまうことが度々あった。こうすれば良いというオールマイティーな取材手法はなく、とにかく必死で真実に近づこうと足掻く日々が続いた。

「全国紙の記者は事故で汚染された地域から逃げた」といった批判も聞いた。現場取材を忘れてはならないのは当然だが、こと原子力事故において、現状・原因・対策・事態終息の見通しといった「本筋」に肉薄しなければならない専門取材では、現場に近づくことが必ずしも重要な一次情報に接近することと同義ではないということを理解する必要がある。

原子力施設の事故現場には強い放射線という、目に見えない危険が渦巻いている。事故の当事者や専門家であっても事故直後に「何が起きているのか」

を把握することは難しい場合が多い。そうした中で判明した最新情報は、直ちに政府などの事故対策本部や所轄官庁などに報告されるから、地方で起きた原子力事故であっても、首都東京にあって情報の集約・分析にあたる中枢機関、中央組織に対する取材が決定的に重要となるのだ。

記者の安全確保

事故直後、取材者が現場に近づくことには慎重であるべきだ。線量計、確実な移動手段、緊急情報を聞くラジオなどは必携だ。報道各社はJCO臨界事故などを契機に、原子力事故取材の際の被曝基準などを決め行動を定めた緊急時マニュアルなどを備えるようになっており、事故時にこれを遵守すべきことは言うまでもないが、事態の先を読んで、取材者の安全確保に細心の注意を払う必要がある。

JCO事故は強い中性子線が約19時間にわたって放出された事故だった。一方、福島第一原発事故は、大量の放射性物質が環境中に放出され、広い地域が汚染されたため、比較的低いレベルの放射線が長期間にわたって及ぼす健康影響を考慮しなければならないという事故形態だった。こうした事態は住民も自治体も国も、また報道機関も経験したことのないものだった。記者であると同時に、福島県内の住民でもある地元支局の記者への配慮をどうすべきか、という問題は報道各社にとって、事故直後からの大きな検討課題だった。取材活動によって受ける放射線量と、その地で暮らす生活者としての被曝量を精確に仕分けすることは原理的に不可能だ。JCO臨界事故のような厳しい現場に短時間だけ入ることを想定した取材マニュアルだけでは、福島原発事故のような「低線量」「長期」取材の安全性を確保していくことは難しかった。東京本社などから支援に入り、現地で長期取材する記者・カメラマンなどの安全確保も、同様に大きな検討課題となった。これを機に報道各社は、放射性安全、放射線医学などの専門家の意見を踏まえて、こうした事態にも対応した緊急時取材マニュアル改定を検討・実施していると聞く。

廃炉への道

福島原発事故の取材はまだまだ続くだろう。これまで、強い放射線が飛び交う炉心周辺に接近できたのは新開発の耐放射線ロボットだけ。いまだに溶けた核燃料などの塊(デブリ)の様子すらわかっていない。デブリを取り出し、

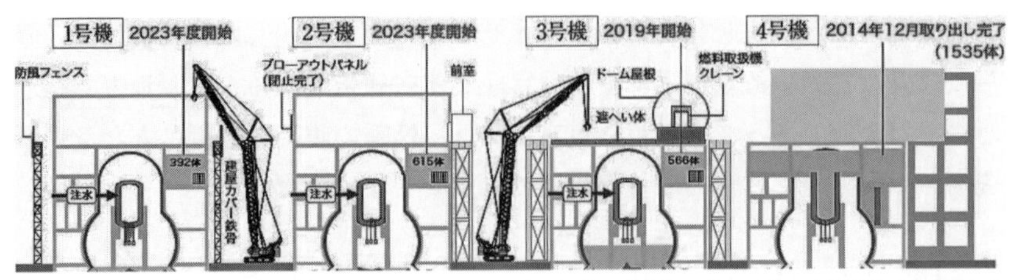

■図4.2　各号機の廃炉計画（※変更がありうる）出典：資源エネルギー庁資料「廃炉の大切な話2019」

事故炉を解体する廃炉作業には数十年かかるとされる。放射性物質を含む汚染水の処理、住民の健康管理など、今後も科学メディアは相当なマンパワーを継続的に福島原発事故に向けていかなければならない。

事故炉で何がどんな順番で起きたのか、防ぐ手段は本当になかったのか、真の原因とは何だったのか…。詳細な事故究明はまだまだ先のことだ。この報道に関わる者も長期戦に備え、準備を怠らず、広いパースペクティブをもって取材を継続していることが求められる。

低線量被曝の健康影響

当初の１か月間、科学部は第１面（フロントページ）に原発事故のメイン原稿を出し続けたが、心残りなこともある。マンパワーの不足から、住民が切実に求めていた放射性物質による汚染、低線量被曝の健康影響という問題への対応が必ずしも十分ではなかったと思う。専門知識が要求されるので、科学記者でも対応は簡単ではなかったろうが、新聞・テレビなど初期のさまざまな報道には正確さに欠けるものもあった。ミリ・シーベルトとマイクロ・シーベルト（ミリの1000分の１）という被曝線量の単位を誤認したり、全身に対する被曝影響の大きさを表す「実効線量」と、人体の臓器・組織ごとのダメージ、リスクの程度を表す「等価線量」を混同するといったミスも散見された。

放射線の問題はいまも正しく理解されているとは言い難い。物理から生物までの幅広い知識が絡み、ふだん馴染みのない統計分析や確率的リスクなど数学的思考も求められる。専門家と市民の知識・意識のギャップは大きく、事故直後の住民にいきなり難しい説明をしても、わかってもらうことは難しい。放射線、原子力防災、原子力発電などの基礎知識は、日頃の落ち着いた教育環境のなかで、しっかり教えられるべきだと思う。

安全規制当局の弱体化

福島原発事故を引き起こしたのは15メートルを超える津波だったが、東京電力の社内でも、大津波を想定した安全対策の必要性が一部検討されていた。迅速な対策がとられなかった一因には、日本の原子力安全行政の弱体化が挙げられるのではないだろうか。

原子力安全委員会は2001年の省庁再編で旧科学技術庁から離れ、内閣府の下で独立した事務局を構えて再スタートした組織だ。原子力安全・保安院も同じく、省庁再編によって旧科技庁原子力安全局の機能なども組み込まれ、経済産業省に新設されたものだが、原子力を推進するアクセル役である資源エネルギー庁の下に置かれたことについては、有識者らからも「安全行政が骨抜きにされる」「電力会社や推進側の考えを追認する傾向が強まる」との批判があった。

両組織とも、事故対応において機能不全を露呈したと厳しく批判されることになるのだが、原子力安全の二枚看板がこれほど地盤沈下してしまったことに関しては、それを看過したメディア側の責任も軽くない。再編によって両組織が変質することは予測できたにもかかわらず、問題点を指摘する各メディアの記事は質量ともに足りなかった。原発の多重事故、複合災害にも関心を持つべきだった。商用原発は成熟した技術だとの油断があった。日本ではチェルノブイリ原発事故のような過酷事故など起きるはずがないという安易な思い込みが、安全規制当局にもマスコミにもあったのではないかと思う。

今回の事故をめぐっては専門家が「想定外だった」と発言し、科学者・研究者に対する市民の信頼感は崩れた。どんな技術にも完璧はない。21世紀に生きる私たちが、小さな失敗から大きな教訓を学び、より安全な社会を作っていくために科学報道が担うべき責任はこれまで以上に重く、カバーすべきフィールドが拡大していることを科学メディアに携わる者は自覚しなければならないだろう。

マルチ専門記者の育成を

原子力分野の専門記者を継続して育てる努力も十分ではなかったかもしれない。新型炉の開発もなくなり、原子力政策も大きなニュースが出にくい状況が続き、原子力担当を複数置く余裕はなくなっていた。今回の事故でも初動で専門知識を発揮したのは、原子力分野にデスク・記者が２～３人配置されていた90年代に経験を積んだ40代後半～50代のデスク・記者だった。複合災害にもフットワーク良く対応できる、政治経済と技術の接点も見渡せる、視野の広い「マルチ専門記者」をどうやって切れ目なく育てていくか。これも東日本大震災取材を経験しての教訓だった。

4.2　ノーベル賞決定の瞬間

科学界最高の栄誉

ダイナマイトの発明などで財をなしたスウェーデンの化学者アルフレッド・ノーベル（1833～1896）が創設し1901年から授賞が始まったノーベル賞は、科学界最高の栄誉であり、その足跡はこの100年余の科学史そのものと言える。自然科学は生理学・医学、物理学、化学の３賞。例年10月最初の月曜日から３日連続で生理学・医学賞、物理学賞、化学賞の順で発表され、ノーベルの命日である12月10日に授賞式が行われる。

2019年までの日本の受賞者は生理学・医学賞５人、物理学賞11人、化学賞８人の計24人（表4.3）。21世紀に入ってからの受賞者は18人で、アメリカに次ぐハイペース。報道する側も、1990年代までは「今年は日本人出るかな」といった、どちらかというと待ちの姿勢で発表日を迎えていたように思うが、近年では「今年はどの研究領域の誰が有力か」予想するつもりで、入念な事前取材をするようになっている。

もちろん、各賞の選考にあたる「ノーベル委員会」から直接、情報が漏れてくることはない。第二次世界大戦前夜の1938年、夫人がユダヤ系だったことから身辺に危険が迫っていたエンリコ・フェルミに対し、物理学賞授与のほのめかしがあったといった科学史上のエピソードがないわけではないが（彼は授賞式の機会をとらえてイタリアを出国、受賞後は祖国に戻らず家族と共にアメリカ亡命を果たす）、こうしたケースは極めて異例だ。ノーベル委員会の情報管理は厳重で、50年後には認められた研究者などに情報公開する制度が整備されているものの、毎年の生々しい選考過程や候補者名は厳秘扱いされている。

日本のノーベル賞受賞者（自然科学系）

受賞年	受賞者	賞の種類	受賞理由（概要）
1949	湯川 秀樹	物理学	中間子の存在の予想
1965	朝永 振一郎	物理学	量子電磁力学分野での基礎的研究
1973	江崎 玲於奈	物理学	半導体におけるトンネル効果の実験的発見
1981	福井 謙一	化学	化学反応過程の理論的研究
1987	利根川 進	生理学・医学	多様な抗体を生成する遺伝的原理の解明
2000	白川 英樹	化学	導電性高分子の発見と発展
2001	野依 良治	化学	キラル触媒による不斉反応の研究
2002	小柴 昌俊	物理学	宇宙ニュートリノの検出に対するパイオニア的貢献
	田中 耕一	化学	生体高分子の同定・構造解析のための手法の開発
2008	南部 陽一郎	物理学	素粒子物理学における自発的対称性の破れの発見
	小林 誠	〃	小林・益川理論とCP対称性の破れの起源の発見による素粒子物理学への貢献
	益川 敏英	〃	
	下村 脩	化学	緑色蛍光タンパク質（GFP）の発見と生命科学への貢献
2010	根岸 英一	化学	有機合成におけるパラジウム触媒クロスカップリング反応の開発
	鈴木 章	〃	
2012	山中 伸弥	生理学・医学	多能性を持つｉＰＳ細胞の作製
2014	赤崎 勇	物理学	エネルギー効率の良い青色発光ダイオードの発明により、省エネ型の白色光源を可能にした
	天野 浩	〃	
	中村 修二	〃	
2015	大村 智	生理学・医学	線虫の寄生で生じる感染症に対する治療法に関する発見
	梶田 隆章	物理学	素粒子ニュートリノが質量を持つことを発見
2016	大隅 良典	生理学・医学	オートファジー（細胞の自食作用）の仕組みの解明
2018	本庶 佑	生理学・医学	免疫抑制の阻害によるがん療法の発見
2019	吉野 彰	化学	リチウムイオン電池の開発

■表4.3

時間との勝負

選考が始まるのは前年９月。各ノーベル委員会は候補者を推薦してもらうため、過去の受賞者ら約3000人に依頼状が送られる。厳正な調査・検討を経て翌年９月には数人程度に絞り込まれ、直前に多数決で決定する。科学記者は国内外のさまざまな情報をもとに、日本人受賞に備えた予定稿を十数種類作って備える。発表当日は、有力候補者がいる大学、研究所にもある程度の記者を張り付ける必要があり、各新聞社、通信社、テレビ局などの科学担当部署は総力戦となる。国内ローカルや海外在住の研究者をカバーするため、地方支局記者や特派員の協力を仰ぐこともある。

発表は午後６時30分～同45分ごろ（日本時間）なので、朝刊早版締め切りまでの約2時間半で、ネット向け速報、号外、朝刊紙面の作成などをこなさなければならない。速報と号外はスピードが命だ。発表後30分くらいで作業を完了しなければならない。

緊迫の電話対談

筆者が所属していた新聞社では、発表直後の慌ただしい中、受賞が決まった研究者と過去の受賞者らをむすんでの「電話対談」が目玉の一つだった。例えば、山中伸弥氏が生理学・医学賞を受賞した2012年の際には、京都大学にいる山中氏と、それまで日本人唯一の同賞受賞者（1987年）だったアメリカ在住の利根川進氏、さらには茨城県つくば市在住の江崎玲於奈氏（1973年物理学賞）を結んでの「三元中継」を実現させた。割り当てられた時間はわずか7分で、現場は緊迫した雰囲気に包まれる。あっという間に対談は終了。これで特集面を1ページ作らなければならない。だが入念な準備作業が実を結び、充実した紙面ができあがった。

ノーベル賞発表は日時が事前にわかっているものの、担当記者はかなりの専門知識と瞬発力が要求される大変なイベントだ。科学記者にとっては「長い一日」となる。ニュース対応を終えると科学面などに業績分析、深みのある解説の記事を書く作業が待っている。12月10日にストックホルムで開かれる授賞式の取材を任された記者は、その準備に入る。科学部に初めて配属された記者も、このノーベル賞取材を越えると皆、たくましい科学記者の顔つきになってくる。

4.3　プルトニウム極秘輸送作戦

「あかつき丸」の積み荷

1992年12月31日の読売新聞朝刊一面に、波を蹴立てて航海する1隻の船の空撮写真が大きく掲載された。「あかつき丸」（全長103メートル、4800総トン）という輸送船の名前を聞いてピンときた読者はどのくらいいただろうか。なぜこの小さな船がこんなに大きなニュースとして扱われているのか、一体何を運んでいるのだろう——そんな疑問を抱いた読者も少なくなかったかもしれない。あかつき丸が輸送しているのは約1トンのプルトニウムだった。フ

讀賣新聞

THE YOMIURI SHIMBUN

12月31日 木曜日

1992年(平成4年)

2議員の収賄立件断念

「佐川」捜査、事実上の終結

ワイロ特定できず

東京地検

東証1万7千円割る

不況反映の大納会

あかつき丸 厳戒 の旅

STARTⅡ 米ロ首脳調印 2、3日に

レンゴー

■図4.4　日本近海を航行するプルトニウム輸送船「あかつき丸」(読売新聞1992年12月31日朝刊一面)

ランスの軍港シェルブールでプルトニウムを積み込んだあかつき丸は1992年11月７日夜（日本時間８日）、フランス軍が厳重な警戒にあたるなかを出港。海上保安庁の大型巡視船「しきしま」（全長150メートル、6500総トン）に護衛されながら、航路も現在位置も明かさない隠密行動で２か月に及ぶ無寄港航海の末、日本まで2000キロの近海に到達していた。大晦日の紙面を飾った写真は、南鳥島の南西約500キロの公海上を時速約14ノットで北北西に進むあかつき丸の姿をとらえたスクープだった。

国益vs.報道の自由

この撮影は「国益」と、「報道の自由」ないしは「国民の知る権利」との関係が問題となる事例でもあった。核ジャックを防ぐという核物質防護上の要請があるため、一定の情報非公開、隠密行動は認められるべきケースだが、日本のような民主主義国家において、国民の理解・支持を得ることなく政府が物事を進めることは許されない。その執行にあたってはリアルタイムでの完全な情報公開ができない場合でも、状況が安全になった段階で国民に対する説明、公開がなければならない。

一定のタイムラグがあったとしても、いずれかの時点で十分な情報に基づいて国民が政策の全容を知り、その当否などを判断することができなければ健全な民主主義は担保されない。状況の安全を確認の上、そう信じて行った取材、情報収集、写真撮影だった。

記事掲載から5日後の1993年1月5日早朝。あかつき丸は茨城県・東海港に無事入港した。フランスに向けて横浜港を出港した1992年8月24日から134日間、大西洋―喜望峰―オーストラリア東方沖―太平洋という約3万5000キロに及ぶ極秘輸送作戦だった。

しかし、そもそもなぜ日本の船がフランスから1トンものプルトニウムを輸送しなければならなかったのだろう。その複雑な背景を理解するためには、「核燃料サイクル」という日本の原子力政策のグランドデザインの歴史を知る必要がある。

英仏への再処理委託

原発では、天然ウランに0.7%しか含まれない核分裂性のウラン235を4%程度まで濃縮したウラン燃料が使われている。徐々に効率が悪くなり炉心に危険な物質もたまってくるため、3年ほど燃やした使用済み核燃料は交換される。実はこの中にはまだ1%程度のウランと、新たにできたプルトニウムが含まれている。

アメリカなどはこれらの資源を使わず埋設処分する使い捨て（ワンススルー）方式を方針としている。だがエネルギー資源に乏しい日本は、使用済み核燃料を化学処理して、まだ燃える回収ウランとプルトニウムを取り出して高速増殖炉（FBR）という特殊な原発などで燃料として利用するという「核燃料サイクル」政策を一貫して目指してきた（第2章参照）。

この化学処理を行う施設が再処理工場だ。1970年代から原子力発電を本格化させた日本では、動力炉・核燃料開発事業団（動燃）が再処理技術の研究開発を進めていたが、道のりは険しく、小規模な東海再処理工場（茨城県東海村）の操業開始も1981年まで待たねばならなかった。いずれ本格的な再処理工場を建設するとしても、当面、この急場をしのぐため、使用済み核燃料の受け入れ先を探すことが至上命題となっていた。

そこで電力会社が目を付けたのが、すでに大規模な再処理施設を有する核保有国のフランス、イギリスだった。再処理をビジネスにしたい両国との思惑も一致し、海外再処理委託の契約は成立。日本が船で使用済み核燃料を両国に持ち込み、再処理から出てくるプルトニウムや「核のゴミ」(高レベル放射性廃棄物)を引き取ることとされた。

この契約に基づいてフランスのラアーグ再処理工場で取り出され、日本に返還されることになった最初のプルトニウム。その1トンのプルトニウムこそが、「あかつき丸」の積み荷の正体だった。

このプルトニウムは動燃の高速増殖原型炉「もんじゅ」(福井県敦賀市)の取り換え用燃料に加工される計画だった。さらに英仏からは以降20年間に、30トンのプルトニウムが順次返還されることになっていた。

米軍も密かに警護

8キログラムのプルトニウムがあれば核兵器がつくれると言われるので、1トンは125発分に相当する。武装集団などによる襲撃で奪取されるようなことがあってはならない。今回の輸送は核物質防護条約、国際原子力機関(IAEA)が定める輸送規定のほか、1988年に改定された日米原子力協定などに基づく核物質防護措置をとるよう厳格に求められた。具体的には、①沈没しにくい二重構造を持つ専用輸送船の使用②安全性の高いルート選定③無寄港での航海④輸送船の警備強化⑤武装護衛船の同行⑥オペレーションセンターを設置しての常時監視——といった総合対策がとられた。

「あかつき丸」の帰路を護衛した海上保安庁の巡視船「しきしま」は、この任務のために、200億円をかけて建造された最新鋭の大型巡視船だった。速力25ノット(時速46キロメートル)、航続距離はフランスから無寄港で日本に戻れる2万カイリ(約3万7000キロメートル)以上。ヘリコプター2機を搭載し、複数の機関砲・機銃を装備した「武装護衛船」だった。

厳しい国際ルールを順守して輸送を完遂することは、日本が原子力平和利用の「優等生」であること、プルトニウムを扱う力量を備えた有資格者たることを示すうえで絶対に必要なことだった。あかつき丸の成否に、小資源国・日本の国益がかかっていた。

オペレーションの実務に加わったのは科学技術庁と動燃（現・国立研究開発法人日本原子力研究開発機構）、外務省などだった。オペレーションセンターの場所はもちろん極秘。科技庁は輸送船がフランスの軍港を出るまで輸送船名が「あかつき丸」であることすら公式に認めず、監視・警護にはアメリカの軍事偵察衛星、原子力潜水艦も加わっているとみられたが、日本政府はこれも表立って認めることはなかった。

航路は、パナマ運河経由、アフリカの喜望峰回り、南米ホーン岬回りの3ルートが考えられた。反核・環境保護団体「グリーンピース」の小型監視船が出航からずっと2隻を追跡していて、11月18日には「パナマ運河を通過する可能性はなくなった」と発表。やがて喜望峰回りでインド洋に入ったことが判明する。

危険な物質を極秘裏に輸送する日本に対する国際社会からの反発も強まった。ハワイ州知事が領海通過を拒否、マレーシアやエクアドル、コロンビア、ペルーなど安全性に懸念を表明した国は30か国を超えた。外務省は外交ルートを通じて、各国に輸送の安全性、秘密保持の必要性などを説明したがなかなか理解は得られず、こうした国々との信頼関係が損なわれかねない事態を招いていた。

日本国民もマスコミ各社も、あかつき丸の情報をグリーンピースの発表で知るという状況が続いていた。日本のテレビがグリーンピースのチャーター機に同乗して船を撮影するという、取材の公正さを疑われるような報道もあり、科学技術庁記者クラブの記者たちのストレスも高まっていた。当時、その一員だった筆者（柴田）は「太平洋に入ったあたりで情報公開するべきだ」と感じていた。

公開へ方針転換する政府

記者は単なる質問者ではないし、ICレコーダーでもない。客観報道に徹するということは記者が傍観者、ロボットになるということと同じではないだろう。相手の発言を引き出すため記者が自分の考えを述べて説得することがあるし、その事について自分の考えをしっかり持っていることが取材相手の信頼につながることは少なくない。この時も記者は科技庁や動燃の幹部、担当者に会うたび、「このままダンマリだと、国民に説明する機会を失う。原子力政策に対する不信が広まる可能性もある。支障ない範囲内で情報公開するべきだ」と意見を述べ、再考を求めていた。オペレーションにあたる関係者、政府の側も「極秘」の方針見直しを検討していた。

12月25日、動燃は「入港時にその模様や荷下ろし、運搬作業などの一部を報道陣に公表する。このため動燃東海事業所にプレスセンターを開設する」と発表。政府筋も28日、「日本近海に来れば、巡視船もたくさんいて、もう核ジャックの心配はない」と述べ、その後の動向については原則公開とすることを明らかにした。

実は読売新聞はこうした方針転換に先立つ22日夕刊一面で、「あかつき丸が茨城・東海港に1月5日入港」という決定的なスクープ記事を掲載していた。入港時は船足も落ちるし地上から攻撃される可能性も出てくるから、この記事の掲載にあたっては新聞社内でも慎重な検討がなされた。関係筋の感触なども含め、この情報が公開されてもミッション遂行上の妨げにはならないことを確認し、ゴーサインは出されていた。

決め手は精密地図

1992年の御用納めの日。記者（柴田）は意を決し、科技庁記者クラブの卓上から関係者に1本の電話を入れる。相手は今なら時間があるという。急ぎ向かう。鞄の中にはこの時のため入手していた、周辺海域の大きな地図が入っていた。年末の挨拶もそこそこに記者は、あかつき丸の所在をストレートに聞いた。2人の間ではもう議論はなかった。これが国益を損なうことはない、それどころか日本の自立性を主張するためにも必要なことなのだという暗黙の合意があったように思う。2人の間にあったテーブルにこの地図を広げて置き、取材は終わった。

読売新聞社が保有するジェット機があかつき丸の姿を撮影したのは30日午前10時30分（この日はもう年末で夕刊が作製・発行されておらず、掲載は翌31日の朝刊となった）。あかつき丸甲板上にいた乗員たちは、新聞社のマークを付けた取材機が「真っすぐ」飛んで近づいて来るのを見たという。広い外洋では、船の針路がピンポイントでわかっていない場合、ジグザグに飛んで探索するしかないが、全長330メートルを超えるアメリカ海軍の原子力空母でも発見するのは難しいといわれる。撮影成功の決め手は、精密な地図にプロットされた位置情報だった。これは筆者が、旧ソ連の核開発が行われた秘密都市（つまりソ連の地図にも記載されていない）などを取材した先輩記者から伝授された、「よくわからない場所の取材をする時には、あの店の１階奥で売っている大縮尺の地図を持っていくとよい」というチエだった。

国民の知る権利

この取材は「国益」と「報道の自由」がぶつかり合うものだった。「国の方針を守らず報道して万一、プルトニウムが核ジャックに遭っていたら新聞社はどう責任を取るつもりだったのか」と新聞社の姿勢に疑問を感じる人もいると思う。前述のように、安全性は十分に考慮しての掲載だったが、筆者が比較検討する際、特に重視したのは「国民の知る権利」だ。

この輸送が報道されるようになった時点でも、国民の多くは1970年代に海外再処理委託契約が結ばれたことを知らなかったろう。プルトニウムが返還される背景も、秘密裏に輸送しなければならない理由もよく理解できていなかったのではないか。自国のエネルギー政策を、政府は国民にしっかりと説明したことがなかったと思う。この項ではスクープ写真の話を中心に紹介してきたが、実は輸送ミッションが行われた前後の半年間に、読売新聞科学部は「日本の核燃料サイクル政策」について、特異なその歴史的経緯、現状と問題点、将来のあり方などについて数回にわたって特集記事を掲載している。この「騒動」を絶好の機会と考え、ふだんあまりなじみがないと思われる原子力政策に関する知識を読者に届けることを目指したのである。

国民は正確な情報を知ることによって、政策の是非を的確に判断できる。それは民主主義の根幹だ。だが森羅万象を扱う一般紙で、きっかけなしにいきなり難しいテーマの議論を始めることはなかなかできないのも現実だ。科学ニュースに強い関心を持つ読者が確実に増えている一方で、原子力分野のニュースなどは事故が起きた時を除けば、読者からは遠いテーマだ。さまざまな機会をとらえて、「難しそう」な分野の情報も社会に提示していこうという姿勢が科学記者には必要だと思う。記事が伝えるのは事実であって、考えるのは自由で健全な判断力を持った読者、国民である。

4.4　脳死と臓器移植法

臓器移植法が成立・施行（1997年）され、日本初の脳死からの臓器移植（1999

年）が行われてから20年以上たつ。欧米に比べまだ提供数は少ないものの、国民の間に理解は広まり、移植医療は社会に定着しつつある。同法成立までの紆余曲折の歴史から、なお残る課題まで、「生命倫理」をキーワードに通観する。

和田心臓移植と医療不信

1960年代、日本の臓器移植は世界の移植医療に遅れることなく始まった。アメリカで世界初の肝臓移植、肺移植が行われたのは1963年、南アフリカで世界最初の心臓移植が実施されたのは1967年だが、日本でも1964年には東京大学で生体腎臓移植、千葉大学では肝臓移植が行われている。こうした動きに冷水を浴びせたのは、1968年に札幌医科大学の和田寿郎教授（当時）が行った日本初の心臓移植（和田移植）だった。

世界でもまだ30例目という心臓移植が成功すると新聞・テレビは称賛、歩行できるまで回復したレシピエントの様子などを逐一取り上げた。しかし2か月半後、患者が死亡すると、提供者（ドナー）の脳死判定は正しく行われたのか（判定の妥当性）、移植を受けた患者（レシピエント）は本当に移植しか助かる道がなかったのか（移植適応の妥当性）などの疑惑が噴出。マスコミも医療現場の密室性や情報隠しなどを追及する報道を行った。殺人罪で札幌地検に告発があり、1970年には不起訴が確定している。

このスキャンダルで国民には強い医療不信が芽生えた。医療サイド—患者（ドナー、レシピエント）間の信頼関係なしには一歩も進まない移植医療は、頓挫する。

ここから臓器移植法が成立する1997年までの約30年は日本の移植医療の停滞期。情報をガラス張りにして、国などが適正な執行をチェックする形を作らない限り、この泥沼から抜け出すことはできないだろうと言われていた。ではこの30年間、何も動きはなかったのかというと、水面下では移植再開を悲願とする移植医たちの「フライング」が見られた。特に積極的だったのは、すでに生体部分肝移植や死体腎移植で実績を積み、手技に自信を持っていた医師たちである。

再開目指す移植医たち

1990年代前半、この分野を担当していた筆者（柴田）は、東京大医科学研究所、東京女子医大、信州大、大阪大、国立循環器病センター、九州大などで臓器提供・移植があるらしいとの情報が流れるたび、現地に急行した。だが、担当医に会うことすらできず、取材拒否に遭うことが多かった。

西日本の国立大病院で脳死肝臓移植か、との情報があった。ようやく廊下で教授をつかまえたものの「私は目の前の患者さんの命を救いたいだけだ。移植医療で患者さんが救えないのは、反対しているお前たちマスコミのせいだ」と怒鳴られ、大学・病院側からの情報提供も得られなかった。

都内にある国立大病院の移植医は温厚な人柄で良識派とされていた。だが退官目前、移植に適さない臓器を使って無理な手術に踏み切ろうとしているらしいとの情報が流れた。肝臓の摘出・移植が検討されたようだったが詳細はわからなかった。

死体腎移植で国内有数の実績を誇っていた都内の医大は、脳死肝移植を視野に、生体肝移植の実績を積み始めていた。1～2例は成功。記者会見では主任教授がその技術の高さを強調した。だが3例目が失敗すると教授は、「これまでも私は最後に閉腹していただけ。ほとんどは助教授が執刀していた」と説明、その助教授が「すべて私の責任です」と謝罪する結果となった。教授は「私は明日から学会でいない。あとは助教授から聞いてくれ」と言って去って行った。この3例目は、最初に移植した生体部分肝が生着せず、外国から空輸し再移植した脳死肝も機能しなかった、という経緯をたどった。独自取材によって、再移植に関する大学病院倫理委員会の手続きに不備があったこと、患者側に対するインフォームド・コンセント（十分な説明を受けたうえでの同意）も不十分だったことがわかり、この点を読売新聞は厳しく追及した。

移植医療の現場には当時、ヒエラルキー構造からくる閉鎖的体質、独善的体質が残っていたと言わざるを得ない。生命倫理の視点は決定的に欠けていた。こうした風土が変わらないまま脳死判定、臓器移植が行われたら、再び和田心臓移植のような不祥事が起こるおそれがあった。

2年に及んだ脳死臨調の論議

1990年代前半は、こうした「暴発寸前」の動きがある一方で、脳死臓器移植を進めたい医療側にも「一定の社会的チェック機能を持った公的枠組みを作り、情報をガラス張りにして信頼の回復を図って移植再開を目指そう」という機運が高まっていた。

移植以外に助からない患者の多くが待機中に亡くなっていた。高額の医療費・滞在費を募金などで工面し、海外の病院で移植を受けるため渡航するケースも出始めていた。こうした実態は放置できないものだった。

社会的コンセンサスが欠かせないと考える国も動き出す。1990年２月、特別立法によって「臨時脳死及び臓器移植調査会（脳死臨調）」を設置。元文部大臣の永井道雄会長ら15人の委員が議論を重ね1992年１月、①医学的に脳死は「人の死」であり、おおむね社会的・法的にも受容されている②臓器提供には本人意思を最大限尊重する③移植機会の公平性を確保し、効果的な移植を進めるため、全国的な臓器移植ネットワークの整備が不可欠④包括的な臓器移植法の制定が望ましい――との内容を骨子とする最終答申をまとめた。

２年間の議論では紆余曲折があった。「主流派」委員が脳死を人の死と認め、一定要件のもとで臓器移植を容認したのに対し、哲学者の梅原猛氏ら「少数派」の委員は脳死容認の考えに反対。人の命をどう考えるか、人の死を前提とする医療をどう考えるかという生命観、生命倫理上の議論を展開し、両者の溝は埋まらなかった。答申は結局、少数派の見解も併記するという異例の形式となった。少数意見を切り捨てなかった背景には、国民の間にはなお医療不信があり、脳死についても依然、多様な考え方があるという現状認識が各委員にあったことが挙げられる。また永井会長の懐の深い運営の賜物でもあった。

非公開の壁を越えて

脳死臨調の審議は原則非公開だった。公開では忌憚のない意見表明がしにくいとの理由だが、国民の間にも批判があった。メディアは毎回の会合終了後に厚生省（当時）で行われる記者会見で突っ込んだ質問をするのだが、永井会長、森亘会長代理（元東大学長）らの説明は微温的、総花的なもので、担当記者だった筆者（柴田）らは「はぐらかされている」と感じていた。散会後、先輩記者と手分けして各委員をつかまえ、追加取材を徹底した。社に戻り、先輩記者と事実関係を擦り合わせ、締め切りギリギリに原稿をまとめるという作業が毎回続いた。他社が「脳死論議、決着せず」という見出しを掲げて記者会見の内容を伝えている時、読売新聞だけは「脳死は『人の死』

容認」と決着したことを明確に書くものだから、「身内」である科学部デスク陣からも、たびたび、「君たちの取材は他社と違うから間違っている」と否定された。

これらの独自取材がすべて正しかったことは、のちに明らかになっている。公式の記者発表だけに頼った取材がいかに危険か。それが脳死臨調取材を通じての教訓だった。

「あなたはどう思うのですか」

2年近いフォローを続けたなかで、忘れられないシーンがある。中間答申案が示された1991年6月の直前だったと記憶する。会見後の永井会長を追いかけた筆者は、エレベーター前で追いつき、「脳死は『人の死』ということで合意したのですか。はっきり言ってください」と詰め寄った。すると、永井会長は振り返りざま、眼鏡からはみ出しそうなほど大きなぎょろりとした目で見据えながら、こう言ったのだった。

「あなたはどうですか。脳死は人の死だと思いますか」

質問するのは記者の役目ですよ会長。取材者に逆質問してどうするのですか永井さん。一瞬あっけにとられ、きちんと脳死判定するなら人の死と認めていいと思いますが…と、ぼそぼそ答えるのが精一杯だった。永井さんは何もコメントしないままエレベーターに乗って行ってしまった。永井さんの意外な行動は、しつこい記者を振り払おうという老かいな戦術だったのかもしれないが、取材対象から問いかけられるという体験は衝撃だった。

「人の生死」という重い問題を取材する立場にありながら、深く考えたことがなかったことに気づかされた。自分の意見を記事にダイレクトに書くようなことは無論戒めるべきだ。しかし、自分の意見を持たずに年上の有識者たちと渡り合っても、真実の言葉を引き出すことはできないのかもしれない。そう考えるようになった。

中間答申では、脳死を人の死とする主流派が大勢を占めた。脳死臨調ではその後も、「脳死は人の死か」「脳死判定を厳格に行う基準とは何か」「どんな条件を満たせば臓器移植を認めて良いか」といった幅広い議論が展開され、徐々にではあるが移植再開へ向けたコンセンサスが醸成されていった。

臓器移植法成立

1992年1月の最終答申を受け、国会周辺の動きが加速する。12月には脳死移植のための議員立法を目指す各党協議会が発足。1994年4月には超党派議員15人が臓器移植法案を提出した。1996年9月には衆院解散のあおりを受けて廃案となったものの、12月には修正法案を再提出。臓器提供時に限り脳死を人の死とするとの修正が加えられ、1997年6月、「臓器の移植に関する法律（臓器移植法）」が成立した（同10月施行）。同法は、脳死判定および脳死での臓器提供の意思を生前に書面で示していて、家族が拒まない場合のみ脳死での臓器摘出を認めるという厳しい条件を付けていた。

インフォームド・コンセント、提供意思の確認、脳死判定、レシピエント選定などの作業において問題がなかったかなどが厳しくチェックされる体制も整備された。脳死判定基準は①深い昏睡②瞳孔の固定・散大③脳幹反射（対光反射など）の消失④平坦な脳波⑤自発呼吸の消失――の5項目で、これらが確認され、さらに6時間以上変化がないことを確認することなどが厳格に求められていた。

初の脳死判定

施行後1年がたっても脳死臓器移植は行われず、厳しすぎる条件に対し、移植の現場からは「これでは移植禁止法だ」との声も聞かれるようになっていた。

高知赤十字病院（高知市）において、臓器移植法のもとでの初の脳死判定が行われたのは、施行から1年4か月たった1999年2月だった。提供者は、くも膜下出血で同病院に搬送された40代女性で、臓器提供意思表示カード（ドナーカード）を持っていた。脳死判定やレシピエント選定などでいくつかのトラブル、手順ミスがあり混乱も生じたが、患者は法的脳死と判定され、臓器摘出を実施。心臓や肝臓、腎臓などがレシピエントの待つ各医療機関に運ばれた。大阪大学病院（大阪府吹田市）では脳死心臓移植が実施された。日本の移植医療をストップさせた和田心臓移植から31年がたっていた。

4.5　仕事場は宇宙

日本人女性初の宇宙飛行士

1994年、向井千秋は米スペースシャトル「コロンビア号」に搭乗し宇宙へ飛び立った。旧ソ連の「ソユーズ」宇宙船で日本人として初めて宇宙飛行を達成した秋山豊寛（1990年）、シャトル初の日本人宇宙飛行士となった毛利衛（1992年）に次ぐ、わが国3番目の宇宙飛行で、日本人女性では初、アジア人女性としても初というパイオニアだった。将来を嘱望された心臓外科医から宇宙飛行士に転身した向井は、「わたしの仕事場は宇宙」と言うバイタリティーあふれる仕事大好き人間だった。

日本人が宇宙飛行するミッションに関しては、科学部記者が海外に出張して取材することが多い。筆者（柴田）がNASA（米航空宇宙局）の取材に向かったのは、向井の2度目の飛行（ディスカバリー号搭乗）が行われた1998年だった。このミッションには、1962年に「フレンドシップ7号」で米国人として初めて地球周回軌道を飛行し、旧ソ連のガガーリンの偉業（1961年）に並んでみせた国民的英雄ジョン・グレンが乗り組んだ。当時77歳。史上最高齢の宇宙飛行士だった。向井とグレンは、高齢者が宇宙空間でどんな影響を受けるのかを調べる計画の主治医と患者という関係でもあった。

短歌の上の句披露、下の句を募集

日本からの記者団は、10月29日にフロリダ州のケネディ宇宙センターからディスカバリー号が打ち上げられるとすぐに、飛行管制を行っているテキサス州ジョンソン宇宙センターに移動。向井からの交信を見守った。2度目の飛行とあって向井は余裕の表情で、なんと「宙返り　何度もできる　無重力」という短歌の上の句を披露し、地上の人たちに下の句を募集したのだった。次の「宇宙記者会見」の際、筆者は「わたしも作りました。『上になったり下になったり』。どうですか」と応募してみたが、軽い失笑が漏れたようだった。だが筆者はこの体験から、「これから始まる国際宇宙ステーションなどの長期滞在ミッションでは、こうした文化的潤いが必要になるのでは？　宇宙で『暮らす』時代には、飛行士にも文系の素養が不可欠ではないか」とひらめいたのだった。向井の呼びかけに対し宇宙開発事業団（現・国立研究開

無重力　何でもできる 人じゃなきゃ ──事業団

宇宙飛行士

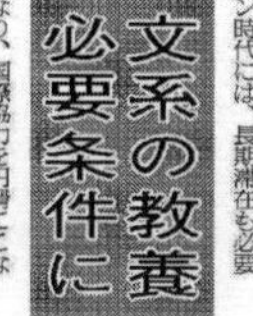
文系の教養
必要条件に

「ステーションでは不可欠」と

4期生選抜で専門家が面接へ

【ケネディ宇宙センター（米フロリダ州）7日＝柴田文隆】現在、日本人宇宙飛行士の第四期生を選抜中の宇宙開発事業団（内田勇夫理事長）は、この最終選考の選考基準に「文系」の素養も加え、人文科学や社会科学、芸術の分野の専門家による面接を実施することを決めた。

今回のスペースシャトル「ディスカバリー」では、向井千秋さんが宇宙の感動を短歌で表現するなど、柔らかい演出で宇宙を身近に感じさせ、多くの人に感銘を与えたのが印象的だった。さらに将来の宇宙ステーション時代には、長期滞在も必要になり、国際協力を円滑にこなすための豊かな趣味や教養が宇宙飛行士にも必須になる、との判断からだ。現在選考中の四期生には過去最多の八百六十四人（うち女性八十四人）が応募。第一次選抜を通過した五十一人を、第二次選抜で八人に絞る作業が進んでおり、来年二月上旬には二人程度の宇宙飛行士の卵が誕生する。

募集条件は、七番目に「宇宙飛行士としてふさわしい教養」を求めているが、第一条件はもちろん「理学部、工学部、医学部など自然科学系」の大学を卒業していること。今回の見直しは、ステーション時代に適した人材を、文系の学識経験者の目で選抜してもらおうというもの。

■図4.5 「文系の広い教養も宇宙飛行士選抜の基準に」と伝える読売新聞1998年11月８日朝刊社会面の記事

発法人宇宙航空研究開発機構＝JAXA）には14万通を超える応募があったという。

飛行士選抜試験に文系の教養も

向井は10日間のミッションを終え、11月７日に帰還する予定だった。筆者は熱の冷めないうちにと、さっそく同事業団の幹部にアプローチした。帰還直後ならインタビューに応じる時間が少しあるという。ホテルを訪ねて、自説を述べると、「まったく同感。いま行っている４期生の飛行士選抜最終面接で人文科学や社会科学、芸術分野の幅広い素養も調べるようにしたい」との答えだった。さっそく書いて送った記事が読売新聞1998年11月８日朝刊社会面に掲載された（図4.5）。「無重力　何でもできる　人でなきゃ」という見出しが秀逸だ。

自分が感じたアイデアを相手にぶつけてみて、手ごたえを得た時の充実感はまた格別だ。宇宙飛行士はこれからも当分、理系の専門的な仕事であり続けるだろうが、そうした先入観にとらわれず、柔軟な発想で取材の糸口を見つけていく姿勢が必要だとの思いを強くした経験だった。帰国後にはこうした文系素養の必要性を強調した解説原稿も書き、わたしの２週間に及ぶミッションも無事完了したのだった。

やがて人類は月周回軌道上の中継基地から、火星有人探査の宇宙船を出航させるようになるだろう。その道のりは数か月に及ぶ。その間、互いの国・民族の文学や音楽、料理やスポーツなどの話でコミュニケーションができたら素晴らしい。筆者が宇宙飛行士で、同乗者から「バショーの短詩は最高だ」

とか「日本の将棋はチェスとどう違うの？」などと話しかけられたら、たちまち親友になってしまうだろう。宇宙で「暮らす」時代はすぐそこに迫っている。

コラム

文系と理系のベストミックス

筆者（柴田）が科学部に配属された1990年ごろは、読売新聞東京本社編集局科学の理系：文系の割合は４：６くらいだった。もともとは社会部から分離・発展する形で誕生した科学取材部門には文系出身者（社会部系）の記者も多かった。今では、将来科学部に配属することを考えて理系学生を新聞社が採用するということもあって、理系・文系の比率は逆転している。

欧米のマスコミ界では修士号、博士号を持つ人材が珍しくないが、日本のマスコミの科学取材部門でも、修士修了など高い専門性をもつバリバリの理系記者は増えている。科学部配属後、東京大学大学院で博士号を取得した記者もいるが、こうした「国内留学」には所属長を始めとする職場の理解が不可欠だ。

科学部の専門性はいっそう高まっている。難解な分野の取材では、対象を正確・迅速に理解できるという点では理系にアドバンテージがある。科学・技術がかかえる問題を社会との関係の視点からとらえ分析するという点では文系出身者の科学記者の役割も重要性を増している。複雑な背景を持つ科学領域のテーマをわかりやすい記事にまとめ読者に提供するという役割を果たすうえで、文理を横断する豊かな教養を持つ記者たちがバランスよく共働することが、いっそう重要となっている。多様な人材を有する組織ジャーナリズムの可能性もそこにあると思う。

第5章
リスク社会とメディア

現代人は様々な意味で、リスクに取り巻かれた社会に生きている。科学技術の進歩でリスクが減らせた分野がある一方で、新たなリスクも生まれている。しかも、リスクをゼロにはできない事項が圧倒的に多い。どこまでのリスクを許容するかは人それぞれで、社会的な合意に達することは容易ではない。こうしたリスク社会において、マスメディアへの強い批判がある。必ずしも科学ジャーナリズムだけに限ったことではないが、メディアが円滑なリスクコミュニケーションを阻害しているという批判だ。成熟した社会のために、リスクコミュニケーションはどうあるべきか。科学ジャーナリズムや科学コミュニケーションの果たすべき役割は何なのか。本章では、いくつかの事例を取り上げながら、そうしたことを考えたい。

5.1　リスク社会の進展

多様化するリスク

人間は、様々なリスクにさらされながら生きてきた。その正体を知らずに過ごしてきたことも多い。いつ起きるかもわからない火山噴火や、暴風雨、天候不順による作物の不作と飢饉、流行り病や、戦乱……。様々な経験を積み重ね、今で言う「リスク」を何とか避け、低減しようとしてきた。人知の及ばない出来事については祈りをささげたり、厄除けをしたりと、現代においては迷信と呼ばれるような対応もしてきた。そこには、リスクを避けたいという切実な願いがあった。

やがて、科学技術の進展で多くのリスクの原因が解明され、様々な対応策も生み出された。先進国では感染症をはじめとする病気の多くが克服された。医療技術の進展や公衆衛生、社会基盤の整備、飢えに苦しむことのない食料の安定確保などが背景にある。平均寿命の驚異的な伸びが、リスク低減の分かりやすい指標である。

しかし現代人にとって、リスクが減っているという実感はそれほどないのではないだろうか。それは、科学技術によって新たに発見されるリスクがあったり、科学技術を背景とした現代社会が新たに生み出すリスクなどがあったりして、リスクを巡る状況が大きく変化しているからだろう。さらに、グローバル化の進展によって、世界のどこかで生まれたリスクがすぐに他国にまで広がってしまうこともある。

人工物に限らず自然物も含めた発がん性物質が次々と発見され、これまで気にもしていなかったリスクに直面させられることがある。航空事故で一度に多くの乗客が犠牲になるリスクは、科学技術が生み出したものである。原子力施設の事故も同様だ。多くの人々にとって免疫のない新たな感染症の大流行は、航空機による人々の頻繁な移動が少なかった時代にはそれほどの大問題ではなかったが、今は各国の公衆衛生当局が神経を尖らせている。ネットワークに依存した現代社会にとって、サイバーテロで基幹システムなどが機能しなくなれば、影響ははかり知れない。

リスクとは何か

「リスク」にはいろいろな定義があるが、平易にいえば将来において起きてほしくないことが起きる可能性のことをいい、日本語でいう「危険」とは、ちょっとニュアンスが違うため、リスクという言葉のまま使われることが多い。あえて日本語化すれば「危険性」と表現されるが、あくまでも未来に向けて備えるための言葉であり、起きてしまったことはリスクとはいわない。起きてしまったことは実害であり、英語では「クライシス」と表現されることが多い。リスクを管理するのが「リスク管理」(リスクマネジメント)、クライシスの場合は「クライシス管理」(クライシスマネジメント) あるいは「危機管理」ともいわれる。

一言にリスクといっても様々な対象がある。経済活動に関するリスク、自然災害のリスク、大気汚染や地球温暖化などの環境リスク、安全保障上のリスクや地政学的リスクなど多様だが、この章では主に健康リスクをあつかう。

健康に関するリスクで近年話題になったことを列挙してみると、エボラ出血熱の流行と世界拡散の懸念、新型インフルエンザ、病原性大腸菌、PM2.5による大気汚染、食品の放射能汚染、BSE (牛海綿状脳症)、輸入食品などがある。ややさかのぼると、遺伝子組み換え作物、環境ホルモン、食品添加物、残留農薬なども問題視された。

健康リスクに限らず様々なリスクは、個人としても何とかして避けたいが、個人の対応だけでは間に合わないことも多い。社会的な対応が必要だが、必ずしもうまくいかないこともある。「リスク管理に失敗した」、「リスクコミュニケーションがうまくいかなかった」などと評される出来事が増えている。リスク対応に失敗すると、強毒性の感染症などの場合は、対応次第で多くの犠牲者を出すことにもなりかねない。

逆に、過度の不安・過剰反応を引き起こして社会の混乱を招くこともある。実害が考えられないのに、人々から忌避される風評被害などだ。また、メディアに騒がれたことに対する過剰な対応に税金を投入することは、より対応が必要な他分野への対策を遅らせかねない。政策の歪である。混乱は専門家への不信を招き、やがては科学不信にもつながりかねない。

マスメディアの副作用

リスク対応の 3 本柱とされるのは「リスク評価」、「リスク管理」、「リスクコミュニケーション」だが、特にリスクコミュニケーションはマスメディアと深く関係している。リスクに関する情報発信や情報交流が適正に行われないと、リスク管理にも悪影響を及ぼしかねない。その詳細は次の項以降でやや詳しく検討する。

ジャーナリズムをはじめとしたマスメディアの役割として、世の中で起きている様々な事象を伝えるだけでなく、社会悪を発掘して世の中に伝えることや、人々に危害を与える可能性のある出来事について、警告役を果たすことも使命とされてきた。炭鉱内の有毒ガスにいち早く気付くために、炭鉱夫が人間より敏感なカナリアのかごを持って坑内に入った昔の例になぞらえ、「ジャーナリストは社会のために“炭鉱のカナリア”の役割を果たせ」と言われてもきた。

このこと自体は間違いではなく望ましいことなのだが、それだけでは十分ではない分野があり、そのひとつがリスク対応の分野である。

後の項で述べるように、リスクは「白」か「黒」、あるいは「０％」か「100％」の二者択一ではなく、その間にあるグレー領域の問題である。リスクの「相場観」を与えながら、どのような緊急性のあるどの程度のリスクかをバランスよく伝えないと、副作用を産み出しかねない。ニュースの報道では主旨の明確なメリハリの利いた記事が好まれ、記者は「白黒をはっきりさせろ」と言われることもあるが、歯切れのよい記事が弊害を生み出すこともある。

「ものをこわがらな過ぎたり、こわがり過ぎたりするのはやさしいが、正当にこわがることはなかなかむつかしい」（寺田寅彦）という言葉があるが、メディア関係者にとって、複雑なことを適正に伝えることは結構難しい。

食品のリスク評価の専門家が、著書で次のような文章を書いている。

「残念ながら食品の安全性の分野においては、大手新聞やテレビ局を筆頭にメディアの発信する情報は間違ったもの、背景説明が不十分なために誤解を招くもののほうが多いというのが現状です。インターネットや書籍などはさらに惨憺たる状況で、情報を積極的に集めようとする志の高い人ほど間違った情報に翻弄されやすくなっています」

本書の主題である科学ジャーナリズムだけを対象にした“苦言”ではなく、ジャーナリズム一般に対しての指摘だが、マスメディアが配慮に欠けた単純な報道をすることが、リスクコミュニケーションを阻害することを自覚しなければならない。

5.2 食の安全とリスクコミュニケーション

日本でリスクコミュニケーションの重要性が強く意識されるようになったのは、食の安全の分野であった。リスクコミュニケーションは、食の安全に限らず、様々な分野でその必要性が指摘されてきたが、2001年に日本でも問題化したBSE（牛海綿状脳症）問題が大きなきっかけとなり、国の政策としても重視されるようになった。

BSE問題

BSEは、1990年代にイギリスで大問題になった牛の病気で、異常タンパク質「プリオン」に汚染された肉骨粉などの飼料を食べた牛が発症する。脳がスポンジ状になって歩行困難に陥り、ふらふらして死に至ることから、「狂牛病」とも呼ばれた。人々の恐怖感情をかきたてたのは、人間の「変異型クロイツフェルト・ヤコブ病」（vCJD）と呼ばれる治療法のない難病が、BSE感染牛を食べることによって引き起こされるという疑いだった。科学的に詳細は解明されていなかったものの、関係性を強く示唆する研究結果もあった。

感染牛といっても異常プリオンが蓄積しやすい脳やせき髄、眼部など「特定危険部位」を食べなければ危険性はないのだが、イギリス人には脳などを食べる食習慣があった。イギリス政府は当初、「牛とvCJDは無関係」と、沈静化をはかろうとしたが、世論の高まりのなか火に油を注ぐことになる。18万頭以上がBSEを発症し、人間のvCJD患者も150人を超えることになった。問題はイギリス国内だけでおさまらず、フランスなどヨーロッパの大陸部でも次々と発症牛が発見された。イギリス産の肉骨粉が輸出されていたためだった。

肉骨粉の厳格な使用禁止と特定危険部位の入念な除去などの対策が進み、やがて発症牛やvCJD患者は激減していった。

この問題はイギリスのリスク管理政策に大きな影響を与え、食の安全政策が抜本的に見直された。科学的な不確実性をはらんだ問題について、安全サイドの見解ばかりを強調することは事態を悪化させることに気づかされた。リスクコミュニケーション、科学コミュニケーションの重要性が再認識され、様々な対策が進められた。

日本でもBSE

日本では一部の専門家の間で、この問題は日本と無関係ではないと意識されていたが、行政の動きは鈍かった。そうしたなか、2001年9月に千葉県内のと畜場で、国内第1号のBSE感染の疑いがある牛が発見される。農林水産省が、その確認に追われるなど混乱を極める。事前準備や危機管理体制が十分でなく、確定診断が行えなかったために、感染疑い牛の組織をイギリスに送って確認を求めるなど、対応の拙劣さが余計、国民の不安をかきたてた。

農水省は、肉牛だけでなく乳牛も含めた牛の全頭検査を始めるとともに、全頭検査前の国産牛肉を買い取る制度も始めた。この問題では、北海道の女性獣医師が目視検査で感染牛を見抜けなかったことに責任を感じて自殺するなどの悲劇も起きている。

また、農水省の買い取り制度を悪用した事件が翌2002年に発覚する。雪印食品関西ミートセンター（兵庫県）の社員が外国から輸入した牛肉を国産牛と偽って、買い取り制度の補助金を詐取したほか、大阪市の食肉卸売業者「ハンナン」も、同様の詐欺で15億円を詐取する事件を起こしている。また、日本ハムの子会社が輸入牛を国産牛と偽って販売するなど、食品偽装事件や産地偽装事件も相次ぎ、食の安全に対する信頼は大きく揺らいだ。

BSE感染牛はその後、北海道、神奈川県などでも発見され、2006年には10件に達したが、対策が進んだこともあって2009年を最後（36頭目）に、感染牛は発見されていない。人間への感染については、2005年にイギリス滞在歴のある男性がvCJDと診断されたが、これはイギリス滞在時に感染したのではないかと判断された。

農水省と厚労省が第三者に依頼して発足した「BSE問題に関する調査検討委員会」が2002年4月にまとめた報告書は、ヨーロッパにおける出来事を対岸の火事のように軽視していた両省の対応を厳しく指弾している。その要点は以下の通りである。

①危機意識の欠如と危機管理体制の欠落

②生産者優先・消費者軽視の行政
③政策決定過程の不透明な行政機構
④農林水産省と厚生労働省の連携不足
⑤専門家の意見を適切に反映しない行政
⑥情報公開の不徹底と消費者の理解不足
⑦法律と制度の問題点および改革の必要性

⑥に関しては、行政の情報公開の不足や国民の理解増進の必要性とともに、「マスコミの報道については、センセーショナルで集中豪雨的という批判がある。たしかに興味本位で不正確な一部メディアが存在するのは事実で、BSE問題でも誤解を招く報道があった。正確で科学的で分かり易い解説記事の充実が今後の課題といえよう。とくに日本のマスコミには食の安全についての専門家がほとんどいない上、掲載の頻度も欧米に比べて少ない」と指摘している。

食品安全委員会の発足

この報告書の指摘も反映しながら制定されたのが食品安全基本法（2003年5月公布）であり、同法に基づいて内閣府に生まれた組織が「食品安全委員会」（2003年7月発足）である。図5.1に、食品安全委員会の役割の概略図を示す。

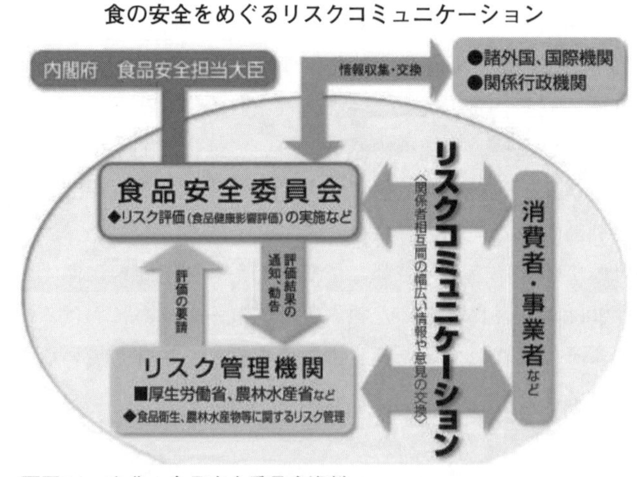

■図5.1　出典：食品安全委員会資料

大きな特徴は、「リスク評価」と「リスク管理」の役割を完全分離したことである。それまで、安全のためのリスク管理を行う農水省や厚労省が、リスク評価も行ってきた。これでは、官庁が所管する業界の育成のために規制行政が甘くなる恐れがあり、科学的であるべきリスク評価が政治的に歪みかねないという懸念があった。BSE問題でも、農水省が畜産農家保護の観点で、対応に消極的だったことが指摘されている。この「リスク評価」を客観的・科学的に行う独立組織として、食品安全委員会が設けられたわけである。

また食品安全基本法のなかに、「リスクコミュニケーション」と用語こそ明記されていないものの、その必要性も盛り込まれている。食品安全委の役割としてもリスクコミュニケーションの役割が重視されており、情報発信だけでなく消費者との意見交換、情報交流も重要な業務と位置づけられている。

この図にはマスメディアの役割が明記されているわけではないが、リスクコミュニケーションにマスメディアが大きく関係するのは、すでに述べた通りである。

5.3　一般市民にとってのリスク

市民と専門家の乖離

BSEを巡る混乱を前項で取り上げたが、この出来事を検証した「BSE問題に関する調査検討委員会」は、控えめながら消費者の理解不足も指摘している。食品安全基本法も、「消費者は、食品の安全性の確保に関する知識と理解を深めるとともに、食品の安全性の確保に関する施策について意見を表明するように努めることによって、食品の安全性の確保に積極的な役割を果たす」ことを期待している。

消費者が専門家ほどの基礎知識がないのは当然として、リスクについて両者の間にどれほどの認識の差があるのだろうか。食品安全委員会が2015年にまとめたリスク認識に関するアンケート調査結果を図5.2に示す。

一般消費者と食品安全の専門家の間で、リスク認識がほぼ一致しているのは、「病原性微生物（O157等）」と「カビ毒（アフラトキシン等）」、「自然界の金属元素（カドミウム等）」である。専門家と比べて消費者がリスクを過大に受け止めているのが、「農薬の残留」、「食品添加物」、「食品容器からの溶出

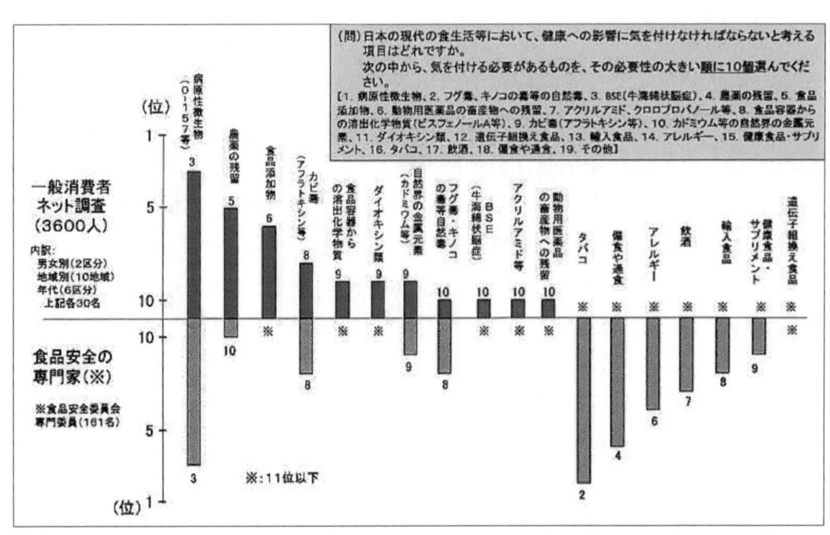

■図5.2　出典:「食品に係るリスク認識アンケート調査」(食品安全委員会、2015年)

化学物質」、「ダイオキシン類」、「BSE」などだ。残留農薬や食品添加物は、昔はともかくとして、様々な経緯を経て厳しく管理されるようになっており、専門家にとってはさしてリスクが高いという感覚はない。

逆に、消費者が高いリスクとして受け止めていないのに専門家が重視している項目に、「タバコ」、「偏食や過食」、「アレルギー」、「飲酒」がある。健康志向の高い消費者が好んで求める「健康食品・サプリメント」が、専門家にとっては健康を損なう高いリスクであることも意外性があり、留意する必要がある。

なぜこのような乖離が生まれるのか。その背景に、マスメディアを始めとして世の中にあふれる健康情報が、必ずしも客観的根拠に基づくものでないことがあげられる。専門家の認識だけが正しいとはいえないものの、あまりにも科学とかけ離れたリスク観は、健康維持や向上に役立たないだけでなく、場合によっては健康を損なうことにもつながる。

人々の健康志向につけこんだ、行き過ぎた商業主義や似非科学的な商法も問題視される。「キノコ　がんに効果」、「やせ薬で見違えるように……」など、消費者を欺く商法が司法当局に摘発されたり、消費者庁の行政処分を受けるなどの事例が後を絶たない。

フードファディズム

健康志向の高まりは、別の現象も生み出している。特定の食品をありがたがって大量に摂取する「単品健康志向」の現象が、繰り返し起きている。特定の食品に過大な効果を期待するこうした志向は「フードファディズム」と呼ばれる。

健康食品をめぐるブームは周期的に起きており、紅茶キノコ（1975年）、豆乳（1982年）、ヨーグルトキノコ（1994年）、ココア（1995年）、赤ワイン（1997年）、唐辛子（1998年）、ザクロ（2000年）、寒天（2005年）、バナナ（2008年）などである。それらの食品に罪があるわけではなく、適度に食べたり飲んだりしていれば健康にもよいはずだ。ところが、単品に頼りすぎて大量に摂取し、逆に他の食品を軽んじるようでは、健康によいはずがない。

納豆ダイエット事件　過去に大きな騒動になった出来事がある。2007年、関西テレビ制作の「発掘！あるある大事典Ⅱ」という番組で、納豆を食べるとダイエット効果があるという内容が紹介された。フジテレビ系列局を通して全国に流されたために視聴者が納豆を買いに走り、各地のスーパーマーケットから納豆が消えるという騒動にまで発展した。後にこの番組で紹介したデータが捏造だったことがわかり、過剰な演出も問題視された。

納豆に健康によい成分が含まれているのは間違いないにしても、大量に食べて痩せられるはずがない。結局、関西テレビは日本民間放送連盟（民放連）から除名され（後に再入会）、社長も辞任に追い込まれた。納豆だけでなく、ブームになった食品がスーパーで品切れになる現象は、寒天などでも起きている。

フードファディズムの考えを日本に紹介して広めた高橋久仁子は、フードファディズムのタイプとして①健康効果をうたう食品の爆発的な流行②いわゆる健康食品（あるいは栄養補助食品）③食品に対する不安の煽動―の３種をあげている。②は、効果が不確かなものを巧妙に宣伝する手法が代表的で、③は人工物を否定して自然物を過度に崇拝するなど、これも根拠の乏しい行為である。いずれにしても、単品で健康をもたらしてくれる「ミラクルフーズ」はないと知るべきだろう。

こうした現象に広い意味でのマスメディアが関係している。単に商業主義で、視聴率を稼ぎ雑誌を大量に売るためだけに問題情報が流れるわけではない。読者・視聴者の要望や発信する側の使命感に関係する部分がないわけで

二極分化しがちなメディアの健康情報

肯定情報・安全情報	否定情報・危険情報
■健康産業は大広告主 あふれる広告・宣伝	■危険情報は売れる 週刊誌は定期的に特集
■バラエティ番組の有力素材 視聴率にも貢献	■危険情報は掲載されやすい 安全情報は優先度低い
■読者が望む健康情報 新聞・雑誌も重視	■危険情報は注目される 危険を回避したい本能
■健康社会のための情報 健康長寿社会の要請	■ジャーナリストの正義感 炭鉱のカナリアの役割

■図5.3

はない。図5.3に、食品分野に限らず、健康に関して特定対象を推奨する「肯定情報」と不安をあおりかねない「否定情報」がなぜマスコミの発信する情報に多いのか、その要因をまとめた。

効果も害も量次第

健康のためなら何でもするという人にとって、注意しなければならないのは量である。ビタミン類は人間が自ら作り出せないものが多く、食品を通して摂取したり、時にはサプリメントを通して取り入れたりする。ビタミンが不足すると欠乏症が起き、健康を害するが、過剰に摂取することも害を引き起こす。

たとえばビタミンAを過剰摂取すると、急性症状として頭痛や嘔吐、慢性症状として手足の疼痛や皮膚の乾燥、食欲低下、骨粗しょう症を招きかねない。ビタミンCは吐き気や下痢、腹痛、ビタミンB6は感覚鈍麻、筋力低下など、ビタミンDは腹痛、吐き気、嘔吐、食欲低下などを引き起こす。ビタミンKの過剰も貧血などを招く。このため、ビタミン類には過剰摂取を防ぐために摂取の上限値（耐容上限量）が定められており、国立健康・栄養研究所のホームページで確かめることが出来る。

スイスの医師で化学者でもあるパラケルスス（1493～1541）は、有名な言葉を残している。「すべての物質は毒である。毒でない物質は存在しない。ある物質が毒となるか薬となるかは用いる量による」（船山信次著『毒と薬の世界史』から）

すべての物質が毒とは極論のように聞こえるかもしれないが、必ずしもそうとはいえない。身の回りにありふれた食塩にも致死量があり、一度に大量を摂取すれば死にいたる。生物に欠かせない普通の水でさえ、大量摂取は死をまねく。（呼吸が出来なくなって亡くなる水死でなくても）

薬の場合にも適正量は重要である。少なすぎると害はないものの薬効がない。逆に規定量を上回る服用は副作用などの健康障害を起こし、場合によっては死にいたる。

自然物と人工物

自然のなかで育った作物は人間にとって害がなく、人工の肥料や農薬をつかった作物は望ましくないというのも偏見である。残留農薬の有無がチェックされた作物は無農薬栽培と差がないし、人工肥料であろうと有機肥料（生物由来）であろうと、いずれも分子・原子レベルに分解されたものが作物に取り入れられるので、同じ成分が含まれていれば両者に差はない。土壌の状況をどう保つかなど、肥料の成分だけでは論じられないことも多いので、自然物と人工物のどちらがよいかは、単純に白黒、善悪を決められる問題ではない。

そもそも、植物は人間に食べられるために存在しているわけではなく、食べられては困る時期には忌避物質を出すなど、生き延びるための戦略を進化の過程で獲得してきた。（というより、そうした機能を獲得した植物が生き残ってきた）

梅の実は梅干しなどとしてなじみ深いが、青梅の段階では青酸配糖体と呼ばれる物質が実や種子の中にあり、生で大量に食べると嘔吐や頭痛などの中毒症状を起こすことがある。熟してから動物に食べられるのは、離れた場所で排泄されて新たに種が発芽するなど生息域の拡大に役立つが、未熟なうちに食べられては困るため、それを忌避物質で防いでいるわけだ。

ワサビなどに含まれるアリルイソチアネートは、殺菌効果や抗がん作用、抗酸化作用などがあって日本では特に好まれるが、過剰摂取すると胃腸炎や呼吸困難などの中毒症状を引き起こす。スイセンをニラと間違えて食べると、スイセンの有毒成分で嘔吐や下痢といった食中毒症状を引き起こし、時々ニュースでも報じられる。

人間は何千年、何万年と生き抜いてきた中で、何を食べてよいのか何が害なのかを経験的に判別できるようになった。それが、世代を超えて伝えられてきたために、食習慣のある植物や動物などは、まずは信頼して食べている。

だが、食習慣で判別し、避けてきたのは急性毒性を示すものに限られる。長い年月の末に害が出る慢性毒性や20世紀以降に次々と判明してきた発がん性物質は、食べた段階や一定期間たった後でも害を実感できない。そのため、チェックされることもなく、食べられてきた。

発がん性は人工の化学物質を中心に毒性が調べられてきたが、膨大な種類の天然物についてはあまり解明されていない。何気なく食べている食物の中にも当然、未知の発がん性物質が含まれているが、これらの物質を含んでいれば必ずがんになるわけではなく、人間には損傷を受けたDNAを修復する機能もある。それに、単一の原因で発症するわけではなく、様々な要因が重なった結果として、確率的にがんになってしまう人がでる。平均寿命の上昇も、がんの増加に関係している。

あまり気にしすぎていると何も食べるものがなくなってしまい、将来の健康を心配する以前に、餓死してしまう。食物に「ゼロリスク」を求めるのはそもそもないものねだりで、リスクを上回る効用に目を向けてバランスのよい食生活をすることを多くの専門家が推奨している。

5.4　リスク評価と管理

リスク管理の仕組み

リスク感覚の歪をなくすためには、リスクがどのように評価され、管理されるかの仕組みを知っておく必要がある。様々なリスクに対処するための前提となるのが、リスクの対象とその内容である。たとえば、人間の健康に害を与える物質をどう規制するか考えた場合、その対象物質にどのような毒性があるかを知る必要がある。さらに、どれくらいの量を摂取すると、どの程度の確率で健康への影響が出るのか、量的な評価も欠かせない。これが「リスク評価」である。

このリスク評価の結果を基に、製造や流通、摂取の規制などを行うのが「リスク管理」だ。科学的な「リスク評価」の結果に、安全余裕をみて、関係者とも協議しながら実効性と妥当性のある規制が行われるのが通例である。図5.4にリスク評価と管理の仕組みを示す。

この図の中心部にあるのが科学的リスク評価で、研究者らが行う。これを実際に規制に適用するのが行政（厚労省、農水省、環境省など）で、科学的リスクに相当の安全余裕をみて、厳しめの規制値が採用される。専門家にとっては、これで終わるのだが、一般消費者はそれでもなお不安を感じることが多い。主観的なリスクの領域である。

社会的な大問題に発展した事例では、世論にも配慮して通常のリスク管理以上の対策をとることがある。規制が、不安としての領域に踏み込んで、対応が拡大されるわけだ。

先に紹介したBSE騒動では、牛の全頭検査が行われた。世の中が騒然とした当初の段階では一定の意味があったが、やがて、全頭検査に科学的な意味がないことが分かった。そもそも異常プリオンに感染した牛でも年齢の若い牛では検査で感染を確認することはできず、相当の高齢牛でないと感染が検知できない。無駄な全頭検査に労力と資金を注ぐより、検査は高齢牛に限って行い、人間への感染が疑われる「特定危険部位」をどのような牛に対して

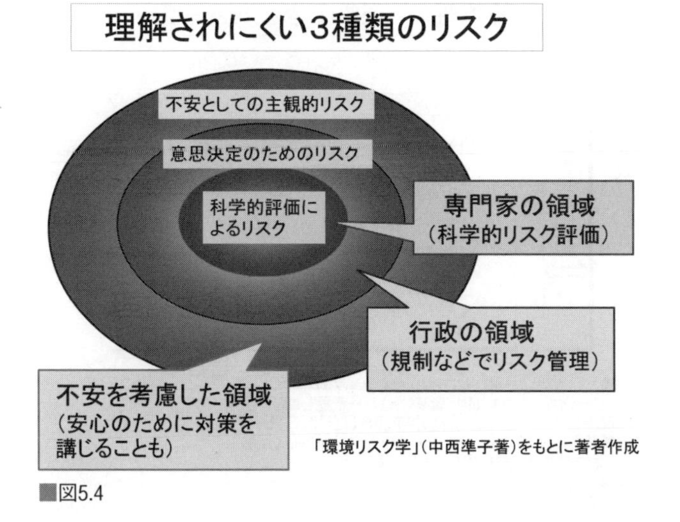

■図5.4

も入念に取り除くことを徹底させた方が、合理的で実効性のある対策だった。

しかし、一度全頭検査を始めてしまうと、止めることは容易ではない。「安全性の軽視」などと、消費者からの批判を浴びかねないためだ。国が検査の補助金を打ち切った後も各自治体が批判を恐れて自費で全頭検査を続けた。さすがに、近年では全頭検査を行う自治体はなくなったが、リスク管理がどこまで安心の領域に踏み込めばよいのか、難しい課題を残した。

リスク評価の方法

それでは、科学的なリスク評価はどのように行われるのだろうか。ある物質が人間に害があると疑われた場合、その物質の摂取量と健康被害の関係を求めなければならない。人間が過去に被害を受けた実例を調べるだけでは厳密な議論が出来ないため、ラットやマウスを使った動物実験が行われる。そうして得られるのが「用量作用曲線」である。

毒性を持つ物質にも、これ以下の摂取量では害が認められない「無毒性量」(NOAEL) のある物質と、そうした「閾値」(しきい値とも言う) のない物質がある。後者は、発がん性物質が代表例で、遺伝子に損傷を与えるため「遺伝毒性」をもつ物質と呼ばれる。摂取量がきわめて少量で目に見える害は見られなくても、遠い将来にがんを発症する確率をやや引き上げる恐れがある

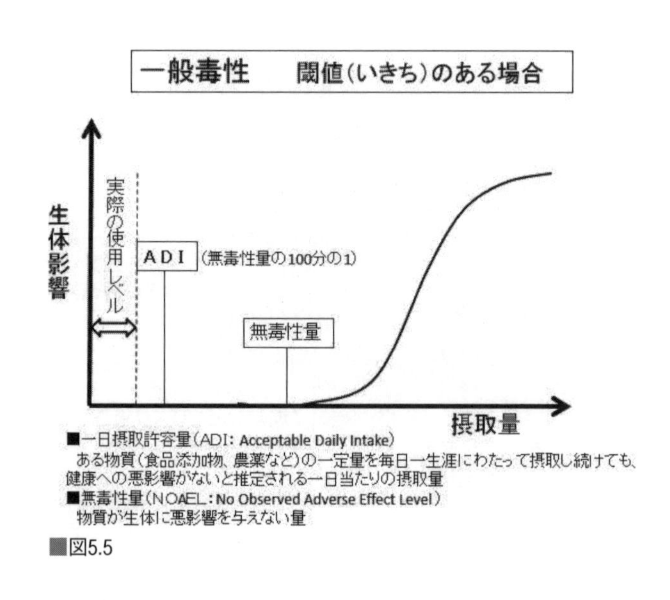
一般毒性　閾値（いきち）のある場合
生体影響
実際の使用レベル
ADI
（無毒性量の100分の1）
無毒性量
摂取量
■一日摂取許容量（ADI: Acceptable Daily Intake）
ある物質（食品添加物、農薬など）の一定量を毎日一生涯にわたって摂取し続けても、
健康への悪影響がないと推定される一日当たりの摂取量
■無毒性量（NOAEL：No Observed Adverse Effect Level）
物質が生体に悪影響を与えない量

■図5.5

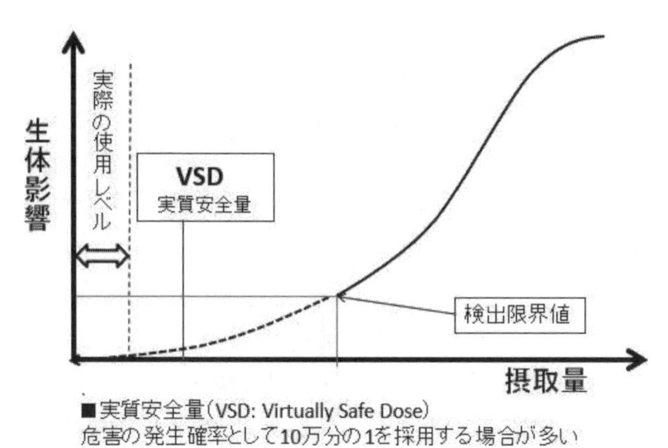

■実質安全量(VSD: Virtually Safe Dose)
危害の発生確率として10万分の1を採用する場合が多い

図5.6

ため、無毒性量が決められない。

まず無毒性量のある「一般毒性」の事例を図5.5に示す。動物実験で無毒性量を求めた後、安全係数を掛けて規制値が決められる。動物と人間では種が違うのに同列に扱ってよいのかという疑念にも配慮して、通常10倍の安全余裕をみる。さらに、同じ人間でも個人差や性別、年齢差によって毒物に対する感受性に差があるため、ここでも10倍の安全余裕をみる。計100倍の安全余裕ということは、無毒性量の100分1が規制値で、具体的には「一日摂取許容量(ADI)」と呼ばれる量で表現される。ある物質(食品添加物、農薬など)の一定量を毎日一生涯にわたって摂取し続けても、健康への悪影響がないと推定される一日当たりの量だ。

遺伝毒性のある物質の例(図5.6)でも、同じように動物実験などで用量作用曲線を求めるが、ごく微量の部分は判然としない。しかし、前述したように微量だからといって無視も出来ない。そのため10万分の1の確率でがんが発症する量を推定して、「実質安全量(VSD)」とすることが多い。

さらに、実際に世の中に出回る食品などの商品はこの規制値ぎりぎりというより、かなり下回っている場合が多い。時折、サンプル調査などで規制値超えの商品が見つかって報道されることがあるが、実質的な健康問題は発生しない。すでに述べたように、規制値には100倍の安全余裕がみてあり、しかも問題の食品を何年にも渡って食べ続けることはないからだ。ただ、規制値を守らないルーズさが広がると、食の安全をないがしろにする社会になりかねない。商道徳（コンプライアンス）の劣化と、食品・商品の実害とは切り離して考えるべきで、様々な報道に接して健康不安を募らせる必要はない。

食品安全の世界では発生源の規制のほかに、消費者の手元に届くまでの全過程で安全確認を徹底させる「HACCP」（ハサップ）の考えが浸透しつつある。HACCPとは、Hazard Analysis Critical Control Pointの頭文字をとった略称で、「危害分析重要管理点」と訳される。食品関係の事業者らが食中毒菌汚染や異物混入などの危害要因（ハザード）を把握した上で、原材料の入荷から製品の出荷に至る全工程で、それらの危害要因を除去または低減させるために特に重要な工程を管理し、製品の安全性を確保しようする衛生管理の手法という（厚生労働省）。2018年６月に食品衛生法案が可決され、義務化された。

放射線の健康影響

福島第一原子力発電所の事故（2011年）で、一気に注目されるようになったのが放射線の健康影響である。事故発生まで、学校教育でこの問題をほとんど扱ってこなかったこともあり、様々な局面で基本的な知識不足による混乱が相次いだ。

自分や家族らの身を守るために、神経を研ぎ澄ませて危険を回避するのは当然だが、あまりにも荒唐無稽な心配も広がった。福島県の在住者が他県で宿に泊まることを拒否されたり、福島とは遠く離れた岩手県の木材を津波被害者慰霊のために京都の五山送り火で燃やそうとしたところ、放射能の害を心配した一部の反対で中止させられたりした。これらは風評被害の一例にすぎない。

「低線量被曝」の影響はどの程度低ければ無視してよいか、専門家の間で今でも議論が続いているが、少なくとも常識的な知識だけは身につけておきたい。

放射線にはアルファ線（ヘリウム原子核）、ベータ線（電子線）、ガンマ線（高エネルギーの電磁波）、中性子線などがあり、これらの健康影響はシーベルト（Sv）という単位で表される。○○Svなどと表現される線量は余りにも強烈で生死にもかかわる量であるため、通常はこの1000分の１のミリ・シーベルト（mSv）、あるいはさらにその1000分の１のマイクロ・シーベルト（μSv）の単位が使われる。１μSvは、１Svの100万分の１である。

放射線の健康影響には二つの種類があり「急性障害」（確定的影響）と「晩発性障害」（確率的影響）である。（図5.7参照）

急性障害はかなり強い放射線を浴びた際に起こり、火傷のような皮膚のただれ、脱毛、白血球数の低下、不妊などの症状が出る。はなはだしい場合は、死に至る。旧ソ連のチェルノブイリ原発事故（1986年）では20人以上が急性障害で亡くなり、２章の「原子力開発」の項で紹介した茨城県東海村の「JCO臨界事故」（1999年）では２人の作業員が10～17Svもの中性子線を浴びて犠牲になっている。250mSv以下では急性影響は出ないとされている。福島事故では、急性障害の出るような強度の被曝はなかった。

もう一つの晩発性障害は、急性障害ほどの高線量でなくても起きる障害で、誰もが必ず発症するわけではないので、確率的影響とも呼ばれる。その線量に応じて、数年から数十年後に、発がんの確率が上がるという形で現れる。福島事故で問題になったのは、この晩発性の障害である。

これまでの調査・研究では、100mSv以下の放射線被曝では明確な発がん確率の上昇は確認されていない。しかし、線量がこれより低くてもその線量に応じた影響は出るという想定「閾値（いきち）なし直線仮説」（LNT仮説）に基づいて、対策などが考えられている。上述の「リスク評価の方法」の項で取り上げた、

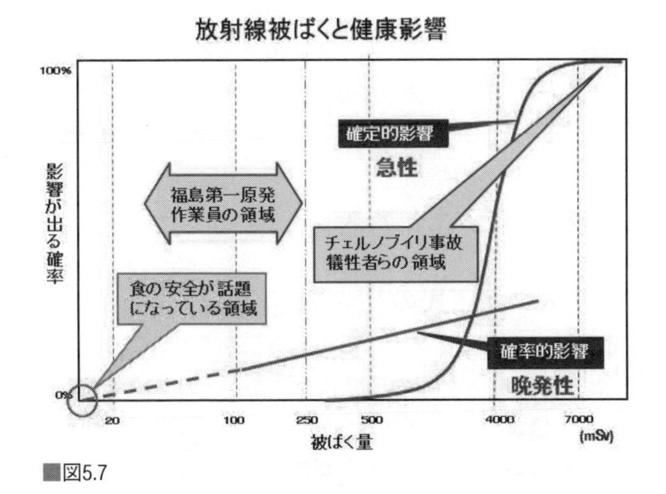

■図5.7

遺伝毒性の場合と同じである。

放射線防護の世界的考え方の基本は、①人為的な放射線被曝は出来るだけ低くする②人為的活動による一般人の被曝量は年間1mSv以下に抑える③職業人の場合は別途基準を設けて、一般人よりやや高い線量基準を認める④検査や治療など医学目的の被曝は人命を救う目的があるため、線量基準で規制しない―である。

1mSvの線量がどの程度のものかというと、日本人は事故の有無と無関係に、年間平均で2.1mSvの自然放射線を浴びている（世界平均は2.4mSv)。宇宙線や地表からの放射線、カリウム40など食物中の放射性物質からの放射線、空気中の放射性ラドンによるものなどだ。これにエックス線やCTスキャナーによる検査、航空機による海外渡航などが加わると、さらに何mSvか上昇する。

福島事故を巡っては、事故後の放射性ヨウ素による甲状腺がんが他地域に比べて増えているかどうかが議論されているが、少なくとも顕著な上昇はない。また、福島産の農産物などは他地域産の産物と放射性物質の濃度に差がない。

いずれにしても、図5.7の左隅の1mSvかそれ以下の領域の問題である。放射線の健康影響は、線量によっては警戒しなければならないが、何倍から何千倍まで幅広いリスク範囲の中のどの程度の位置のリスクかを知ることは、過度の不安にさいなまれることを防ぎ、風評被害の軽減にも役立つ。

紙幅の関係もあって、ここでは概略の説明にとどめたが、より詳しい情報を知りたければ、各種専門書のほか、放射線医学総合研究所、文科省、環境省など各種機関がホームページで基礎知識の解説を行っている。

5.5　リスク認知とバイアス

専門家のリスクと市民のリスク

一般市民と専門家の間でリスクのとらえ方にかなりの差があることを、5.3「一般市民にとってのリスク」の項で紹介したが、リスクを適正に管理したい側にとっては、悩ましい問題である。リスクコミュニケーションにとっても、この差をいかに縮めるかが、大きな課題になっている。

有限な資金と陣容の中で何とか工夫してリスク対応を進めようとしても、市民の理解が得られないと、対策が進まないことも多い。社会的な合意をいかに得るか。異論があるために問題を先送りすると、リスク対応を放棄することにもなりかねない。後の項で紹介するが、子宮頸がんワクチン問題や、BSL4（バイオセーフティーレベル４）施設の稼働問題などが、こうした悩みを象徴する出来事だ。

まず、専門家が考えるリスクとは何なのかから始めよう。リスクを定量化しないと、具体的な対策が進められない。分野によって考え方に差があり、有害物質に関しては「リスク＝毒性の程度×摂取量」などと定義されることがある。より一般的な健康リスク全般では図5.8のように定義することが多い。起きてほしくない出来事の影響度（被害の大きさ）と、その発生可能性（発生確率）を掛けたものがリスクである。これらを「科学的リスク」とも呼ぶ。

2011年の東日本大震災（M9.0）では約２万人が犠牲になったが、ここまでの巨大地震は1000年に１度クラスといわれた。これに対して100人の犠牲者が出る地震が５年に１度の頻度で起きるとすると、被害と発生確率の掛け算では両方の地震は同じリスクの程度になる。これは一般人のリスク感覚とは違って、普通の人は東日本大地震の方を高いリスクと感じるだろう。めったに起きない出来事を過大に評価するくせが人間にはあり、認知のバイアス（偏り）と呼ばれる。同じように、度々起きて多くの犠牲者を出している自動車事故と、めったに起きない航空機事故では、自動車事故の方が明らかに高リスクだが、感覚的には飛行機事故の方をリスクが高い（怖い）と感じる。理屈では割り切れないこともあって、東日本大震災後に、低頻度・高被害の出

専門家のリスクと一般市民のリスク

リスク＝影響度×発生可能性
（危険性）（被害の大きさ）（発生確率）

体感リスク＝リスク× α（不安拡大係数）

α：報道の頻度、認知バイアス、関係者への不信・・・

■図5.8

来事を別の枠組みで考えるべきではないかという議論が、リスク専門家の間でも行われるようになった。

図の下の段の「体感リスク」は一般人が感じるリスクで、科学的なリスクより大きく感じることが多いので、筆者は係数のα（アルファ）を「不安拡大係数」と仮に呼んでいる。専門家の世界で公認されている考えではない。逆に科学的なリスクより体感リスクの方が小さい場合もある。たとえば、大気汚染は多くの人々の寿命を縮めているというデータがあるが、日本のように対策が進められた国では特に、深刻なリスクとは感じられていない。リスク管理上悩ましいことは「過大視」の方に多いので、本書では過大視を中心に取り上げる。

リスクの過大視の大きな原因のひとつに、マスメディアの影響がある。リスクに関するある事象について度々ニュースとして大きく取り上げられ、しかもの内容が不安をかきたてる傾向があれば、多くの人は影響を受けて必要以上に怖がる気分が広がる。だが、リスクを過大視（あるいは過小視）する原因はそれだけではない。

認知のバイアス

人間は様々なリスクに関して、客観的な判断というより偏った感じ方をすることが多い。これは「リスク認知のバイアス」と呼ばれる。よく知られるバイアスに、自分の信念（あるいは思い込み）や仮説などに合致するリスクは受け入れやすく、そうでないものを受け入れにくいという「確証バイアス」がある。大津波のように、自ら経験したことがない出来事は、「まさか、ここでそんなことが起きることは……」と思いがちなことも、このバイアスに当たるだろう。

また、世の中でよく知られ、自分も経験したことのあるリスクより、経験したことのない「未知のリスク」の方を怖がる傾向もある。他にも様々なバイアスがあるが、代表的なものを以下に示す。

①自発的か他律的か

自分で選択したことによるリスクは小さく、第三者に押し付けられたものは大きく感じる傾向がある。自発的な選択には、ベネフィット（便益）を期待する部分があるが、押し付けられたものはそうではない。

②コントロール可能性

個人がコントロールできるリスクは小さく、できないリスクは大きく感じる。自動車を運転していて危険な状況になっても運転技術で避けられる余地があるが、乗っていた船が沈没するような場合はなすすべがない。

③犠牲者数

一度に多くの犠牲者を出す災害は過大視されやすい。航空機事故と自動車事故の例で示した通りだ。

④発生頻度

めったに起きない災害はよく起きる災害より過大視される。水害はたびたび起きるが、火山噴火による犠牲はそうあるものではない。犠牲者数が同じでも、感じるリスクは異なる。

⑤人為的か自然発生か

自然災害などは人間の力ではいかんともしがたいことが多く、運命と受け入れざるを得ないことが多い。これに対し人間活動にともなう災害は、過大視されやすい。

⑥平等性

だれにも平等に降りかかるリスクより、特定の地域・集団などに不平等に降りかかるリスクは過大視されやすい

こうしたバイアスは、人間が進化する過程で身につけてきたこともあるし、経験の積み重ねで習得したことも多い。人間が必ずしも「理性」で物事を判

「恐怖」や「不安」は大脳の古い部分に起源をもつ

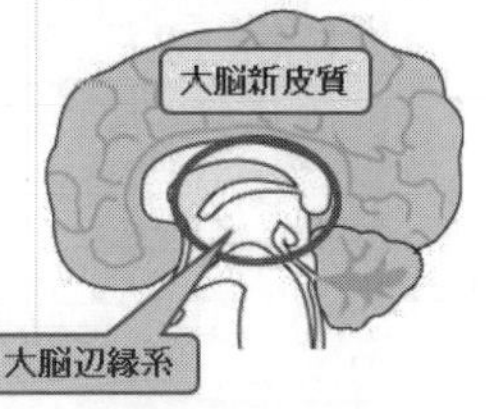

	基本的情動	社会的感情
脳の場所	大脳辺縁系	大脳新皮質
特徴	人類に進化する前からの本能的感情	人間として進化の過程で獲得してきた感情
情動・感情の内容	恐怖、怒り、驚き、不安、悲しみなど	愛、友情、感謝、罪悪感、正義感、誇りなど

■図5.9

断しているわけではないことと関係する。「理性」に対する言葉が「情動」である。

情動と理性の関係を図5.9に示す。図中で「社会的感情」と表記しているのが、「理性」の世界だ。情動というと、原始的で野蛮、克服すべきものというイメージをいだかれるかもしれないが、そうとは言い切れない。そもそも、日常生活における好き嫌いや、何気ない行動の背景には情動があり、理性的に判断していることの方が少ないかもしれない。

人間は長い進化の過程で様々な対応方法を身につけ、危険を避けて生き延びてきた。うす暗い森でガサッと音がすれば、瞬時にアドレナリンが分泌されて人体を危機対応ができるよう緊張状態にする。ほぼ同時に後ずさりや飛びのいたりする。肉食獣に狙われて餌食にならないための、本能的な対応だ。大脳新皮質の理性の領域で、相手の正体は何か、どうすれば危険が避けられるかなどと考えていては間に合わない。

こうした危機回避に関係する情動が「恐怖」や「不安」であり、脳の大脳辺縁系（特に偏桃体と呼ばれる部分）で、生み出されるとされている。人間に進化する前の段階からの基本的な情動だ。人間として進化するなかで社会的な対応が生存に有利なことに気づき、脳を肥大化させる過程で、社会的な感情を身につけてきた。

文明の進化とともに人間をとりまくリスクの状況は変わり、本能的な情動だけでは適切に対処できなくなったが、本能的な部分は容易には変われない。リスク認知には、理性だけで解消できない問題が潜んでいることを自覚し、理性と情動をともに生かす方向を探らざるを得ないのではないか。リスクコミュニケーションにおいても、専門家が理性で迫り、一般消費者の情動を軽視するだけでは、情況を改善できない。

安心と信頼

リスク管理やリスクコミュニケーションで大きな問題とされるのが、「安全」と「安心」の関係である。安全とは、リスクがない「ゼロリスク」のことではない。食の安全の項で述べたように、ゼロリスクの食べ物はない。近年では「受け入れられないリスクがない」状態を、「安全」と呼ぶ考えが一般的になってきた。

なるだけリスクが低いに越したことはないが、どこかで妥協して「受け入れ」なければならない。その妥協の線をめぐっては様々な要因があって、科学的な観点だけでは決められない。科学に問うことが出来ても、科学では答えられない領域のことを「トランス・サイエンス」の問題と提唱したのは、アメリカの物理学者スティーヴン・ワインバーグ（1933〜）だ。リスク受容の基準を決めるのも、まさに科学と社会の接点でおきるトランス・サイエンス的な問題といえる。

「安全」でさえ、一意的には決められないのに、「安心」となるとなおのことである。人それぞれで安心の感じ方は違い、万人に共通した基準を決めることはできない。かといって安心を無視したリスク管理も、特に民主主義が進んだ社会では進めることが難しい。

人々は何によって「安心」を感じることが出来るのか。問題意識が強く、基礎的な素養がある人は、対象とするリスクについて調べたり学んだりして現状を理解する。さらに専門家らの見解も確かめて、安心を感じることも出来る。だが、これは特殊な例かもしれない。リスクには様々な種類があり、そのそれぞれに詳しくなり、自力で判断できるようになるのは至難である。

そこで多くの人は過去の経験や一般的に言われていること、専門家が言っていたことを思い出すなど、簡略化した方法で安全を判断し、安心を得る。科学的に詳しく検討したわけではないこうした簡略化の判断手法を、リスク学では「ヒューリスティック」という。必ずしも正しい判断かどうかは保証されないが、短時間で判断できるのが利点で、多くの人はヒューリスティックで物事を決めている。

専門的に学んで理性的に判断する正統的な手法がよくて、ヒューリスティックは邪道とも言い切れない。問題はその中身で、なるだけ正しさに近いに越したことはない。

ヒューリスティックに限らず頼らざるを得ないのが専門家だが、問題になるのが専門家に対する「信頼」の問題である。リスクコミュニケーションの現場では、「あなたの言う事は、理屈（理性）としては分かる。だが、（感情では）納得は出来ない」といったことがよく起きる。「安全」と関係の深い人間の認知様式が「理解」であり、「安心」と関係するのが「納得」であることを示している。さらに、理解とは「理性」の領域であり、納得は「情動」の領域ともいえる。

「信頼」について、社会心理学者らによって、様々な研究が行われている。

中谷内一也は、信頼を導く専門家の評価基準として、「リスク管理の能力」と「リスク管理の姿勢」を挙げて分析している。（中谷内一也『安全。でも、安心できない…―信頼をめぐる心理学』ちくま新書、2008年）

「リスク管理の能力」は専門的知識や専門的技術力、これに経験や資格も加わる。「リスク管理の姿勢」には、多くの要素が含まれており、まじめさ、熱心さ、公正さ、中立性、客観性などだ。誠実性や相手への配慮、思いやりも盛り込まれていることから、単なる専門性の高さや専門的能力、客観性だけでなく、人間性にかかわる部分が「信頼性」に大きくかかわっていることがわかる。

また、自分の価値観に近い考えを持つ専門家に対してはより深い信頼感をいだき、同じように高い専門能力を持っていても自分の考えと異なる専門家には反発しがちな傾向があることも、分かっている。

「理性」で安全・安心を論じるだけでなく、「情動」の部分に届くような接し方が信頼につながり、しいては安心の醸成にも役立つようだ。ここでは扱わなかったが、専門性が乏しいのに分野外の出来事で不確か、あるいは間違った言説を流布するような専門家が、信頼に値しないのはいうまでもない。

5.6　リスクとベネフィット

リスクを巡る議論に、「リスク」と「ベネフィット」の兼ね合いをどう考えるかという問題がある。ベネフィットは、分野によって意味合いが異なり、経済分野では「利益」のことをさす場合が多いが、健康リスクにおいては、「便益」や「恩恵」の意味合いが強い。場合によって使い分けるのは煩雑なので、本書ではベネフィットのままで使う。

そもそも、ベネフィットが全く期待できないことについて、リスクを冒して何かを行うことは通常はない。墜落のリスクが無いわけでもないのに航空機に乗るのは、極めて短時間で目的とする場所にたどり着けるというベネフィットがあるからだ。

子宮頸がんワクチン問題

リスクとベネフィットの関係で、悩ましい問題のひとつに予防接種がある。

感染症の蔓延を防ぐための方法として予防接種が有効な場合に、接種が行われる。感染症の発症数が減り、多くの人が病気にならなくてすむ。その一方でごく一部とはいえ、予防接種の副反応で健康障害が起きることがある。副反応がなるべく出ないように努力する必要はあるが、副反応をゼロにするほどまでワクチンの効果を低めると、ワクチンとしての意味がなくなってしまう。

この問題でのベネフィットは多くの人命を救えることだが、リスクは、一部の人が健康を損ない場合によっては重篤な症状を呈する恐れがあることだ。こうした悩みを象徴する出来事として、近年では子宮頸がんワクチンの接種問題がある。

女性の子宮下部の管状部分に生じるがんが「子宮頸がん」で、子宮がん全体のうち7割程度を占める。最近は中年より20〜30歳代の若い女性の罹患が増えており、国内では毎年約1万人の女性が子宮頸がんにかかり、約2900人が死亡しているという。（日本産科婦人科学会）

子宮頸がんのほとんどはヒトパピローマウイルス（HPV）の感染が原因で、性的接触により子宮頸部に感染する。HPVは男性にも女性にも感染するありふれたウイルスだが、感染女性のうち約9割は免疫の力でウイルスが自然に排除される。残りの一部の女性が前がん病変を経て、数年以上をかけて子宮頸がんに進行する。

このHPV感染を予防するために開発されたのがHPVワクチンで、子宮頸がんの60〜70％を予防できると考えられている。日本では2009年に承認され、2013年4月から若い女性を対象に無料で受けられる「定期接種」となった。しかし、激しい頭痛や関節痛、歩行不調などの副反応を訴える事例が相次いだため、間もなく国は積極的に接種を勧める「勧奨」を停止。希望者は引き続き無料で受けられるが、接種者が激減した状態が続いている。

多くの国で接種が推奨されているほか、WHO（世界保健機関）も推奨していることもあり、日本の産婦人科医らも勧奨の復活を求めているが、国や製薬会社が被害者から訴訟を起こされていることもあってか、情況は変わっていない。

子宮頸がんに限らず、一般的に予防接種問題がどのような構造を持っているのかを示したのが図5.10である。副反応がなければ問題はないのだが、極めて少数とはいえ、副反応の被害が出てしまう。かといって接種を完全にや

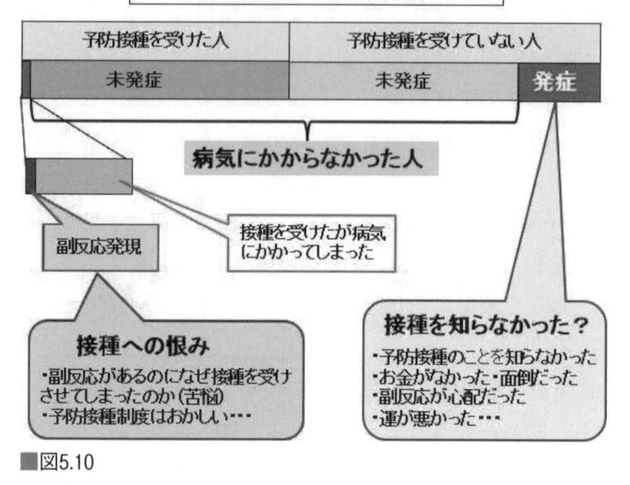

■図5.10

めてしまえば、病気の発症者を減らすことができない。しかし、多くの病死者が出るのを防ぐために、多少の副作用は我慢しろという強引な議論も、成熟した社会にはふさわしくない。

本人や家族の自由意志に任せるというのがひとつの選択肢で、子宮頸がん問題では現にそうした状況になっている。市民の知恵を信用して「自己判断で」というわけだが、問題は接種を受けない多くの人がリスクとベネフィットを勘案した上で、理性的に摂取をやめているわけではないと推測されることだ。ただ単に、地元自治体から接種を受けるよう連絡もこないし、そもそも子宮頸がんのことがよく分からないので……といったケースが多いのではないか。

これが強い感染力を持つ強毒性の感染症なら、「自己判断で」などと悠長なことはいっていられない。何とか拡大を防がないと多くの犠牲者を出す「パンデミック」（世界的な大流行）になってしまう。多少の異論があっても、社会防衛上も強引に対策を進めざるを得ない。

ところが子宮頸がんの場合は感染力が弱く、多くのがんの中でも特に難病というほどでもないという事情があり、行政の切迫感が乏しいのかもしれない。

リスク・ベネフィット問題を自己判断に任せるなら、判断に必要な知識や関連情報を幅広く社会に浸透させなければならないが、それも相当な困難を伴う。マスメディアの役割は、こうしたところにもあるのではないか。

BSL4施設稼働問題

社会にとってベネフィットがあるのに、そのベネフィットが身近には感じられず、リスクを心配する声で長年足踏みせざるをえなかった事例として、強毒の病原体を検査・研究するための特殊施設の稼働問題があった。

強い感染力を持ち、毒性も強い細菌やウイルスなどの病原体は、極めて慎重に扱わなければ意図しない感染を広げてしまう。そのため、扱う施設に厳しい国際的な基準が定められており、BSL（バイオセーフティーレベル）という。病原体だけでなく、遺伝子組み換え体なども環境に漏れ出しては困るので、やはりこうした施設で扱う必要がある。このBSLには４段階あり、一番厳しいのがBSL4である。感染力が強く強毒で、治療法のないような病原体はBSL4の施設でないと扱えない。（表5.11）

施設内は周囲より気圧が低い「負圧」の状態に置かれ、外から空気が入ることがあっても出ていくことがないように保たれている。換気をするにも特殊なフィルターを通して病原体が漏れないようにし、排水も厳重に滅菌、消毒される。この施設に出入りする研究者らも、病原体を付着させたまま外に出ないよう厳密な除菌、消毒が行われる。

日本では国立感染症研究所（感染研）がこのBSL4施設（1981年完成）を、東京都武蔵村山市の同研究所村山庁舎内に保有しているが、周辺住民らの反対で長い間使用することが出来ず、防護レベルの低いBSL3の状態で使ってきた。その必要性は理解するが、自分たちの近くには設置してほしくないと

BSLの分類

防護レベル	扱うことが可能な代表的な病原体
BSL-1	ワクチンや動物に無害な病原体
BSL-2	インフルエンザウイルス、はしかウイルス、日本脳炎ウイルス
BSL-3	狂犬病ウイルス、結核菌、ペスト菌、鳥インフルエンザウイルス
BSL-4	エボラウイルス、ラッサウイルス、天然痘ウイルス

■表5.11

いう住民らの行動様式は「NIMBY（ニンビー）」（Not In My Back Yard）と呼ばれる。いわゆる迷惑施設を嫌う気持ちで、身近な例では清掃工場がある。感染研の事例は、このNIMBY（ニンビー）の典型例のひとつだ。

感染研に限らず、日本の研究者らはBSL4でないと行えない実験・研究のために、海外の施設を使わせてもらってきた。海外で強毒のウイルスに感染した患者が日本に帰国して発見されても、その同定のためにはBSL4が必要で、これも検体を海外に送って同定してもらうしかない。バイオテロに対する警戒感が強まり、外国人に施設を使わせることを制限する傾向の国も出てきたため、日本人研究者がいつまでも外国頼りをできない事情も出てきた。

欧米の国々だけでなく、アジアでも中国、台湾、シンガポールなどでBSL4施設が運用されて、その数は世界で40か所を超えている。さすがにこのような状態を放置できず、日本学術会議が2014年に、早期に施設を整備・稼働させるよう提言を行っている。

折から、2014年から16年にかけアフリカで28000人を超える感染者を出すエボラ出血熱の大流行もあった。2020年の東京オリンピック・パラリンピックでは、多くの外国人の来訪が想定され、感染症対策が脆弱なままではすまない。2015年になって国も本腰を上げるようになり、政府・自治体・地元住民による協議が始まった。リスクコミュニケーションがようやく本格化したのだった。

厚生労働大臣が武蔵村山市を訪れて市長と協議するなど打開策を模索。住民説明会や見学会なども行い、追加の安全策も検討するなど、2019年になってBLS4として使える状況がようやく整った。長崎大学でも、BLS4施設の建設が進められている。

レギュラトリー・サイエンス

これまで、健康リスクを中心にリスク対応の様々な局面を紹介してきた。科学を基盤にした「理性」の領域だけで問題は解決せず、「情動」をも視野に入れなければコミュニケーションに齟齬をきたす。多様化するリスクをいかにコントロールするか。リスク評価・管理の悩みとその必要性を、ここで改めて整理する。

①期限付きの対応

眼前のリスクに対して、一定の期間内に対処しなければならない。時間をかけすぎれば、リスクが現実のものとなる。

②科学的不確かさ

リスク評価を始めとして、科学的な解明が追い付けていない対象に対しても、現時点での知見で対応するしかない。科学の未解明を理由に大きなリスクを放置はできない。

③実行可能性

リスク管理に携わる多様な関係者にとって実行可能な対策でないと、掛け声倒れに終わりかねない。また特定のリスクだけに膨大な資金と人材を投入することも、現実的ではない。

④反対意見の存在

対処について誰もが賛成することは少ない。「賛同を得ることが困難」と問題を先送りすると、被害が顕在化する。

⑤リスクのトレードオフにも留意

特定のリスクを低減できても他のリスクが格段に高まれば意味がない。トータルリスクの低減を視野に入れた対応が求められる。

⑥ベストが無理でもベターを

唯一の正しい理想的な対応がそうそうあるわけではない。状況のなかで、できるだけベターな対応を模索せざるをえない。

代表的な特徴を列記したが、これらの項目を全て満たすのは容易なことではない。リスクにかかわる研究者や実務担当者は、それでも現実に向き合って進まざるを得ない。一般の科学者・研究者のように優れた研究論文を書いて賞賛を浴びるようなことも少ない。地味で泥臭いともいえる存在だが、社会にとっては欠かせない。

狭い意味ではリスク対処に関する学問領域、さらに広くは科学技術と社会の接点で望ましい関係を追究する領域を「レギュラトリー・サイエンス」というが、まだまだ認知度が低く、人材も豊富とはいえない。

一般市民がリスク評価や管理などの実情を理解することで、リスクコミュニケーションが円滑になり、社会のリスク対応が成熟したものに近づくだろう。専門家と市民双方に近い存在であり、その橋渡し役も期待されるジャーナリストやコミュニケーション関係者には、なおのこと深い理解が求められる。

コラム

参加型テクノロジーアセスメント

科学技術に関する成果を社会に導入する際に事前に評価することを、テクノロジーアセスメントという。従来はその道の専門家がアセスメントを行い、これを基に行政が具体的に施策を実施するという形式が一般的だった。ここに一般市民の参加の余地はない。せいぜい、「パブリックコメント」という形で一般から意見を募集し、これを行政の意思決定に生かすという道が用意されている程度だった。

ところが、こうした旧来型のアセスメントでは、施策が進んでから市民の反対が起きるなど、さまざまな軋轢を生み出すことが明らかになり、1990年代から欧米を中心に市民参加型のアセスメントが模索されるようになった。「市民陪審」、「シナリオワークショップ」などの手法である。なかでも日本で注目され、実施されるようになったのが「コンセンサス会議」である。

1985年ころにデンマークで開発され、ヨーロッパを始め多くの国で行われるようになった。下図に示したような仕組みで、主役はあくまで公募で参加した市民パネルである。通常10人から20人程度で、性別、年齢、職業などの属性が偏らないよう選ばれる。

議論の対象となるテーマについて、様々な専門家を呼んで市民側が基礎知識を得るとともに、状況説明などを聞いて質疑も行う（専門家パネル）。

これらを切り盛りするのがファシリテーターで、市民の議論や提言取りまとめのために、サポートする。コンセンサス会議に議論を付託する側の運営委員会は、市民パネルの運営に介入したり誘導したりすることなく、ファシリテーターの運営にまかすのが特徴である。

市民パネルは、必要なら専門家から再度意見を聞くなど審議を尽くし、提言をまとめる。こうしたコンセンサス会議の成否は、意見のとりまとめを依頼する側が、その提言をいかに尊重して施策に生かすかにかかっている。意見を聞いたというアリバイ作りのために利用するようでは、従来のアセスメントとそれほど変わりがない。

日本では1998年に試行的に行われ、2000年に農林水産先端技術産業振興センターが、「遺伝子組み換え農作物を考えるコンセンサス会議」を開いたことで広がり、様々なコンセンサス会議が行われるようになった。河川改修に市民の意見を取り入れようとした会議で、景観や生態系保護を重視する護岸工法が取り入れられるなど、専門家以外の視点が生かされるような例も出てきている。科学コミュニケーションとも縁の深い領域である。

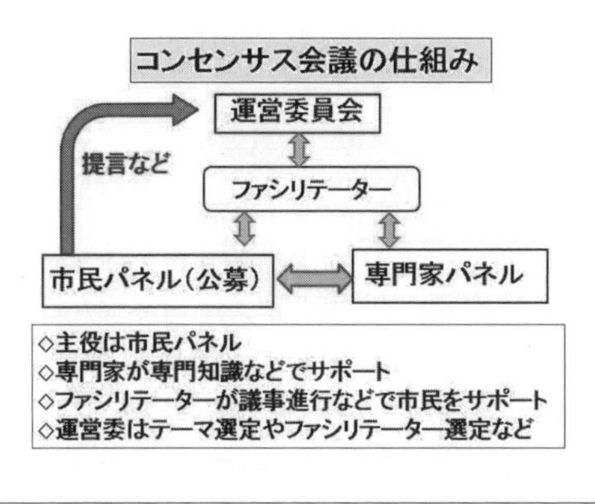

第6章
拡がる射程

科学技術が関与する問題は年々拡がっており、その内容も急速に変化する時代にあって、科学ジャーナリズムの扱う領域も変貌をとげている。従来は考古学や文化人類学的な領域だったテーマに自然科学分野の研究者が参入して、科学ジャーナリズムの対象分野になりつつあるのが一例である。過去にさかのぼって「人間はどこから来たのか」を追究する一方で、未来に向かって「人間はどこへ行くのか」を考えるのもこのような新テーマのひとつである。AIの進化が続くと人間の能力を超えてやがて意識を持ち、ある種の生命体にまで達するのではないかという懸念は、決してSFの世界の話ではなくなってきた。生命科学の進展は、人間の単なる長寿命化にとどまらず、次は不死の世界を目指すのではないかという指摘もある。「人間とは何か」という問いは長年、宗教や哲学、文学などの重要なテーマだったが、一般の生活人にとってはともすれば、縁遠い話だった。しかし、とどまることのない科学技術の進展によって、だれにとっても切迫した問いになってきた。

6.1　我々はどこから来たのか

科学技術文明が本格化しようとする19世紀末の1897年、フランスの画家ポール・ゴーギャン（1848～1903）が滞在先のポリネシア諸島・タヒチ島で描いた1枚の絵がある（図6.1）。縦139cm、横375cmの大作で、絵の左上にタイトルともいえるある言葉がフランス語で控えめに書かれている。

「我々はどこから来たのか　我々は何者か　我々はどこへ行くのか」

この言葉が、この絵を一層有名にしている。そのため、人類史を語る時に引き合いに出されることも少なくない。美術史家によると、人の誕生から死までを描いたこの作品は、西欧近代文明に対する懐疑のなか、野生への回帰や人間再生への願いが込められているともいう。

筆者（北村）も、この絵を所蔵しているボストン美術館（アメリカ）の姉妹館だった名古屋ボストン美術館で10年ほど前に、実作品を見たことがある。描き上げた後に自殺を図った（未遂）と伝えられるこの画家は、その最晩年に何を訴えようとしたのか。目に見えるものより見えないものを描いたといわれた画家の作品だけに、どう受け止めればよいのか感慨深いものがあった。

人類はいつどこから日本列島に

人類の誕生と世界への拡散については、3章で概略を説明した。より具体的に、後に日本人となる人々はいつどこから来たのかも、興味深いテーマで

■図6.1 「我々はどこから来たのか　我々は何者か　我々はどこへ行くのか」（ボストン美術館蔵）

ある。報道機関においてこうしたテーマは、以前はもっぱら文化部（学芸部）のカバーする分野だった。だが、近年はそうではなくなっている。科学系のジャーナリストらが、どのような分野に興味を持って活動しているかを知るには、新聞の科学面がどんなテーマを取り上げているかを見ればよく分かる。人類史や考古学系の話題が結構多いのだ。

2019年７月10日の新聞各紙は、国立科学博物館が企画したチームが、台湾から沖縄の与那国島までの丸木舟による航海に成功したことを伝えた。５人が夜通し漕ぎ続け、45時間かけて220km以上を渡り切ったのだ（写真6.2）。これによって、日本列島に人類（ホモサピエンス）が到達するルートのひとつとして、東南アジア→台湾→沖縄→九州へと南方からの海沿いのルートがありうることが実証された（図6.3）。もちろん、GPS（全地球測位システム）など近代的な装置は使わず、星の観察で方向を探るという、数万年前の人々が使ったに違いない原始的な方法しか利用しなかった。

日本列島への人類の渡来は、最近では４万年前ころか、それ以降のことと考えられている。朝鮮半島から対馬海峡を越えて南下するルートやサハリンから北海道へのルートなどが有力視されてきた。数万年前は地球全体が氷期で、海面低下によって朝鮮半島との距離は相当に近く、サハリンと北海道は

■写真6.2　与那国島を目指す丸木舟　出典：「３万年前の航海 徹底再現プロジェクト」HP

人類の日本列島への渡来ルート（推定）

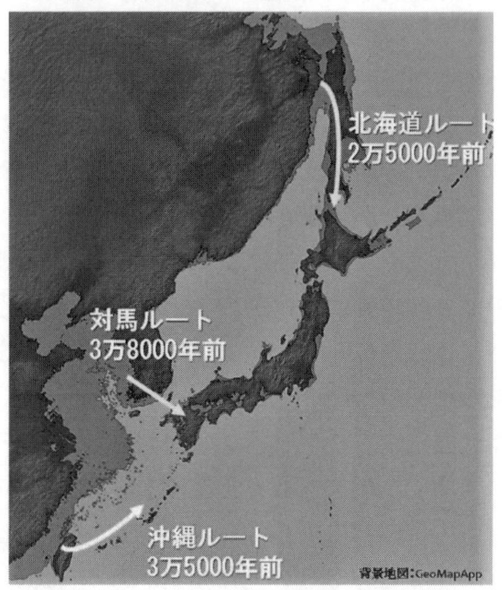

■図6.3　出典：「３万年前の航海 徹底再現プロジェクト」HP

つながっていたとみられる。これら２ルートに比べ、台湾、沖縄経由のルートは航海距離が長く、しかも海流が激しいため、これほどの遠距離航海は無理ではなかったかと、懐疑的な見方も強かった。

この、国立科学博物館の「３万年前の航海 徹底再現プロジェクト」（海部陽介プロジェクト代表）は2016年から航海にチャレンジし、最初は草束で作った船、次いで竹で作った筏船で実験航海を行ったが、台湾と沖縄の間を北上する有数の激しい海流「黒潮」を乗り切ることは出来なかった。ある程度の速度を出せないと無理とわかったため、３度目の実験航海では大木をくり抜いて作った丸木舟を使い、ようやく成功させた。この間、新聞は何度も科学面などで紹介、テレビも特集番組などで伝えた。

そもそも、企画したのが科学博物館という日頃の取材でも関わりの深い組織であり、科学系記者らがこの企画を取材して記事を書くのは、自然な流れだった。

科学技術の進展と考古学

上述の実験航海プロジェクトでは、チームの科学者がスーパーコンピューターを使って３万年前の黒潮の状況をシミュレートするなど関連研究に科学技術力を生かしたが、航海自体に格段の科学技術を使ったわけではない。しかし、近年の考古学や人類学には、驚くほど多様な科学技術が使われており、もはや文化系とか理科系とか区分する意味のない融合領域になっている。

たとえば長い間、土器や道具類など遺跡から発見される遺物の年代は、地層のどれくらいの深さの場所に埋もれていたかで、その製造・使用年代を推測してきた。地層には過去の火山大噴火の際の火山灰が層をなしており、その深さによってある程度の年代が推測できたからだ。

放射性炭素14年代測定法　しかし、これでは精度に欠けるため、より詳しい方法が模索されてきた。絶大な威力を発揮するようになったのは、「放射性炭素14年代測定法」である。大気中の炭素（C）（二酸化炭素の形で存在）には核内の中性子の数が違う３種の同位元素がある（表6.4）。自然界の炭素の大半は炭素12（C12）で、炭素13（C13）が1.1％ほど含まれている。この２つは安定同位体で、年月とともに変化することはないが、ごく微量だけ含まれている炭素14（C14）だけは放射性で、年月とともに壊変して窒素に変わっていく。その半減期は5730年である。5730年たつと当初の半分、１万1460年で４分の１にと減ってゆく。

大気中のC14は、大気上層で宇宙線の影響で窒素14（N14）から生成され、その生成量はほぼ一定している。生物は植物にしても動物にしても、直接・間接に大気からの炭素を取り入れて生きている。生存している間は代謝で原子、分子が入れ替わるためその生体内の炭素組成は変わらないが、死とともに代謝が止まるため、あとはC14の比率だけが壊変によって徐々に減ってい

炭素の同位体

同位体	炭素１２	炭素１３	炭素１４
陽子数	６個	６個	６個
中性子数	６個	７個	８個
質量数	12	13	14
天然の存在量	98.89%	1.11%	約1兆分の1

■表6.4

く。これが、ストップウォッチのような"時計"として使えるわけだ。考古資料に生物由来の炭素が含まれていたり付着したりしていれば、そのC14濃度の分析から年代が推定できる。

1960年代から本格利用され始めたが、当初はC14が壊変する際に出すベータ線（電子線）を計測していた。しかし試料としてかなりの炭素含有物が必要で、精度も十分とはいえなかった。1970年になって登場したのが「加速器質量分析法（AMS）」（Accelerator Mass Spectrometry）で、かなり大型の装置（加速器）が必要だが、微量の試料で精度の高い測定ができる。3章の人類史の項で紹介した年代の多くも、この手法を代表例とする様々な年代測定法によって推定されたものである。

ただ、この年代測定法には難点があった。C14の比率はどの時代でもほぼ変わらないとはいっても、年代によって多少の揺らぎがある。このままでは誤差が大きいため、伐採年の分かっている樹木の年輪に含まれている炭素の分析から、生育当時の大気中のC14濃度を逆算して補正に使ってきた。ただ、年代の特定できる巨樹資料がそうそうあるわけではなく、1万3000年より前の時代については誤差が大きかった。この悩みを解消したのが、福井県・水月湖の湖底から採掘された7万年分にわたる堆積層「年縞（ねんこう）」であり、C14の測定精度を上げる精度の高い補正値が得られるようになった。（コラム参照）

炭素・窒素同位体比　自然界の元素に同位体があることは、他の方法にも利用されている。特に生体に豊富に含まれている炭素（C）と窒素（N）には放射性でない安定同位体がそれぞれ2種あり、これが人間を始めとした動物がどのような食物を食べていたかの分析に使える。炭素ではC12とC13、窒素ではN14とN15のそれぞれの比率が指標になる。

遺跡から発見された人間の遺骨などを使ってC同位体比（C12とC13の比率）とN同位体比（N14とN15の比率）を調べれば、その人間が何を食べていたかが、推測できる。食料とした動植物それぞれの同位体比に、特徴があるからだ。たとえば動物では、陸上の肉食動物と草食動物、海生哺乳類と海生魚類、海生貝類などが同位体比によって区別できる。植物についても、光合成の方式の違いによるC3植物（樹木類やイネ、コムギなど）とC4植物（トウモロコシや雑穀など）が区別でき、遺骨を調べることで、古代人の食生活が地域によってどのように違ったかが見えてくる。

また遺跡から発見されることの多い犬の骨と人間の骨を調べることで、両

者がほとんど同じものを食べていたことも明らかになり、その緊密な関係が浮き彫りにされている

遺伝学の貢献　人類史、古代史において遺伝学の貢献も大きい。遺跡から発見される遺骨などから幸運にも遺伝情報が得られる場合もあるが、そうでなくても遺伝学が人類史に与えた影響は大きかった。世界各地で生きている現代の人々の遺伝子を分析することで、どの地域同士に類縁関係が深いのか、またその特徴はどれくらい昔から共有されているのかなど進化・拡散の道筋が、解明できるようになったのだ。現生人類（ホモサピエンス）が、アフリカ起源であることがはっきりしたのも、遺跡、遺骨の発見だけでなく、遺伝学の研究成果に負うところが大きい。

当初は、遺伝子数が少なく解析が比較的容易だった「ミトコンドリアDNA」（母系を通して遺伝）と「Y染色体DNA」（父系を通して遺伝）を使った分析が主流だった。ミトコンドリアはエネルギー生産にかかわる細胞内の小器官で、核とは別に独自のDNAを持っている。またY染色体は男性だけが持つ性染色体である。

ところが、遺伝子解析技術の進歩と解析装置「シークエンサー」の新世代型が登場することで、「核DNA」全体を対象にしたゲノム解析が2010年代以降、盛んに進められている。遺伝情報の得やすい現代人だけでなく、太古の遺骨にかすかに残る遺伝情報が調べられれば、得られる情報は格段に増える。

国立遺伝学研究所などの研究チームは2018年から、日本人のルーツを調べるために旧石器時代から江戸時代まで100人以上の遺骨のゲノム解析を行う研究プロジェクトを進めている。

コラム

水月湖と「年縞」

福井県西部の若狭湾に面した三方五湖。そのひとつに「水月湖」（4.15km²）がある。この湖を有名にしているのは、その湖底から採取された「年縞（ねんこう）」と呼ばれる堆積物が、気候変動や環境変化の究明ばかりか、考古資料の年代測定の精度向上に大きな役割を果たしたからだ。

静かな湖の湖底には、プランクトンの死骸や黄砂などの微粒子、さらに木の葉や花粉など季節ごとに異なった物質が降り積もり、1年ごとに縞状の層をなす（水月湖では平均で年0.7mmの堆積）。多くの湖では河川水の流入や暴風雨などで湖底がかく乱されてしまうのだが、水月湖には直接流入する河川がなく、水深も最深で34mと深い。水底付近が低酸素状態で湖底を乱す水生生物が生息していないなど、諸条件に恵まれたのが水月湖だった。

安田喜憲・国際日本文化研究センター助教授（後に教授）ら環境考古学者らが1993年、2006年、2012年の3回にわたって湖底を最深45mまでボーリングして、合計7万年分の年縞を途切れ目なく採取したのだ。過去の自然環境を知るための、世界的にも貴重な「タイムカプセル」だった。

この年縞に含まれる木の葉などの炭素含有物を放射性炭素14年代測定法で分析すれば、その物質が積もった時代の大気中炭素のうちの炭素14の比率が分かる。このデータは、炭素14年代測定法の精度を上げるための国際的な物差しである「較正曲線」最新版（IntCal 13）に反映されている。また、水月湖にほど近いところに、「福井県年縞博物館」（2018年9月開館）が設けられており、年縞掘削の経緯やその意義などが詳しく展示されている。

水月湖から採取された「年縞」の展示（福井県年縞博物館HPから）

書き換わる縄文時代観

我々の由来を知るための様々な技術が進展したことによって、これまでの先史時代史が書き換わりつつある。科学ジャーナリズムにとっては、他分野との境界領域ではあるが、科学技術のすそ野の広さを感じさせるテーマでもあるのでやや寄り道をする。

日本列島人の歴史は旧石器時代に始まり、縄文時代、弥生時代、古墳時代へと進んだとされている。といっても、こうした年代観が定着したのは戦後のことである。土器を制作し、定住を始めたことを縄文時代の始まりの指標とすることが多く、従来は縄文時代の始まりは1万1000年前ころとされてきた。しかし今では1万6500年前に始まったとする説が有力になっている。

日本で発見された現状では最古の土器（青森県・大平山元（おおだいやまもと）遺跡出土）にこびりついた炭化物を炭素14年代測定法で調べたところ、上記の1万6500年前というデータが出たためだ。縄文時代の継続期間が5000年ほど長くなることになった。

また、縄文人の暮らしぶりも、様々な研究から明らかになってきた。土器の制作過程で身の周りにあった穀類の種の跡が土器表面に付くことがあるが、この痕跡を樹脂で写し取り、電子顕微鏡で観察することで、種子の種類が同定できる。「圧痕（あっこん）法」と呼ばれる手法だ。土器の粘土内に練りこまれてしまい、加熱で焼失した種子についても、CTスキャナーで観察すれば、その内部種子痕の形状が分かる。

原始農業の始まり　こうした手法などを駆使して浮かび上がってきたのは、縄文時代人が野生植物の管理栽培を行っていたことだ。ダイズやアズキ、ヒエなどの野生種の栽培である。当時の重要な食料のひとつクリについても、栽培がおこなわれていた。また、木の実である堅果類のうちトチやドングリ類は渋みが強くそのままでは食用に出来ないが、水さらしなどのアク抜き技術も習得しており、大規模なアク抜き場の遺跡も発見されている。植物だけでなく、イノシシやシカ、魚介類、海生哺乳類などの遺骨も各地の遺跡で見つかっており、山の幸、海の幸と食料の幅は広かった。

漆の栽培も行われ、櫛やしゃもじなどの日用品に漆を塗っていた。様々な樹皮などを割いて作った籠製品も発掘されているが、その造形美は見事なものがある。造形美といえば装飾性の強い土器や土偶を忘れるわけにはいかない。「縄文ビーナス」（国宝、写真6.5）と呼ばれる土偶（長野県八ヶ岳山麓出土）

■写真6.5　国宝土偶「縄文ビーナス」(茅野市尖石縄文考古館所蔵)

などはその代表例で、縄文人がどのような精神世界を生きていたのか、その謎解きに考古学者らが挑戦している。

旧石器時代から、鋭い刃先に加工できる黒曜石が、日本列島人に珍重されてきた。その産地は、東日本では長野県の霧ヶ峰周辺、神奈川県の箱根、伊豆諸島の神津島などに限定されているにも関わらず、何百kmと離れた場所に運ばれて利用されており、縄文時代になるとその流通範囲がさらに拡大している。なぜ分かるかといえば、黒曜石に含まれる微量成分を分析する蛍光X線法と呼ばれる技術が発達し、遺跡から発掘される黒曜石の産地が特定できるからだ。

また、製塩土器を使って海水から大量の塩を作った遺跡が茨城県などで発見されており、交易用として使ったらしい。東京都北区の中里貝塚跡では、自家消費だけでは説明のつかない大量の粒のそろったハマグリやカキを蒸して加工する"製造拠点"が発掘されており、これも干貝にして遠隔地への交易品にしたと考えられている。

いずれにしても縄文時代は、原始的で野蛮という一般的なイメージの時代ではなく、四季折々の食材を入手して、結構豊かな暮らしぶりだったことを、様々な研究結果が示している。日本で本格的な農耕が始まったのは弥生時代になってからといわれており、1万年以上前に始まった西南アジアに比べて遅いとされてきた。だが、自然に恵まれた縄文人はあえて本格農耕を取り入れずとも、それに劣らぬ暮らしが長期にわたって出来ていたという評価も、考古学者らによってなされている。

さかのぼる弥生時代

弥生時代は、水田稲作技術が朝鮮半島から北部九州に持ち込まれたのが始まりとされる。板付遺跡（福岡市）や菜畑遺跡（佐賀県唐津市）で、2400年前から2500年前ころの水田跡が発見されたことから、この時期に本格農耕の弥生時代が始まったと考えられてきた。しかし、これについても炭素14年代測定法で土器などの精密調査が行われ、国立歴史民俗博物館の研究チームが2003年、紀元前10世紀ころ（約3000年前）に始まったとする説を発表し、議論を巻き起こした。弥生時代の始まりが500年ほどさかのぼることになったのだ。

開始年代は、弥生時代をどう定義するかによって左右されることもあり、必ずしもこの問題は決着しているわけではないが、いずれにしても従来の定説よりは古い時代に水田稲作が始まったのは間違いないようだ。また、水田稲作が一気に日本列島（北海道を除く）全体に拡大したわけではなく、瀬戸内海周辺を経て近畿・東海に広がり、同時に日本海を通じて東北地方まで比較的速く達した。関東地方に達するのはやや年月を要した。

東北地方の一部では一度は水田稲作を始めたものの、縄文時代の暮らしに戻った地域もある。自然環境に寄り添った従来の生き方で、十分暮らしていける状況があったからだろう。時間をかけて弥生的な暮らしが列島に定着していったが、水田を開拓しようのない山間部などでは、その後も長く縄文時代以来の暮らしが残った。それは、昭和時代にまで尾を引いている。

6.2　人間の謎に挑む脳科学

「我々は何者か」に迫るには様々なアプローチが必要だが、避けて通れないのが、人類の精神活動や心の在り方がどのように進化してきたのかを追究することであろう。言い換えれば考古学、人類学などの従来の学問領域に加えて、脳科学、神経科学、心理学、言語学などの諸領域を総合しないと先が見えてこないということだ。

「ヒトがほかの動物と大きく違うところは、自我、つまり自分が心を持つと自分で感じていることです。一方、ほかの動物は、意識を自分の周りの世界に向けています。目の前に現れた動物が自分の敵なのか、それともエサとなるものかなどを判断し、自分の行動を決めるためです。しかし、ヒトは意識のベクトルの先を、自分の外側だけでなく、内側にも向けています。そのため、ヒトは『私とは何か？』と考えるようになりました。（中略）そんな奇妙なことを考えているのはヒトだけです。どうして奇妙かというと、生命に必須な要素ではないからです。ほかの動物は『自分とは何者か？』と考えたりはしませんが、いきいきと暮らしています」。これは、脳科学者の池谷裕二・東京大学教授がその著書『脳と心のしくみ』（新星出版社、2016年）で述べている言葉だ。

数多い生物、その一員である人間にも多くの謎が残されているが、なかでも最後のフロンティアが「脳」であるといわれている。それが、「我々は何者か」に深く関わり、人類の行方にも関係するだけに、まずは人類が脳をどう考えてきたかの概略をたどろう。

脳科学の歴史

「心とは何か」という、議論の多い深淵な問いはひとまずわきに置いて、人間が歴史上「心」の所在をどう考えてきたかを振り返る。考古資料や記録が残るようになった文明発祥以降、心のありかは心臓であるという考えが支配的だった。古代エジプトでは魂は心臓に宿るとして遺体をミイラ化するにも、心臓を特に大切にし、脳が顧みられることは少なかった。

心が脳にあると最初に主張したのは古代ギリシャの医学者ヒポクラテス（第２章のコラムで紹介）とされている。同じギリシャの哲学者プラトンも脳説だったが、その師であるアリストテレスは心臓説だったという。その後、心のありかは心臓か脳、あるいは肝臓といった説が、決着がつかないまま続いた。

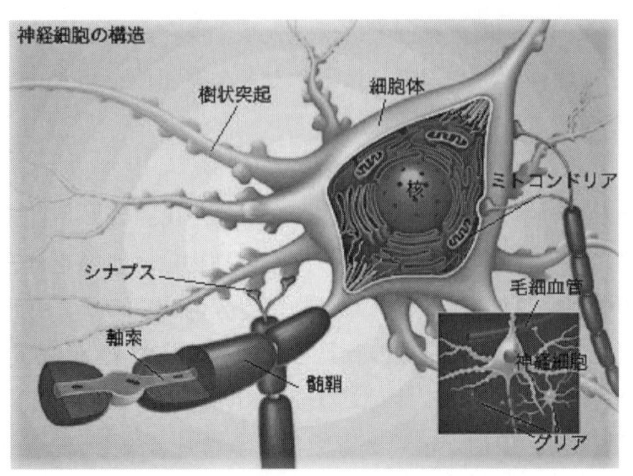

■図6.6　出典：理化学研究所HP「脳に関する基礎知識」
(http://bsi.riken.jp/jp/youth/know/structure.html)

15世紀以降、ヨーロッパで人体の解剖が行われるようになり、脳の構造も次第に明らかになってきたが、大きく前進するようになったのは、19世紀に入ってからである。脳が感情のコントロールに大きく関係したり、脳の前頭葉が損傷すると言葉が話せなくなったりするなど、人間の精神活動に脳が密接に関係することが、ようやく明らかになった。

19世紀後半、言葉を話すことを司る領域（ブローカ野）や、言語を理解する領域（ウェルニッケ野）が、脳の前頭葉にあることが次々と判明。「脳波」の発見（1875年）で、脳が電気信号によって機能していることも、はっきりしてきた。さらに脳がニューロン（神経細胞）と呼ばれる細胞で出来ていることが、20世紀に入って電子顕微鏡などによって確認された（図6.6）。

後に分かったことだが、人間のニューロンは大脳で数百億個、小脳で千億個、脳全体では千数百億個にもなる。細胞体の大きさは、0.1mm～0.005mmで、大脳では1 mm^3に10万個ものニューロンが詰まっている。一つの脳細胞からは、長い「軸索」と、木の枝のように分岐した短い「樹状突起」が伸びている。

これらの突起は、別の脳細胞とつながり、「神経回路」を形成している。膨大な数のニューロンが、シナプスと呼ばれる接合部を通して電気信号や神経伝達物質の形で情報のやりとりをしているのだ。脳全体のニューロンの軸索や樹状突起を一直線につなげた場合、100万kmにもなるという。（理化学

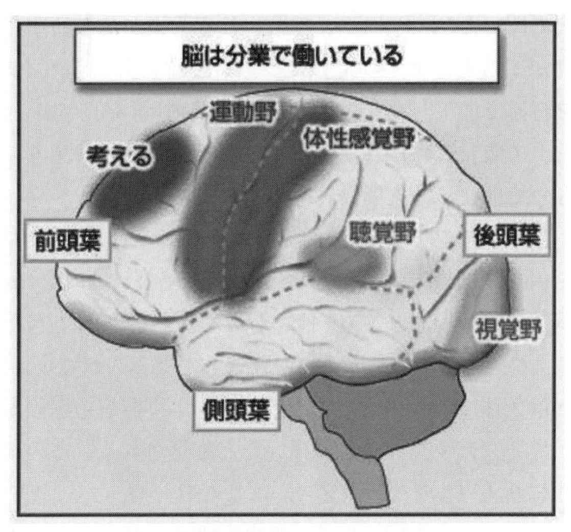

■図6.7　出典：日本学術会議HP（おもしろ情報館）

研究所HP「脳に関する基礎知識」から）

20世紀後半になると、脳のどの部分がどのような役割を果たしているのかという「脳の分業機能」も解明される（図6.7）。また、脳は一部の機能が失われても他の部分がその役割を代替するなど可塑性を持っていることもはっきりした。

20世紀後半に、脳機能を観察して画像化する様々な機器も開発される。1970年代にX線CT（コンピューター断層法）、80年代にPET（ポジトロン断層法）、MRI（磁気共鳴画像法）などが実用化された。さらに90年代以降、脳の活動が活性化している部分を脳血流の動きによって画像化するfMRI（機能的磁気共鳴画像法）が盛んに使われるようになり、脳研究の進展に大きな影響を与えた。このfMRIの基本原理を発見したのは小川誠二・東北福祉大特任教授で、ノーベル賞候補者にも挙げられている。

文化のビッグバン

人類史のなかで、今から６万～３万年前ころに、その精神活動に大きな変化が起きたことが知られており「文化のビッグバン」と呼ばれている。南アフリカ共和国のブロンボス洞窟で発見された、７万5000年前のものと推定される貝殻に穴の開いた“ネックレス”と思われる遺物が最も初期の例のひとつだ。やや時代が下ると、ドイツではワシの骨で作られた笛（4万年前）やマンモスの牙を石器で加工した女性像（3万6000年前）も発見され、女性像は「世界最古のビーナス像」と呼ばれている。これらは、動物が生きていくうえで直接役立つものではなく、人間に特有のものである。

洞窟壁画もフランスのラスコー洞窟（2万年前）、スペインのアルタミラ洞窟（1万8500年前）などヨーロッパ各地で見つかっており、南フランスのショーヴェ洞窟の壁画（3万2000年前）が最も古いとされてきた。これらの遺物、壁画はクロマニヨン人（新人）が作成したとみられている。

しかし2018年2月に、スペイン北部のラパシエガ洞窟の壁画が6万5000年前のもので、ネアンデルタール人が描いたと推定される、との報道がなされた。この時代に新人（ホモサピエンス）はまだヨーロッパにまで到達しておらず、ネアンデルタール人以外にその作者が考えられなかったからだ。旧人に属するネアンデルタール人が絵を描けるとすれば、新人（現生人類）に近い知性があったことの証拠になりうる。

この問題は今後も議論が続くだろうが、いずれにしても「文化のビッグバン」と呼ばれる時期に、新人の認知様式が大きく変化したことが、うかがわれる。この時期に脳の外形的な姿が変わった形跡はなく、新人の脳の容量はネアンデルタール人の脳容量より小さいほどだから、脳の外形的な進化によって知性の向上を説明することは難しい。

イギリスの考古学者スティーヴン・ミズンは、著書『心の先史時代』（青土社、1998）などで、「認知的流動性」の考えを提示している。人類は、原人→旧人→新人へと進化する過程で、「博物的知能」「社会的知能」「技術的知能」「言語的知能」という用途に応じて特化された知能を高めてきたが、これらは別々に働いてきた。それが文化のビッグバンの時代に、縦割りの知性ではなく、場合に応じてそれぞれの垣根を超える「流動的な知性」に変化したという考え方だ。神経細胞の接合の変化などで、こうした考えが説明できる可能性がある。

言語の機能

考古学、人類学的な研究から、現生人類（ホモサピエンス）が繁栄できた背景に、その言語能力や、協調行動などの社会性があったことが明らかになっていることを、第3章でも触れた。脳科学や実験心理学などの研究からも、その背景が明らかになりつつある。

様々な高等動物はコミュニケーションの手段を持っているが、人間は「言語」という特に進んだコミュニケーション手段を獲得した。身の回りの自然や動植物の特徴をとらえて名前を付け、その変化や動向、行動などを表現する象徴的、抽象的な思考を始めたことが、高度な言語へとつながったと考えられている。ただ単に仲間に危険を知らせるなど単純なコミュニケーションなら、多くの動物にみられるが、複雑なルール（文法）に従って情況を説明し、現状ばかりでなく将来を予測することは言語抜きには実現できない。そもそも考えることさえ、言葉抜きには困難だろう。言葉を思い浮かべることなく、思考することがどういうことなのか、筆者にも想像できない。

言葉を得ることによって、鮮明な記憶も可能になった。文脈を伴って出来事を憶える機能を「エピソード記憶」といい、人間以外の動物では顕著なエピソード記憶の機能は確認されていない。

いつ言葉を話せるようになったかは、考古資料として残りにくいために判然としないが、少なくとも上述の「文化のビッグバン」の時代には相当高度な言語を使っていたと考えられる。ただ単に、優れた個人が思いつきで洞窟壁画を描けたわけではない。現代人でも躊躇するような危険で奥深い洞窟に入り、暗闇の中で動物の脂を使って灯りをともし、築いた足場に乗って用意した顔料で天井にまで絵を描く。言語による緊密な意思疎通や集団意志なしには、洞窟壁画の成り立ちを考えにくい。

そこまでしてなぜ洞窟壁画を描いたのか、描かれた動物やヒト、抽象的記号などを手掛かりに、当時の人間の心を解明する試みが続いている。認知考古学とか進化心理学と呼ばれる分野である。

FOXP2遺伝子　脳神経科学の研究から、1990年代後半に発見された遺伝子に、FOXP2（フォックスピーツー）がある。発語障害者を多く出している家系の研究から明らかになった遺伝子で、FOXP2に異常があると言葉を上手く話せないことから、「言葉の遺伝子」とも呼ばれている。類縁関係の近いチンパンジーもこの遺伝子を持っているが、その構造が微妙に違う。他にも言語に関する遺伝子の候補があり、遺伝子レベルの研究から言語の起源が説明できる可能性がある。

社会性と「心の理論」

人間が進化の過程で勝者になり得たのは、その社会性が寄与したといわれる。社会性の起源を認知能力から説明する考え方のひとつに、アメリカの霊長類学者デイヴィッド・プレマックらが提唱した「心の理論」がある。人間は、他者が何を考えているのか、どのような信念や感受性を持っているかなど心の状態を類推することが出来る。この他者理解の機能を「心の理論」と呼んだ。

これは、自分をいったん離れて、他者の立場に立ってものを考えるということでもある。身の回りの単独の個人の心を類推するだけでなく、第三者同士がお互いをどのように見ているか、さらに３人４人と対象が増えても、それぞれの心の在り方や相互関係を類推できる。こうした高度な能力は人間に独自で、他の霊長類などにはないことが、心理実験でも分かっている。人間の場合は生まれてまもなく言語能力が急速に高まる時期があるが、このやや後の３～４歳ころなると、「心の理論」を身に着け始め、さらに成長するにつれて高度化していくという。

ミラーニューロン　「心の理論」は後天的なものか先天的なものか、言語と同じで両方が関係していると考えられているが、先天的な要素も大きいことが分かってきた。1996年にイタリアの神経生理学者ジャコモ・リッツォラッティらの研究グループがマカクザルの研究から大脳の前頭葉にある「ミラーニューロン」を発見し、人間でもより進んだミラーニューロンの活動があることが確実視されるようになった。ミラーとは「鏡」である。

人間がある行動をするとき、その行動に関する脳の部位（神経細胞）が活性化し、脳画像装置でその様相を知ることが出来る。ところが、第三者の行動を見ている時にも、自分が同じような行動をしている時と同じ部位が活性化することがわかったのだ。他人の行動を鏡に映した自分の事のように脳が感じることから、ミラーニューロンと名付けられた。

こうした脳の機能が、他者の感情を理解するという「心の理論」の発達につながり、他者への「共感」を生み出し、目的に向けて協調行動するような社会性を生み出したと考えられている。

他者の感情や心を理解しようとする志向性は、人間に対して向けられるだけでなく、動植物や石、山、川などの無生物に対しても向けられ、アニミズムやトーテミズムの起源になったとする考えも生まれている。アニミズムとは動植物や自然物にも霊的存在を感じることであり、トーテミズムはこれらを自分たちの血族や集団などの象徴として崇めることをさす。やがて、原始宗教につながる心の働きである。

ダンバー数　人間が社会の中で周囲の人々を認識し、その個性などを理解しながら円滑な人間関係を保つには、その相手の数におのずと限界がある。個人によっても差があるが、数十人程度の知人の顔と個性などを理解しながら人間関係を維持することは可能だが、相手が何百人ともなると困難になってしまう。脳の処理能力に限界があるからだ。イギリスの人類学者ロビン・ダンバーが、その上限値は150人程度であると提案したことから、この数は「ダンバー数」と呼ばれている。現代人は、ダンバー数より多い数の人々と接して暮らしているが、名刺、名簿、写真など文化的な道具を使って、かろうじて処理しているのが実情であろう。

脳の解明が進みつつあるとはいうものの、どこまで理解できたかとなると、まだまだ緒についたばかりといえそうだ。脳科学に限らず生物学全体の状況を、ウイーン生まれの生物学者ルートヴィッヒ・ベルタランフィ（1901～1972）が次の言葉で表現している。

「今日、生物学はいうなればコペルニクス以前の状況にある。われわれは膨大な数の事実を手にしているが、それらを支配する法則については、いまだにほとんど見通しがたっていない。数々の事実がきちんと整理され、系統立てられ、偉大な法則や原理のもとに置かれたとき初めて、データの山が科学になるのだ」（ジョン・ホイットフィールド著『生き物たちは3/4が好き』から引用）

これは半世紀以上も前の言葉で、その後の進展があったとはいえ、21世紀に入って20年たつ現在でも生物学は、物理学における相対論や量子論のような「偉大な原理や原則」にたどり着いたとはいえそうにない。

6.3　AI（人工知能）の行方

「我々はどこへ行くのか」という問いに深く関係しそうな事項に、AI（人工知能）の動向がある。2010年代に入って、新聞報道やテレビの科学番組な

人口知能（ＡＩ）ブームの推移

AI前夜	・コンピューターの登場(ENIAC、1946年) ・アラン・チューリングが、人工知能判別の「チューリングテスト」提唱（1950年）
第1次AIブーム 1956～1974年	・ダートマス会議（1956年） AI(Artificial Intelligence)の用語が登場 ・「推論」「探索」手法で単純な課題を解く
第2次AIブーム 1980～1987年	・コンピューターに「知識」を与えて問題を解く ・エキスパートシステムが登場、利用される ・日本でも「第５世代コンピューター計画」
第3次AIブーム 2006～	・「機械学習」を高度化した「ディープラーニング」の登場で能力が進化 ・様々な分野で活用が始まる

■表6.8

どでAIやロボットの話題が急速に増え、2015年を過ぎても衰えることのない状況が続いている。ロボットは、目的が限られた産業分野では実用化されて久しいが、その頭脳となるAIの進展とともに、汎用型を目指して新たな段階を迎えている。AIの知性が人間の知性を追い越すのではないかともいわれる昨今だが、まずはAIの歴史をたどろう（表6.8）。

AIの60年

世界初の汎用コンピューターはアメリカで開発されたENIAC（1946年）とされるが、その10年後の1956年夏にアメリカのニューハンプシャー州にあるダートマス大学に人工知能を目指す科学者ら10人以上が参集して、２週間にわたって知能をもった計算機への方策や課題などを話し合うワークショップを行った。「ダートマス会議」と呼ばれ、この場でAI（Artificial Intelligence）という言葉が生まれた。

この会議をきっかけにAI研究が主要国で本格化し、第１次のブームが訪れる。問題を解くための様々な選択肢を探索して正解にたどり着くといった「推論」「探索」を、人間が与えたアルゴリズムに従ってコンピューターが行う手法が中心で、簡単なパズルを解くことは出来た。しかし、現実の複雑な問題には“知能”不足で、ブームは次第に下火になってゆく。研究予算も削減され、AI研究者らは冬の時代が訪れたと感じた。

第２次AIブームは、コンピューターの処理能力が格段に向上した1980年ころから始まった。「知識」をコンピューターに与えて、これを駆使して具体的な問題に対する回答を導き出す方向が目指された。専門家が持つノウハウをコンピューターに移し替える「エキスパートシステム」が代表的なものだ。様々な角度から病状を質問して入力することで病名を特定し、望ましい処方薬を探索するといったシステムである。それなりに知的な出力を行うことから、様々な分野でエキスパートシステムが導入されていく。

日本でも通商産業省（後の経済産業省）の主導で「第五世代コンピューター計画」（10年計画）が1982年に始まり、エキスパートシステムの実現や自動翻訳などの言語処理を行えるコンピューターシステムの開発を目指した。学術的にはそれなりに成果を上げ、人材の養成にも貢献したが、実社会で活躍するような応用面の顕著な成果を上げることはできなかった。

日本の研究に限らず、土俵が決まっている特定の分野で与えられた知識に基いて判断するシステムは出来ても、人間のように多様な分野に通じた広範な知識をコンピューターに覚えさせることが極めて困難なことがわかり、第2のブームも低調になっていった。またも、冬の時代である。

第3のAIブームは2006年ころに訪れる。人間から一方的に知識を与えられるだけでなく、コンピューターが自ら学習する「機械学習」の手法が開発され、なかでも「ディープラーニング」（深層学習）と呼ばれる技術の登場が大きな起爆剤になった。

1990年代後半になると、人間が一方的に知識を与えるだけでなく、入力された膨大な知識のなかから、問題解決のためにどのようなデータに注目してどう判断するかの学習方法が進化してきた。人間が学習の仕方を教えて、機械（コンピューター）が学習する方法から、人間に教えられなくても機械が自分で学習する方向へと「機械学習」が進化したのだ。

2006年に登場したディープラーニングは、人間の脳内で神経細胞（ニューロン）の回路網（ニューラルネットワーク）が行っている手法を取り入れることで、パターン認識など従来はコンピューターにとって苦手とされていた作業を効率的に行うことに成功し、様々なAIシステムに応用する研究開発が盛んに進められている.

汎用型AIとシンギュラリティ

AIは人間のような知能を目指して、半世紀以上にわたって研究開発が進められてきた。その結果、限られた特定の目的に関しては、人間の知能を上回るシステムが登場している。これらは「特化型AI」といわれる。これに対して、様々な用途に使える多目的対応型が「汎用型AI」（AGI：Artificial General Intelligence）である。

また、これらを別の分類で仕分けすることもある。「弱いAI」と「強いAI」である。弱いAIは特化型に相当し、人間のように意識を持って自律的に学習できる必要はない。対して強いAIが汎用型で、SFに描かれるような知能である。

特化型は自動車の自動運転や多言語の自動翻訳、人間と対戦するゲーム用AIなどであり、すでに実現されつつある。IBMのコンピューター「ディープ・ブルー」が、当時のチェス世界王者を破ったのが1997年であり、大きなニュースとして流れて世界を驚かせた。より複雑なゲームである将棋でも1990年代後半から人間のプロ棋士との対戦が続いた。当初は人間側に角落ち、飛車落ちなどの能力制限を加えてようやく五分五分で戦えたAIだったが、2010年代入るとハンディなしの対等な対戦でもAIが圧倒的な強さを発揮するようになった。ディープラーニングの技術で、AIの知能が格段に向上したからだ。囲碁の世界でも、Google傘下のAI企業が開発したAlphaGoが2015年、プロ棋士を破ってゲームの世界でのAI優位を決定付けた。

汎用型AIとなると、その実現は容易ではない。しかし、着実に進展しているのも事実である。アップルのスマートフォンなどの端末でユーザーを支援する音声対話ソフトSiri（シリ）は、音声で要望を伝えると、人間が答えているかのように回答を出してくれる。まるで知能を持っているかのようだ。家庭用ロボットなどにこうした機能を搭載しする動きも加速している。

こうした進展には、コンピューターの処理能力の持続的な向上も寄与している。電子素子の性能向上を表現する手法に「ムーアの法則」がある。米インテル社の創業者のひとりであるゴードン・ムーアが1965年に提唱したもので、「半導体の集積率は18か月で２倍になる」という考えが元になっている。実際に、コンピューターの性能はほぼこの法則通りに向上してきた。

機械（コンピューター）が知能を持っているかどうかを判断する方法に「チューリングテスト」がある。草創期のコンピューター理論に大きな影響を与え、AIの父ともいわれるイギリスの数学者アラン・チューリング（1912～1954）が1950年に提唱した方法だ。端末を通して人間とコンピューターが様々な会話を交わし、コンピューターを人間と変わらないように感じられれば知能を持っていると判断してもよいという。この意味ではすでに、チューリングテストに合格するAIが登場しつつあるといえそうだ。

AIは逃げ水のようなもので、目指した能力が実現すると、もはやAIとは呼ばれなくなり、さらに先を目指すという性質がある。汎用型AIの進歩が続くと、どのような世界が訪れるのか。危機感をもって語られているのが、「シンギュラリティ」（技術的特異点）の問題である。アメリカの実業家で未来学者でもあるレイ・カーツワイルがその著書で、2045年ころにはAIが人間の知性を超える「シンギュラリティ」が訪れると予言したことから有名になった。汎用型AIが自らの知能を向上させ、人間の関与なしに自己増強を図るようになるのが「特異点」というわけだ。

2019年元旦の日本経済新聞は、国内の若手研究者ら300人を対象に行ったアンケート調査結果（200人が回答）を掲載した。2050年までに「シンギュラリティ」が来るかという質問に、「どちらかといえばそう思う」（33%）も含めると89%が「そう思う」と回答。その時期については1930年が18%と最も多く、1940年が16%と続いた。研究現場に近い世代は、シンギュラリティを決して遠い将来のことと思っていないことが浮き彫りにされた。

AIの倫理

近未来の社会の在り方に大きな影響を及ぼすAI技術について、その弊害を最小限にして恩恵を広く共有するには、技術の進展に遅れることなく倫理的、法的、社会的な問題群（ELSI）を検討しておく必要がある。2015年ころから、世界で様々な倫理規定の策定が進みつつある。

日本の人工知能学会が2017年２月に倫理指針を公表しているほか、政府も倫理規定を検討してきた。内閣府の統合イノベーション戦略推進会議が2019年３月に公表した「人間中心のAI社会原則」の要旨を表6.9に示す。人間の尊厳の尊重、多様な価値観を追究できる社会などの基本理念のもと、７つのAI社会原則を提示している。米中が激しいAI覇権争いを展開している中、日本が取り残されるわけにはいかないとの国情を反映してか、AIリテラシーの向上や人材育成、イノベーションの重要性にも目配りしているのが特徴である。

これに対し、アメリカの非営利研究団体である「Future of Life Institute」

日本のAI社会7原則

基本理念
人間の尊厳が尊重される社会 多様な背景を持つ人々が多様な幸せを追求できる社会 持続性ある社会
AI社会原則
①人間中心の原則 ②教育・リテラシーの原則 ③プライバシー確保の原則 ④セキュリティ確保の原則 ⑤公正競争確保の原則 ⑥公平性、説明責任および透明性の原則 ⑦イノベーションの原則

（内閣府　統合イノベーション戦略推進会議決定「人間中心の１AI社会原則」から著者作成）

■表6.9

(FLI）が2017年２月に公表した「アシロマ　AI　23原則」は、国益に配慮する必要性が薄いこともあってか、よりグローバルな視点で具体的問題に率直に踏み込んだ内容になっている（表6.10)。

この原則は、発表前月にカリフォルニア州アシロマで開かれた「アシロマ会議」でまとめられたことから、原則の名前にアシロマの名前が入っている。この会議の40数年前、遺伝子組み換え技術の暴走を懸念して開かれた生命科学の「アシロマ会議」（２章参照）と同じ地で今度は、AI版の倫理会議が開かれたのだ。AI版「アシロマ会議」には世界からAI研究者のほか、経済学、法学、倫理学、哲学等の研究者が多数集まり、多様な角度から議論が行われた。

23項目の原則のなかには、人間の生命進化への介入を懸念したと思われる項目（第20原則)、シンギュラリティが実現する時代に備えて厳格な管理を求めた項目(第22原則)や人間による制御の重要性を指摘する項目(第16原則)、致死的兵器へのAIの応用を控えるべきとする項目（第18原則）も含まれている。

AI倫理の先駆けといわれるものに、アシモフの「ロボット３原則」がある。アメリカのSF作家アイザック・アシモフが2058年に作品中で述べたもので、次の３か条で成り立っている。

アシロマ会議　AI 23原則

分類	原則
研究課題	① **研究目標**：AI研究は無秩序な知能ではなく有益な知能を目指す
	② **研究資金**：コンピューター科学以外にも、経済、法律、倫理、社会学など関連する研究に資金を投入すべき
	③ **科学と政策の連携**：AI研究者と政策立案者の間の建設的で健全な意見交換が必要
	④ **研究文化**：AI研究者と開発者の間で、協力、信頼、透明性の高い文化を育むべき
	⑤ **競争の回避**：AIシステム開発者同士は、安全基準が尊重されるよう協力すべき
倫理と価値	⑥ **安全性**：AIシステムは運用期間中、できるだけ安全で強靭で検証可能であるべき
	⑦ **障害の透明性**：AIシステムが障害を起こした際に、その原因を確認できるようにする
	⑧ **司法の透明性**：AIシステムが法的問題に関係する際には、権限を持った人間が監査し、説明できるようにすべき
	⑨ **責任**：高度なAIシステムの設計者・開発者は、その利用、悪用、結果について倫理的な責任がともなう当事者である
	⑩ **価値観の調和**：高度な自律的AIシステムは、人間の価値観と調和するよう設計されるべき
	⑪ **人間の価値観**：AIシステムは、人間の尊厳、権利、自由、文化的多様性に適合するよう設計、運用されるべき
	⑫ **個人のプライバシー**：人々は、AIシステムが個人のデータを分析、利用することに対し、アクセスし、管理、制御する権利を持つべき
	⑬ **自由とプライバシー**：AIシステムが個人データを扱う場合、人間が持つ、あるいは持つはずの自由を不合理に侵害してはならない
	⑭ **利益の共有**：AI技術は、できるだけ多くの人々に利益や力を与えるべき
	⑮ **繁栄の共有**：AIによって得られた経済的繁栄は、人類全てに広く共有されるべき
	⑯ **人間による制御**：人間が目的達成のためにAIに何をどのように委ねるか、また委ねないかの判断は人間が行うべき
	⑰ **非破壊**：AIシステムは、既存の健全な社会システムやプロセスを尊重し、改善するために利用すべきで、覆すために使ってはならない
	⑱ **人工知能軍拡競争**：自律型致死兵器の軍拡競争は避けるべき
長期的な課題	⑲ **能力に対する警戒**：コンセンサスがない以上、将来のAIが持ちうる能力の上限について強い前提を置くことは避けるべき
	⑳ **重要性**：高度なAIは地球上の生命の歴史に重大な変化をもたらす可能性があるため、相応の注意と資源で計画・管理されるべき
	㉑ **リスク**：AIシステムにより人類が壊滅的影響を受けたり絶滅するリスクに対して、リスク緩和の努力を計画的に行うべき
	㉒ **再帰的に自己改善するAI**：自己改善、自己複製を続けるAIシステムは急速に進歩・増殖する恐れがあり、厳格に管理すべき
	㉓ **公益**：超知能は、広く共有された倫理的理想のため、さらに特定の組織ではなく、全人類のために開発されるべき

■表6.10　Future of Life Instituteの日本語資料などを元に著者作成

第1条：ロボットは人間に危害を加えてはならない。また、その危険を看過することによって、人間に危害を及ぼしてはならない。

第2条：ロボットは人間に与えられた命令に服従しなければならない。ただし、与えられた命令が、第1条に反する場合は、この限りでない。
第3条：ロボットは、第1条および第2条に反するおそれのないかぎり、自己をまもらなければならない。

これらシンプルな3か条の倫理規定だけでは、現実に進展しているAI社会の実情に対応できないという指摘もかねてからあり、「アシロマ　AI　23原則」はより精緻に、現代風に再定義を図ったものと関係者の間では受け止められている。

6.4　科学技術と人間

生命科学、人工知能、ナノテクノロジーなど急進展する科学技術は、我々をどのような世界に導こうとしているのかは、様々なSFが描いてきた。SFが単なる未来物語で終わる場合もあれば、盛り込まれた技術が実現する場合もある。いずれにしても、我々の文明の在り方を考えるきっかけを与えてくれているのは事実であろう。

SFが描く未来

SF映画史上、不朽の名作といわれる『2001年宇宙の旅』（アーサー・C・クラーク原作、スタンリー・キューブリック監督）が公開されたのは、アメリカのアポロ11号が初めて月に着陸する1968年7月のわずか3か月前だった。400万年ほど前の猿人段階の人類がある時、知性に目覚めて動物の骨を道具に使う事を覚え、闘いに勝利する場面を冒頭に描く。一転して、文明が進んだ未来へと話が転じ、月面基地での活動や木星への飛行へと本題に入ってゆく。

この映画に登場する宇宙船に搭載されたコンピューター「HAL9000」は、今でいえば汎用型AIである。木星への飛行途上で“反乱”を起こし、飛行士らを殺害するに至る。まだ初期の低能力のコンピューターしかない時代に、半世紀後のAIに対する不安を先取りして、暗示しているようでもある。

同じ1968年には『猿の惑星』シリーズの第1作（ピエール・ブール原作、フランク・J・シャフナー監督）も公開されている。人類文明が自壊した後に、進化を遂げた猿が地球の支配者になっているという倒錯した世界を描き、人間中心の世界観に潜む危うさを、逆説的に表現した。シリーズの後の作品では、人類を反面教師にしたはずのサルの世界で、内部対立が生じ、殺傷を行わざるを得なくなる事態も描き、サルが文明化する過程での葛藤についても考えさせる。1999年第1作公開の、仮想現実世界を描いた『マトリックス』など、興味深いSF作品は多いが、映画紹介が目的ではないので、この程度にとどめる。

死の超越を目指すのか

2016年11月19日、日本の主要紙があるニュースを伝えた。「遺体冷凍保存 英少女願いかなう」「末期がんで闘病『いつか蘇生を』」。そうした見出しが、記事を飾っていた。

イギリスで末期がんに苦しむ14歳の少女が、未来に蘇生法が見つかることを期待して身体を冷凍保存することを望んでいた。その権利を、裁判所が認めたというのだ。「私はまだ14歳で、死にたくないけれど、死が近いことも知っている。冷凍保存は、たとえ何百年先でも、病気が治って目覚めるチャンスをくれると思う」と記した書簡が裁判官の心を動かしたという。少女は判決の11日後に亡くなり、望み通りアメリカの冷凍施設で保存された。(2016年11月19日、朝日新聞夕刊)

この事例では、少女が未成年で自己決定権が認められないため、裁判の場に判断が持ち込まれたため、ニュースで報じられることになった。だがこれは氷山の一角で、世間に知られることなく“遺体”の冷凍保存はすでに進みつつある。

アイルランドを拠点に活動するジャーナリストで文明批評家でもあるマーク・オコネルは、アメリカの「アルコー生命延長財団」の冷凍保存施設などを訪れ、その来歴や現状などを著書『トランスヒューマニズム　人間強化の欲望から不死の夢まで』(作品社、2018年)で詳しく報告している。液体窒素を満たした大きなデュワー瓶内で希望者の遺体を保存する活動は1990年代に本格化し、オコネルが取材した時点では117体が蘇生の日を待って保管されていたという。もちろん必要な費用は生前に用意しておかなければならないが、大富豪でなければ払えないほどの額ではない。

これは、将来の科学技術の進展に望みをかけた「延命術」ともいえるが、死亡前に長寿命化を図るアンチエイジング(抗老化)研究は、盛んに行われるようになっている。先進国では感染症がほぼ克服され、製薬業界や健康関連産業にとって次の有力ターゲットがアンチエイジングであり、アメリカでは萌芽的な研究を支援するベンチャーキャピタル（VC）の投資がアンチエイジング分野に集中しつつあると報じられている。

問われる死生観

こうした時代状況を巧みに描いたユヴァル・ノア・ハラリ 著、柴田裕之 訳の『ホモ・デウス　テクノロジーとサピエンスの未来（上下）』（河出書房新社、2018年）は、たちまち世界的なベストセラーになった。長い人類史の中で長年の課題だった「飢餓」、「伝染病」、「戦争」を21世紀になってほぼ克服した人類が次に目指すのは、「不死」と「幸福の追求」、さらには人類を「デウス」（神）にアップグレードすることであると主張する。

現実に即した事例を基に人類の現状と未来が論じられており、荒唐無稽な取り越し苦労と軽視するだけでは済まない内容を含んでいる。それが、ベストセラーになった要因だろう。

不死をどのように実現するか、様々な方法が考えられている。まず、生身の人体の弱点を様々な技術で補い、細胞レベル、あるいは器官レベルで不老長寿を目指す方向がある。アンチエイジング技術もそのひとつだ。遺伝子工学の活用や万能細胞の移植などは、現に進みつつある。ナノマシンの人体への導入という方法も、いずれ現実のものになる可能性が高い。

次に、人体の限界を超えるために生体（有機物）を人工物で置き換えて、長寿を図る方向がある。いわゆるサイボーグ技術である。実際に、脳の指令で義手や義足を動作させる技術は徐々に実現されつつある。人工物に置換される器官は、今後も増えるに違いない。脳の処理能力を補うための電子部品を人体に埋め込むことなども、射程に入っている。

最後に残るのが精神や心の重要な拠点器官である脳をどうするかである。生体としての脳を長寿命化する技術に限界があるとすれば、次に目指されるのが脳のもつ情報をコンピューターにアップロードする方向である。肉体を離れた脳の情報がコンピューター内で機能するのかという技術的な問題もあるが、肉体を離れた“疑似脳”に果たして心が宿るのか、生存欲求などの情動を持つことが出来るのかなど、より根源的な疑問もある。

ここまでくるとSFの領域に近くなるが、脳のアップロードに関するSF映画が2014年に公開され、AIに関心の深いファンの間で話題になった。英、中国・米の3国合作の『トランセンデンス』である。世界最高のAIを開発した量子コンピューター科学者が、反テクノロジーを標ぼうする過激派に銃撃され重体に陥る。同じくコンピューター科学者である妻の機転で、主人公の脳の内容が最新のAIにアップロードされたのだ。

このAIはネットに接続され、軍事機密、金融、政治などあらゆる情報を取り込み、驚異的な成長をとげる。やがて負傷した人体を蘇生させるなど、実社会にも影響を及ぼすようになる。AIとなって生き延びた主人公は、決して悪の権化ではない。"善意"で、人類にとってよかれと思う社会を目指そうとするのだが、得も言われぬ不自然で違和感のある社会が生まれようとする。

映画の結末はさておいて、人間の作る社会は矛盾に満ち、決して理想的なものではない。しかし、そうした複雑で流動的な社会の行方を、いくら知能が優れているからといってAIにまかせてよいものか、といったことも考えさせられる作品だった。

永遠の生命を目指す動きを紹介してきたが、長く生きることが本当に幸せなのか。約38億年の地球生命の歴史の中で、一度も途切れることなく現在に至った生命は、途中で有性生殖という方法を選択して種の多様性の幅を広げた。個体としての死と引き換えに両性の遺伝情報を子に伝え、遺伝的多様性を維持してきた。そのことによって環境変動に対する強靭性を手に入れ、種が繁栄したのだ。

生身の人体を離れ、電子空間上で生きる「ポストヒューマン」が生まれたとして、それは果たして生命と呼べるのか。科学技術に依存した現代文明の死生観が、今ほど問われている時代はないのではないだろうか。

ムーンショット計画

こうした激動の時代変化は、日本にとって無縁なのだろうか。世界一の経済力と進取の気風に満ちたアメリカ、経済の急成長に加えて強引ともいえる国家主導を推し進められる中国。このような国に比べて日本は、世界を驚かすような先頭を走る技術革新を起こしにくい国なのかもしれない。しかし、本書の各章で述べてきたように、科学技術の分野で、日本の貢献が少ないわけでは決してない。やや地味かもしれないが……。

最後に近年の日本の取り組みについて１例だけ紹介する。内閣府の総合科学技術・イノベーション会議の主導で2019年度から始まった「ムーンショット型研究開発計画」である。ムーンショットとは、アメリカのケネディ大統領が1961年、10年以内に人類を月に送り込む「アポロ計画」の実施を表明した際、「月に向けたロケットの打ち上げ（ムーンショット）」という言葉を使ったことに由来する。失敗を恐れず、野心的な課題に挑戦したいという思いが込められているという。

計画は、2019年７月にまとめた素案で、「急進的イノベーションで少子高齢化時代を切り拓く」、「地球環境を回復させながら都市文明を発展させる」、「サイエンスとテクノロジーでフロンティアを開拓する」という３領域で、計25項目の暫定目標例を掲げている。環境対策など既存の政策と重複している項目もあるので、３番目の「サイエンスとテクノロジーでフロンティアを開拓する」の暫定目標例を図6.11に示す。

生命科学関係では、⑲2050年までに生命現象をデジタルモデル化し、その制御を実現する、脳科学関係では㉑2050年までに全神経回路網とその関連組織を完全デジタルコピー／モデル化、コンピューター関係では㉒2050年まで

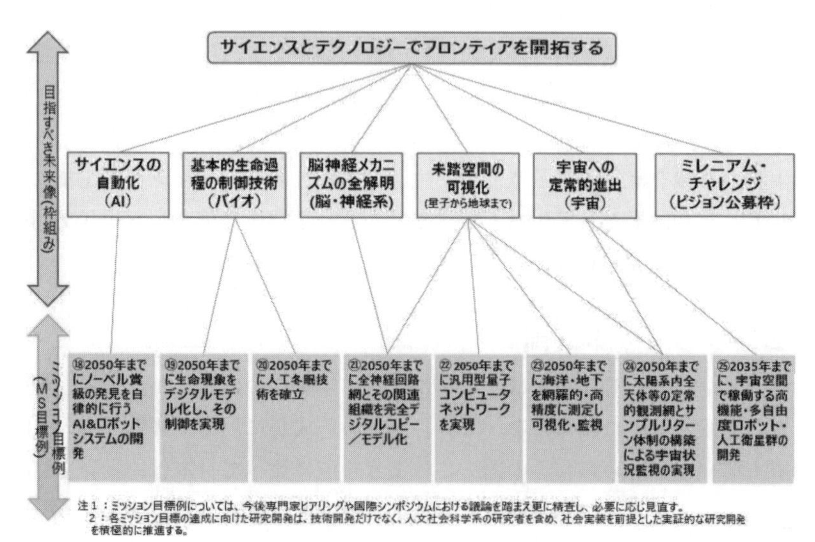

■図6.11　出典：内閣府会議資料「ムーンショット型研究開発制度が目指す未来像及びその実現に向けた野心的な目標について（案）」（2019年７月）

に汎用型量子コンピューターネットワークを実現、宇宙関係では㉕2035年までに、宇宙空間で稼働する高機能・多自由度ロボット・人工衛星群の開発——などを挙げている。㉑は、上述の脳のアップロードにも関係する基盤技術である。

多額の資金を投入して始めるからには、革新的な成果が期待されるのはもちろんだ。ただ、技術偏重やイノベーション偏重になりすぎず、それらの技術が今後の社会や個人にどのような影響を与えるのか、いわゆるELSI（倫理的、法的、社会的諸問題）への取り組みをなおざりにするわけにはいかない。文明史的な観点を視野に入れた研究の進展を期待したい。

おわりに

これまで各章で、科学ジャーナリズムや科学コミュニケーションが対象とする諸領域を概観してきた。網羅したわけではなく扱わなかった領域も多いが、全体像的な印象を感じていただけただろうか。現状を紹介することを優先したために、ジャーナリズムの課題などに深くは踏み込んでいない。本書の性格として、事情をご理解いただきたい。

読者のなかには、領域の広さにやや驚かれた人もいたかもしれない。個々人としての科学ジャーナリストが、本書で取り上げた諸領域全てに精通しているわけではもちろんない。筆者を含めて、得意な分野もあれば、縁遠い分野もある。だが、個別分野の専門家と違うのは、苦手だからといって巡り合った仕事を忌避できないことだ。これは、ジャーナリズムの世界の通例である。専門家と距離を置いた別の視点も求められる。

多様な専門領域を日頃から深く学んでおくにこしたことはない。しかし、短期間に実行することが困難というなら、せめて知的好奇心の幅を広げておきたい。いざという時には、にわか勉強をしながらでも、当面の課題に精一杯取り組むしかない。そうして次第に、専門と呼べる領域が増え、視野も広がってゆく。

参考書籍・文献

本書の執筆にあたっては、関係省庁の白書、資料、ホームページ、研究機関の資料類、新聞各紙の紙面、Wikipediaなどを参考にした。主な参考書籍、資料等を以下に記す。章別に記してはいるが、内容が複数の章にまたがる書籍も多く、必ずしも正確には対応していない。読者の便宜を考えて、直接参考にしたもの以外の書籍類も加えた。

【全般】
国立天文台編『理科年表2019』（丸善出版、2018年）
国立天文台編『環境年表2019-2020』（丸善出版、2018年）
池内了『科学・技術と現代社会（上・下）』（みすず書房、2014年）
廣重徹『科学の社会史（上・下）』（岩波現代文庫、2002・2003年）
村上陽一郎『日本近代科学史』（講談社学術文庫、2018年）
山本義隆『近代日本一五〇年―科学技術総力戦体制の破綻』（岩波新書、2018年）
杉山滋郎『日本の近代科学史（新装版）』（朝倉書店、2010年）
トーマス・クーン、中山茂訳『科学革命の構造』（みすず書房、1971年）

【第1章】
藤竹暁、竹下俊郎編著『図説　日本のメディア［新版］―伝統メディアはネットでどう変わるか』（NHK出版、2018年）
日本科学技術ジャーナリスト会議編『科学ジャーナリズムの世界―真実に迫り、明日をひらく』（化学同人、2004年）
日本科学技術ジャーナリスト会議編『科学ジャーナリストの手法―プロから学ぶ七つの仕事術』（化学同人、2007年）
日本科学技術ジャーナリスト会議編『科学を伝える―失敗に学ぶ科学ジャーナリズム』（JDC出版、2015年）
牧野賢治『科学ジャーナリストの半世紀　自分史から見えてきたこと』（化学同人、2014年）
柴田鉄治『科学事件』（岩波新書、2000年）
柴田鉄治『科学報道』（朝日新聞社、1994年）

東京理科大学近代科学資料館企画展資料「科学雑誌―科学を伝えるとりくみ」(2014年)
文科省科学技術政策研究所第二調査研究グループ調査資料「我が国の科学雑誌に関する調査」(2003年5月)
文科省科学技術政策研究所第二調査研究グループ、渡辺政隆、今井寛「科学技術理解増進と科学コミュニケーションの活性化について」(2003年11月)
独立行政法人科学技術振興機構科学コミュニケーションセンター報告書「科学コミュニケーションの新たな展開」(2013年7月)
文科省科学技術・学術政策研究所第2調査研究グループ・早川雄司「科学技術に関する情報の主要取得源と意識等の関連」(2015年8月)
小林宏一、瀬川至朗、谷川建司（共編著）『ジャーナリズムは科学技術とどう向き合うか』（東京電機大学出版局、2009年）
ウォーレン・バーケット、医学ジャーナリズム研究会訳『科学は正しく伝えられているか　サイエンス・ジャーナリズム論』（紀伊国屋書店、1989年）
金子務『オルデンバーグ　十七世紀科学・情報革命の演出者』（中公叢書、2005年）
科学技術社会論学会編集委員会「サイエンス・コミュニケーション」『科学技術社会論研究第5号』（科学技術社会論学会、2008年）
北海道大学科学技術コミュニケーター養成ユニット(CoSTEP)編著『はじめよう！科学技術コミュニケーション』（ナカニシヤ出版、2007年）
梶雅範、西條美紀、野原佳代子編『科学・技術の現場と社会をつなぐ　科学技術コミュニケーション入門』（培風館、2009年）
総務省「平成30年　通信利用動向調査の結果」(総務省情報流通行政局、2019年5月)
日本新聞協会HP（https://www.pressnet.or.jp/）
日本新聞博物館「ニュースパーク」HP（https://newspark.jp/）
日本民間放送連盟HP（https://j-ba.or.jp/）

【第2章】
高エネルギー加速器研究機構・横谷馨「加速器の歴史と物理学の進展」(2007年11月)(https://www2.kek.jp/ja/video/files/yokoya071103.pdf)
内閣府原子力政策担当室「原子力委員会の歴史（1950年代～現在）」（内閣府原子力政策担当室資料、2013年7月）
北村行孝、三島勇『日本の原子力施設全データ―「しくみ」と「リスク」を再確

認する』（講談社ブルーバックス、2012年）
読売新聞科学部編著『ドキュメント「もんじゅ」事故』（ミオシン出版、1996年）
読売新聞編集局『青い閃光―「東海臨界事故」の教訓』（中公文庫、2012年）
宇宙科学研究所HP「日本の宇宙開発の歴史［宇宙研物語］」（http://www.isas.jaxa.jp/j/japan_s_history/sitemap/index.shtml）
宇宙航空研究開発機構・宇宙情報センターHP「宇宙開発の歴史」（http://spaceinfo.jaxa.jp/ja/cosmic_history.html）
中野不二男『日本の宇宙開発』（文春新書、1999年）
武部俊一『宇宙開発の50年　スプートニクからはやぶさまで』（朝日選書、2007年）
小田原敏「多メディア環境下のメディアと社会的機能～ラクイラ地震におけるメディアと市民～」『ソシオロジスト』（武蔵大学社会学部）、19，1-18，2017
科学技術広報財団編『科学技術庁史』（科学技術広報財団、2001年）
平成26年度文部科学省委託調査「科学技術政策史概論」（三菱総合研究所、2015年3月）
総務省統計局「統計でみる日本の科学技術研究―平成30年科学技術研究調査の結果から」（2019年5月）（https://www.stat.go.jp/data/kagaku/kekka/pdf/30pamphlet.pdf）
斎藤憲『新興コンツェルン理研の研究―大河内正敏と理研産業団―』（時潮社、1987年）
宮田親平『科学者たちの自由な楽園―栄光の理化学研究所』（文芸春秋、1983年）
毎日新聞科学環境部『理系白書』（講談社、2003年）
松澤孝明「わが国における研究不正公開情報に基づくマクロ分析（1）」『情報管理』（2013　vol.56no.3）
白楽ロックビル『科学研究者の事件と倫理』（講談社、2011年）
山崎茂明『科学者の不正行為―捏造・偽造・盗用―』（丸善株式会社、2002年）
須田桃子『捏造の科学者　STAP細胞事件』（文芸春秋、2014年）
ブレンダ・マドックス、福岡伸一監訳、鹿田昌美訳『ダークレディと呼ばれて　二重らせん発見とロザリンド・フランクリンの真実』（化学同人、2005年）
モーリス・ウィルキンズ、長野敬・丸山敬訳『二重らせん 第三の男』（岩波書店、2005年）

【第3章】
立本成文、日髙敏隆監修、総合地球環境学研究所編『地球環境学事典』(弘文堂、2010年)
松野弘『環境思想とは何か―環境主義からエコロジズム』(ちくま新書、2009年)
米本昌平『地球環境問題とは何か』(岩波新書、1994年)
円城寺守編著『地球環境システム』(学文社、2004年)
日本化学会編『環境科学　人間と地球の調和をめざして』(東京化学同人、2004年)
レイチェル・カーソン、青樹簗一訳『沈黙の春』(新潮文庫、1974年)
石牟礼道子『苦海浄土(新装版)』(講談社文庫、2004年)
荒畑寒村『谷中村滅亡史』(岩波文庫、1999年)
梅原猛、伊東俊太郎、安田喜憲編『地球文明の画期(新装版)』(講座「文明と環境」第2巻)(朝倉書店、2008年)
梅原猛、安田喜憲編『農耕と文明(新装版)』(講座「文明と環境」第3巻)(朝倉書店、2008年)
尾本恵市『ヒトはいかにして生まれたか　遺伝と進化の人類学』(講談社学術文庫、2015年)
三井誠『人類進化の700万年　書き換えられる「ヒトの起源」』(講談社現代新書、2005年)
安田喜憲『一万年前―気候大変動による食糧革命、そして文明誕生へ』(イースト・プレス、2014年)
松井孝典『1万年目の「人間圏」』(ワック株式会社、2000年)
本川達雄『ゾウの時間 ネズミの時間―サイズの生物学』(中公新書、1992年)
本川達雄『生物学的文明論』(新潮新書、2011年)
「食品ロス及びリサイクルをめぐる情勢〈令和元年11月時点版〉」(農林水産省食料産業局)
ジャレド・ダイアモンド、倉骨彰訳『銃・病原菌・鉄―1万3000年にわたる人類史の謎(上下)』(草思社文庫、2012年)
ジャレド・ダイアモンド、楡井浩一訳『文明崩壊―滅亡と存続の命運を分けるもの(上下)』(草思社、2005年)
「食品ロスの現状」(農林水産省食品産業環境対策室、2012年10月)
エヴァン・D・G・フレイザー、アンドリュー・リマス、藤井美佐子訳『食糧の帝国―食物が決定づけた文明の勃興と崩壊』(太田出版、2013年)

日本のエコロジカル・フットプリント2015「地球1個分の暮らしの指標～ひと目でわかるエコロジカル・フットプリント～」（WWFジャパン、2015年）
ドネラ・H・メドウズ他、大来佐武郎監訳『成長の限界―ローマ・クラブ「人類の危機」レポート』（ダイヤモンド社、1972年）
環境省・TEEB（生態系と生物多様性の経済学）報告書概要「価値ある自然」（https://www.biodic.go.jp/biodiversity/about/library/files/TEEB_pamphlet.pdf）
「環境意識に関する世論調査報告書2016」（国立環境研究所、2016年）

【第4章】

共同通信社原発事故取材班　高橋秀樹編著『全電源喪失の記憶　証言・福島第1原発　日本の命運を賭けた5日間』（新潮文庫、2018年）
門田隆将『死の淵を見た男　吉田昌郎と福島第一原発の五〇〇日』（PHP研究所、2012年）
NHK ETV特集取材班『原発メルトダウンへの道　原子力政策研究会100時間の証言』（新潮社、2013年）
髙橋千太郎総合編集『原子力安全基盤科学3放射線防護と環境放射線管理』（京都大学学術出版会、2017年）
田崎晴明『やっかいな放射線と向き合って暮らしていくための基礎知識』（朝日出版社、2012年）
読売新聞編集局編『ノーベル賞10人の日本人　創造の瞬間』（中公新書ラクレ、2001年）
アーリング・ノルビ、千葉喜久枝訳『ノーベル賞はこうして決まる　選考者が語る自然科学三賞の真実』（創元社、2011年）
馬場錬成『ノーベル賞の100年　自然科学三賞でたどる科学史』（中公新書、2002年）
曽野綾子『陸影を見ず』（文芸春秋、2000年）
立花隆『脳死』（中央公論社、1986年）
立花隆『脳死再論』（中央公論社、1988年）
立花隆『脳死臨調批判』（中央公論社、1992年）
大鐘良一、小原健右『ドキュメント宇宙飛行士選抜試験』（光文社新書、2010年）
柳川孝二『宇宙飛行士という仕事　選抜試験からミッションの全容まで』（中公新書、2015年）
立花隆『宇宙からの帰還』（中央公論社、1983年）

立花隆『【立花隆・対話篇】宇宙を語る』（書籍情報社、1995年）
稲泉連『宇宙から帰ってきた日本人　日本人宇宙飛行士全12人の証言』（文芸春秋、2019年）
向井万起男『君について行こう（上・下）』（講談社＋α文庫、1998年）

【第5章】

日本リスク研究学会編『リスク学事典』（丸善出版、2019年）
キャス・サンスティーン、田沢恭子訳、齊藤誠解説『最悪のシナリオ　巨大リスクにどこまで備えるのか』（みすず書房、2012年）
「BSE問題に関する調査検討委員会報告」（BSE問題に関する調査検討委員会、2002年4月）（https://www.kantei.go.jp/jp/singi/shokuhin/dai1/1siryou2-2.pdf）
「食品に係るリスク認識アンケート調査の結果について」（食品安全委員会、2015年）（https://www.fsc.go.jp/osirase/risk_questionnaire.data/risk_questionnaire_20150513.pdf）
嘉田良平『改訂版　食品の安全を考える』（放送大学教育振興会、2008年）
中谷内一也『安全。でも、安心できない…—信頼をめぐる心理学』（ちくま新書、2008年）
中谷内一也『リスクのモノサシ—安全・安心生活はありうるか』（NHKブックス、2006年）
吉川肇子編著『健康リスク・コミュニケーションの手引き』（ナカニシヤ出版、2009年）
高橋久仁子『「食べもの神話」の落とし穴—巷にはびこるフードファディズム』（講談社ブルーバックス、2003年）
高橋久仁子『「食べもの情報」ウソ・ホント—氾濫する情報を正しく読み取る』（講談社ブルーバックス、1998年）
船山信次著『毒と薬の世界史—ソクラテス、錬金術、ドーピング』（中公新書、2008年）
畝山智香子『ほんとうの「食の安全」を考える—ゼロリスクという幻想』（化学同人、2009年）
中西準子『環境リスク学　不安の海の羅針盤』（日本評論社、2004年）
中西準子『食のリスク学　氾濫する「安全・安心」をよみとく視点』（日本評論社、）
平川秀幸／土田昭司／土屋智子『リスクコミュニケーション論』（大阪大学出版会、

2011年）
唐木英明『不安の構造―リスクを管理する方法』（エネルギーフォーラム新書、2014年）
西澤真理子『リスクコミュニケーション』（エネルギーフォーラム新書、2013年）
小島正美『正しいリスクの伝え方―放射能、風評被害、水、魚、お茶から牛肉まで』（エネルギーフォーラム、2011年）
ダレル・ハフ、高木秀玄訳『統計でウソをつく法』（講談社ブルーバックス、1968年）
村上道夫、永井孝志、小野恭子、岸本充生『基準値のからくり』（講談社ブルーバックス、2014年）
日本学術会議提言「我が国のバイオセーフティレベル４（BSL-4）施設の必要性について」（2014年３月）
若松征男『科学技術政策に市民の声をどう届けるか』（東京電機大学出版局、2010年）
小林傳司『誰が科学技術について考えるのか　コンセンサス会議という実験』名古屋大学出版会、2004年）

【第６章】
中川毅『人類と気候の10万年史　過去に何が起きたのか、これから何が起こるのか』（講談社ブルーバックス、2017年）
篠田謙一編『人類への道　知と社会性の進化』（別冊日経サイエンス、2017年）
海部陽介『日本人はどこから来たのか？』（文春文庫、2019年）
斎藤成也『日本人の源流』（河出書房新社、2017年）
工藤雄一郎『ここまでわかった！　縄文人の植物利用』（新泉社、2014年）
小畑弘己『タネをまく縄文人　最新科学が覆す農耕の起源』（吉川弘文館、2016年）
佐藤洋一郎『縄文農耕の世界　DNA分析で何がわかったか』（PHP新書、2000年）
中橋孝博『日本人の起源　人類誕生から縄文・弥生へ』（講談社学術文庫、2019年）
池谷裕二監修『大人のための図鑑　脳と心のしくみ』（新星出版社、2016年）
鈴木光太郎『ヒトの心はどう進化したのか―狩猟採集生活が生んだもの』（ちくま新書、2013年）
ジョン・ホイットフィールド、野中香方子訳『生き物たちは３／４が好き』（化学同人、2009年）
スティーヴン・ミズン、松浦俊輔、牧野美佐緒訳『心の先史時代』（青土社、1998年）
ゲオルク・ノルトフ、高橋洋訳『脳はいかに意識を作るのか』（白揚社、2016年）

櫻井武『「こころ」はいかにして生まれるのか　最新脳科学で解き明かす「情動」』(講談社ブルーバックス、2018年)
渡辺正峰『脳の意識　機械の意識』(中公新書、2017年)
松尾豊『人口知能は人間を超えるか　ディープラーニングの先にあるもの』(2015年)
古明地正俊、長谷佳明『図解　人工知能大全　AIの基本と重要事項がまとめて全部わかる』(SBクリエイティブ、2018年)
ジェイムズ・バラット、水谷淳訳『人口知能　人類最悪にして最後の発明』(ダイヤモンド社、2015年)
内閣府・統合イノベーション戦略推進会議決定「人間中心のAI社会原則」(2019年)
人工知能学会倫理員会「人工知能学会倫理指針」(2007年) http://ai-elsi.org/report/ethical_guidlines
Future of Life Institute HP「アシロマの原則」(https://futureoflife.org/ai-principles-japanese/)
マーク・オコネル、松浦俊輔訳『トランスヒューマニズム　人間強化の欲望から不死まで』(作品社、2018年)
ユヴァル・ノア・ハラリ、柴田裕之訳『サピエンス全史―文明の構造と人類の幸福（上下)』(河出書房新社、2016年)
ユヴァル・ノア・ハラリ、柴田裕之訳『ホモ・デウス―テクノロジーとサピエンスの未来（上下)』(河出書房新社、2018年)
伊東俊太郎編『比較文明学を学ぶ人のために』(世界思想社、1997年)
イアン・タッターソル、河合信和監訳、大槻敦子訳『ヒトの起源を探して　言語能力と認知能力が現生人類を誕生させた』(原書房、2016年)
ジョン・パリントン、野島博訳『生命の再設計は可能か―ゲノム編集が世界を激変させる』(化学同人、2018年)

索　引

人名索引

事 項 索 引

【あ行】

【さ行】

【た行】

【な行】

【は行】

【ま行】

【やらわ行】

【欧文】

【著者略歴】

北村行孝（きたむら・ゆきたか）
1950年、三重県生まれ。電気通信大学物理工学科卒。1974年、読売新聞社入社、前橋支局、社会部を経て科学部へ。科学技術担当論説委員、科学部長など歴任。2010年から東京農業大学教授（17年まで）。その後同大非常勤講師、神田外語大非常勤講師。専門は科学ジャーナリズム、科学技術社会論など。著書に『日航機事故の謎は解けたか――御巣鷹山墜落事故の全貌』（共著、花伝社）、『日本の原子力施設全データ』（共著、講談社ブルーバックス）など。

柴田文隆（しばた・ふみたか）
1959年、秋田県生まれ。明治大学法学部法律学科卒。1982年、読売新聞社入社後、浦和支局から科学部。原子力、生命科学などを担当。科学部長、編集局次長、編集委員を経て2017年から東京農業大学応用生物科学部教授。専門は科学ジャーナリズム。著書に『青い閃光―「東海臨界事故」の教訓』（共著、中公文庫）など。

科学技術 メディア 社会
科学ジャーナリズム・コミュニケーション入門

2020（令和２）年３月20日　初版第１刷発行

著者　北村行孝・柴田文隆
発行　一般社団法人東京農業大学出版会
代表理事　進士五十八
住所　〒156-8502 東京都世田谷区桜丘1-1-1
Tel. 03-5477-2666　Fax. 03-5477-2747
Mail：syuppan@noudai.ac.jp

　印刷／共立印刷　2020202そ
ISBN 978-4-88694-496-2　C3061　￥2600E